Carta ao Leitor

A necessidade de ter manuais como os que esta série desenvolveu é evidente para os candidatos do exame anual da ANPEC (Associação Nacional dos Centros de Pós-Graduação em Economia), cujo propósito é o ingresso nos programas de mestrado e doutorado *stricto sensu* em todo o Brasil. A identificação da lacuna sobre uma literatura complementar, então, surgiu da minha própria experiência como estudante. Na ocasião, não havia nenhuma referência bibliográfica (repito: complementar) aos livros-textos didáticos sobre questões resolvidas de provas anteriores. A vontade de fechar este *gap* tomou fôlego mais tarde, quando passei a lecionar em cursos preparatórios para esse exame. Havia, por parte dos alunos, tal como ocorria na minha época de estudante, uma busca por esse tipo de material, em razão do pouco tempo para estudar um conjunto tão vasto de disciplinas e ementas.

A crescente demanda veio, de fato, acompanhada pelo surgimento de alguns livros, como o que esta série se propõe a fazer. Todos eram produzidos, porém (até 2001), de forma pontual: ora publicava-se um de micro, ora um de macro, ora um de estatística, ora um de matemática ou ora um de economia brasileira. Todos esses manuais, ressalte-se, foram preparados por professores competentes e dedicados. O que a "coleção ANPEC", organizada por mim, tem, portanto, de diferente?

Em primeiro lugar, esta série difere-se dos demais livros por se tratar da mais completa e atualizada versão de todos os manuais existentes. A coleção iniciou com a ANPEC 2002 (micro, macro, estatística/econometria e matemática) e segue até a ANPEC 2015. Em 2014 também foi incluída a obra *Economia brasileira*.

Em segundo, porque essa não é apenas uma obra, mas uma coleção. Ou seja, é a primeira vez que as cinco provas são oferecidas em conjunto, todas estruturadas de forma homogênea e sob coordenação única. A harmonia das obras, indubitavelmente, organiza a mente daqueles que têm um prazo curto para seus estudos.

Em terceiro, porque o nosso compromisso é fazer atualizações anuais e aperfeiçoamentos sistemáticos das versões anteriores, uma vez que o nosso objetivo final é o de facilitar os estudos e, consequentemente, o aproveitamento dos candidatos. Ainda que tenhamos nos empenhado em explicar didaticamente todos os 5 quesitos das 15 questões das provas dos últimos 14 anos (11 no caso de economia brasileira), erros remanescentes podem ocorrer e devem, assim, ser corrigidos para o melhor desempenho do aluno.

Por último, e mais relevante, porque a equipe técnica foi escolhida de maneira criteriosa. Para isso, considerou-se não só a formação de excelência dos professores (dos 9 autores, 8 são doutores), mas também a experiência em sala de aula. A qualificação deste time é, indiscutivelmente, uma das melhores do Brasil.

Além disso, para facilitar ainda mais a jornada exigente de estudo dos alunos, cada um dos 5 volumes que compõem esta coleção está segmentado por temas, que se constituíram nos capítulos de cada livro. Elaboramos, também, tabelas temáticas e estatísticas para que o aluno possa identificar, ao longo do tempo, os conteúdos mais solicitados. O estudo, dessa forma, pode ser direcionado aos tópicos mais cobrados, a fim de aumentar sobremaneira as possibilidades de êxito do aluno. O destaque final é para o cuidado adicional da inclusão de adendos, explicações mais extensas e revisões das ementas, no caso de macro, em razão da literatura ser mais dispersa do que as outras matérias. Tudo isso, claro, para orientar a rotina de estudos do aluno.

Cabe aqui uma ressalva. Em papel (ou seja, em cada obra) teremos a resolução das 10 últimas provas. As demais, estarão no site da editora. Com relação à quinta edição, consequentemente os exames ANPEC 2006 – ANPEC 2015 estão resolvidos nos livros. As demais provas (ANPEC 2002 – ANPEC 2005), no site.

Com todo este conjunto de provas/soluções em mãos, não há dúvida de que o aluno que vem estudando pelos livros didáticos solicitados na bibliografia ANPEC estará muito mais bem preparado do que outro que não possua a coleção. É duro estudar, mas, certamente, vale muito a pena. E, neste caso, a nossa coleção ajuda consideravelmente.

Desejo, assim, a você, leitor, um ótimo ano de estudo. Qualquer comentário, dúvida ou sugestão, por favor, escreva para o e-mail: anpec.cris.alkmin@gmail.com. Certamente você fará uma ótima contribuição para os futuros estudantes em deixar-nos saber a sua opinião. Será um prazer respondê-lo.

Cristiane Alkmin J. Schmidt
Organizadora

MATEMÁTICA
Questões comentadas das provas de 2006 a 2015

Questões ANPEC

Bruno Henrique Versiani Schröder
Cristiane Alkmin J. Schmidt
Jefferson Donizeti Pereira Bertolai
Paulo C. Coimbra
Rafael Martins de Souza
Rodrigo Leandro de Moura
Victor Pina Dias

5ª Edição Revista e Atualizada

Matemática
Questões comentadas das provas de 2006 a 2015

Cristiane Alkmin Junqueira Schmidt
(organizadora)

ELSEVIER

CAMPUS

© 2015, Elsevier Editora Ltda.

Todos os direitos reservados e protegidos pela Lei nº 9.610, de 19/02/1998.
Nenhuma parte deste livro, sem autorização prévia por escrito da editora, poderá ser reproduzida ou transmitida, sejam quais forem os meios empregados: eletrônicos, mecânicos, fotográficos, gravação ou quaisquer outros.

Copidesque: Vânia Coutinho Santiago
Revisão: Flor de Letras Editorial
Editoração Eletrônica: SBNigri Artes e Textos Ltda.

Elsevier Editora Ltda.
Conhecimento sem Fronteiras
Rua Sete de Setembro, 111 – 16º andar
20050-006 – Centro – Rio de Janeiro – RJ – Brasil

Rua Quintana, 753 – 8º andar
04569-011 – Brooklin – São Paulo – SP – Brasil

Serviço de Atendimento ao Cliente
0800-0265340
atendimento1@elsevier.com

ISBN 978-85-352-8296-2
ISBN (versão eletrônica) 978-85-352-8297-9

Nota: Muito zelo e técnica foram empregados na edição desta obra. No entanto, podem ocorrer erros de digitação, impressão ou dúvida conceitual. Em qualquer das hipóteses, solicitamos a comunicação ao nosso Serviço de Atendimento ao Cliente, para que possamos esclarecer ou encaminhar a questão.

Nem a editora nem o autor assumem qualquer responsabilidade por eventuais danos ou perdas a pessoas ou bens, originados do uso desta publicação.

CIP-Brasil. Catalogação-na-fonte.
Sindicato Nacional dos Editores de Livros, RJ

V78m
5. ed.

Villela, André
   Matemática: questões comentadas das provas de 2006 a 2015 / André Villela ... [et al]; organização Cristiane Alkmin Junqueira Schmidt. – 5. ed. – Rio de Janeiro: Elsevier, 2015.
   il. ; 24 cm. (Questões ANPEC)

   Inclui referencias bibliográficas
   ISBN 9788535282962

   1. Matemática – Problemas, questões, exercícios. 2. Serviço público – Brasil – Concursos. I. Schmidt, Cristiane Alkmin Junqueira. II. Título. III. Série

14-18735
CDD: 510
CDU: 51

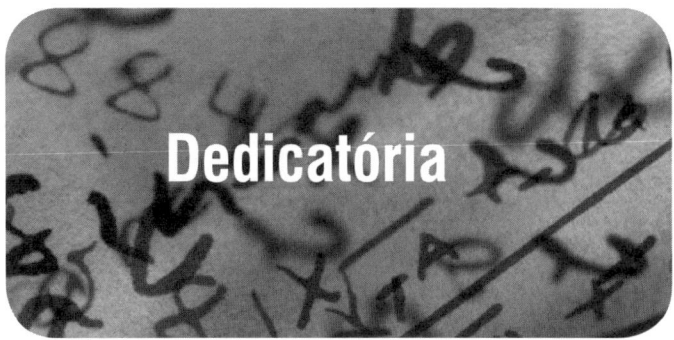

Dedicatória

Dedicamos esta série, composta por cinco volumes, à nossa querida Escola de Pós-Graduação em Economia (EPGE) da Fundação Getulio Vargas (FGV), sediada na cidade do Rio de Janeiro. De todos os ensinamentos adquiridos – tanto técnicos, como éticos –, talvez o mais importante tenha sido a busca honesta e constante pela excelência.

Os autores

Agradecimentos

Gostaríamos, em primeiro lugar, de agradecer ao ilustre economista Fabio Giambiagi por ter dedicado algumas importantes horas do seu escasso tempo a fim de orientar-nos nesta primeira publicação. Depois, agradecemos aos assitentes de pesquisa Camilla Alves Lima dos Santos, Daniel Asfora, Fernando Vieira, Iraci Matos, Janaina Ferreira Machado, João Lucas Thereze Ferreira, Laura Simonsen Leal, Luis Fabiano Carvalho, Nathan Joseph Canen, Pedro Scharth, Rafael Pinto, Reinan Ribeiro Souza Santos, Roberto Bandarra Marques Pires, Vinícius Barcelos, que, de forma exemplar, colaboraram na célere digitação das questões e soluções, assim como na colaboração gráfica de todos os volumes. Por fim, agradecemos aos alunos dos cursos do CATE e da EPGE/FGV-RJ do ano de 2010 pelos comentários e sugestões.

Quaisquer erros encontrados no material são de inteira responsabilidade dos autores.

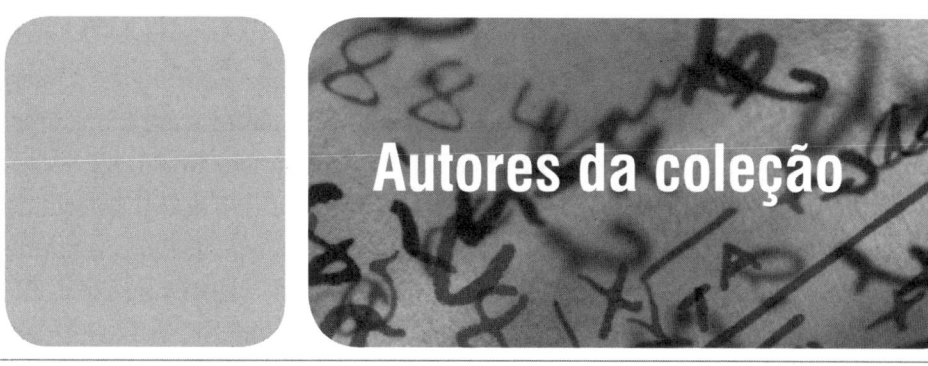

Autores da coleção

Autores desta obra:

Rodrigo Leandro de Moura (Matemática e Estatística) é doutor e mestre em Economia pela Escola de Pós-Graduação em Economia da Fundação Getulio Vargas (EPGE/FGV-RJ) e bacharel em Economia pela Universidade de São Paulo (USP-RP). É pesquisador e professor na FGV e professor na UERJ, lecionando disciplinas de Estatística, Econometria, Matemática, Economia do Trabalho, Microeconomia, além de já ter lecionado Estatística/Matemática preparatória para o exame da Anpec. Atualmente escreve estudos acadêmicos, capítulos de livros e artigos de mídia nas áreas de mercado de trabalho, educação e crime. Participou de congressos nacionais e internacionais e tem diversas publicações acadêmicas e capítulos de livros em coautoria com professores renomados, como James J. Heckman (Nobel de Economia).

Jefferson D. Pereira Bertolai (Matemática) é doutor e mestre em Economia pela Escola de Pós-Graduação em Economia da Fundação Getúlio Vargas (EPGE/FGV-RJ) e bacharel em Economia pela Faculdade de Economia, Administração e Contabilidade de Ribeirão Preto, Universidade de São Paulo – FEARP/USP. Em 2013, tornou-se professor do Departamento de Economia da Faculdade de Economia, Administração e Contabilidade de Ribeirão Preto, Universidade de São Paulo (FEARP/USP). É pesquisador em Teoria Monetária e Bancária e em Métodos Computacionais Recursivos em Macroeconomia.

Autores das demais obras da série:

Cristiane Alkmin Junqueira Schmidt (Microeconomia) tem mestrado e doutorado em Ciências Econômicas pela Escola de Pós-Graduação em Economia da Fundação Getulio Vargas (EPGE/FGV/RJ) e foi Visiting Scholar na Universidade de Columbia, nos EUA. Dos três artigos de sua tese de doutorado, dois foram premiados: um em primeiro lugar e outro, com menção honrosa. Foi consultora para o Banco Mundial, UNCTAD e *The Washington Times*, em projetos na República Dominicana, na África, no Equador e em Honduras, quando morou no Chile, em Porto Rico e na Guatemala. No Brasil, foi Secretária-Adjunta da Secretaria de Acompanhamento Econômico do Ministério da Fazenda, Gerente Geral de assuntos corporativos da Embratel, Representante da área internacional do Instituto Brasileiro de Economia (IBRE) da FGV, Diretora do departamento econômico do Grupo Libra e Sócia-Consultora pela Davanti Consultoria e Treinamento. Em Porto Rico, foi Diretora-Adjunta da Agência de desenvolvimento local e Diretora do departamento econômico da Companhia de Comércio e Exportação de Porto Rico. Na Guatemala, Gerente de execução estratégica da empresa Cementos Progreso e Diretora-Executiva da ONG Pacunam.

Além disso, Cristiane sempre lecionou em cursos relacionados às áreas de economia. No Brasil, foi professora de graduação e/ou do preparatório para ANPEC na FGV, no IBMEC, na PUC e no CATE. Na Guatemala, ela lecionou na UFM (Universidad Francisco Marroquin) e na URL (Universidad Rafael Landivar). Atualmente ela é economista do Itaú, parecerista da Revista de Direito Administração (RDA) e coordenadora e professora dos cursos de MBA da FGV e do MBA Global da Universidade de Manchester.

Paulo C. Coimbra (Microeconomia) é doutor (2009) e mestre (2003) em Economia pela Escola de Pós-Graduação em Economia da Fundação Getulio Vargas – RJ (EPGE/FGV-RJ) e Bacharel em Ciências Econômicas (1990) pela Faculdade de Economia da Universidade Santa Úrsula (FE/USU). Atualmente exerce o cargo de Professor Adjunto na Faculdade de Economia da Universidade Federal de Juiz de Fora (FE/UFJF), atuando inclusive no Programa de Pós-Graduação em Economia Aplicada (PPGEA/UFJF). Sua larga experiência como docente, lecionando disciplinas de economia e finanças, inclui passagens em renomadas instituições como a Fundação Getulio Vargas (EPGE/FGV-RJ) e a Pontifícia Universidade Católica (PUC-RJ).

Uma das linhas de pesquisa em que atua baseia-se na percepção de que a presença de incerteza (no sentido de Frank Knight) pode dificultar as escolhas dos agentes (quer sejam escolhas individuais, sob iterações estratégicas ou de portfólios), algo que o motiva a investigar os impactos da incerteza (ou ambiguidade) nas escolhas dos agentes. Suas linhas atuais de pesquisa concentram-se nas áreas de economia e finanças, com ênfase em teoria econômica, economia matemática, microeconomia aplicada e finanças aplicadas. Desenvolvimento econômico, economia do trabalho, organização industrial e outros temas em finanças (destacadamente finanças comportamentais, finanças corporativas e modelos de apreçamento com o uso de derivativos) também fazem parte dos seus interesses de pesquisa.

É articulista do Instituto Millenium e colunista (sobre derivativos) do portal de notícias InfoMoney e do portal de finanças GuiaInvest e mantém o blog http://pccoimbra.blogspot.com, onde publica seus *posts* com temas ligados a economia e finanças.

Rafael Martins de Souza (Estatística) é Doutor em Economia pela Escola de Pós-Graduação em Economia da Fundação Getulio Vargas (EPGE/FGV-RJ), Mestre em Ciências Estatísticas pela Universidade Federal do Rio de Janeiro (UFRJ) e Bacharel em Ciências Estatísticas pela Escola Nacional de Ciências Estatísticas (ENCE) do Instituto Brasileiro de Geografia e Estatística (IBGE). Atualmente trabalha como Coordenador de Pesquisa na Diretoria de Análise de Políticas Públicas (DAPP) da Fundação Getulio Vargas. Anteriormente trabalhou no Grupo Libra como Econometrista e foi Pesquisador da ENCE, onde lecionou as disciplinas de Econometria, Modelos Lineares Generalizados e Métodos Não Paramétricos. Também foi professor de Análise Microeconômica e Econometria do IBMEC-Rio. Prestou serviço de consultoria em Estatística e Econometria a diversas empresas e instituições. Rafael tem experiência em modelagem econométrica de índices de inflação, indicadores de atividade econômica, análise de riscos financeiros, entre outras áreas. Participou de diversos congressos nacionais e internacionais e possuiu publicações em periódicos tais como a *International Review of Financial Analysis* e a *Applied Economics*.

Bruno Henrique Versiani Schröder (Macroeconomia) é mestre em Economia pela Escola de Pós-Graduação em Economia da Fundação Getulio Vargas (EPGE/FGV-RJ) e bacharel em Ciências Econômicas pela UFRJ. Aprovado em concursos públicos, com destaque para os cargos de Técnico em Planejamento e Pesquisa do IPEA, Especialista em Regulação da ANCINE e Analista do Banco Central do Brasil. Professor do curso de Graduação em Economia da EPGE, leciona as disciplinas de Macroeconomia, Microeconomia, Finanças e Estatística/Econometria em cursos preparatórios no Rio de Janeiro. Laureado com o XIV Prêmio do Tesouro Nacional e o 31º Prêmio BNDES de Economia, atualmente é docente em Economia e exerce o cargo de Analista no Banco Central do Brasil.

Victor Pina Dias (Macroeconomia) é doutor e mestre em Economia pela Escola de Pós-Graduação em Economia da Fundação Getulio Vargas (EPGE/FGV-RJ) e bacharel em Ciências Econômicas pela UFRJ. Foi aprovado nos seguintes concursos: Técnico de Nível Superior da Empresa de Pesquisa Energética, Analista do IBGE, Economista do BNDES e Analista do Banco Central do Brasil. Já lecionou em cursos preparatórios para a ANPEC. Atualmente é professor de Macroeconomia do IBMEC/RJ e economista do BNDES.

Lavinia Barros de Castro (Economia Brasileira) é doutora em Economia pela UFRJ (2009) e doutora em Ciências Sociais pela UFRRJ (2006), com doutorado sanduíche na Universidade de Berkeley — Califórnia. Leciona Economia Brasileira em cursos de graduação do IBMEC desde 1999 e em cursos de MBA da Coppead, desde 2007. É economista do BNDES desde 2001, atualmente na área de pesquisa econômica. É co-organizadora e coautora, entre outros, do livro *Economia Brasileira Contemporânea (1945-2010)*, vencedor do Prêmio Jabuti, 2005, com segunda edição lançada em 2011 pela Campus Elsevier.

André Villela (Economia Brasileira) é bacharel (UFRJ, 1989) e mestre (PUC-Rio, 1993) em Economia e Ph.D. em História Econômica pela Universidade de Londres (London School of Economics, 1999). Sua tese, intitulada "The Political Economy of Money and Banking in Imperial Brazil, 1850-70", recebeu o Prêmio Haralambos Simeonides, conferido pela ANPEC, em 1999. Desde 2001 é Professor Assistente da EPGE/FGV, onde leciona disciplinas na área de História Econômica para alunos da Graduação. É co-organizador e coautor, entre outros, do livro *Economia Brasileira Contemporânea (1945-2010)*, vencedor do Prêmio Jabuti, 2005, com segunda edição lançada em 2011, pela Campus Elsevier.

Prefácio

A aplicação das Matemáticas às Ciências Sociais está sendo cada vez mais intensiva em cada uma das áreas e em especial em Economia. Algum tempo atrás, saber derivar era o único requisito para o cálculo em Economia; porém as demandas na análise e no entendimento dos modelos mais modernos, mesmo daqueles simples, precisam de muito mais do que isso. É por isso que o Exame Nacional da ANPEC a cada ano vem avaliando o conhecimento de ferramentas de análise tais como Álgebra Linear, Funções e Otimização, Integração e Equações Diferenciais.

Neste sentido, quando me informaram da elaboração deste livro de soluções às questões do exame da ANPEC, fiquei entusiasmado com a ideia da divulgação do material. Maior foi a minha satisfação ao ver que as soluções estão claramente explicadas, com o embasamento teórico necessário, sendo incluídos na resolução, para o melhor entendimento, exemplos, contraexemplos e comentários adicionais. Essas inclusões são muito importantes, pois não somente se mostra "como se resolve a questão", mas também os procedimentos e o porquê dos passos seguidos. Finalmente, a forma de organizar a exposição, por temas e não por questões ou anos, tornará a procura por assuntos em relação aos quais o leitor queira melhorar ou aprofundar o seu conhecimento, muito mais fácil e eficiente. Tudo isso trará uma agregação de valor muito grande na preparação e formação dos candidatos à prova da ANPEC e também para alunos dos primeiros anos da Pós-Graduação.

Parabenizo a organizadora, Cristiane Alkmin J. Schmidt, cuja trajetória acadêmica eu reconheço e valoro tanto quanto a sua responsabilidade, critério e cuidado nos trabalhos que executa. Também parabenizo os autores Rodrigo Moura e Jefferson Bertolai pela precisão e clareza na exposição das questões.

Wilfredo Maldonado
Professor de Economia e Diretor da Pós-Graduação em Economia-UCB

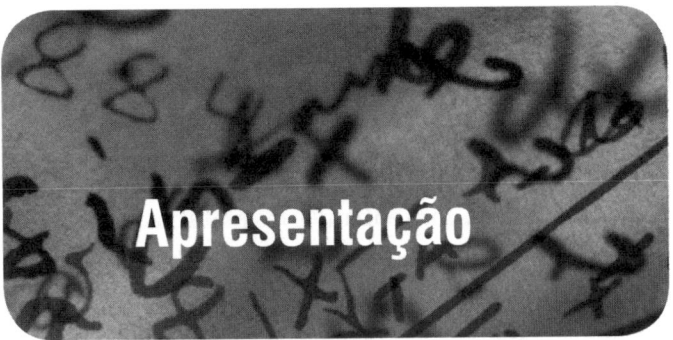

Apresentação

Faz tempo que ensino Estatística e Econometria, primeiro no Departamento de Economia da PUC-Rio, depois no Instituto de Economia da UFRJ. Como sempre lembro a meus alunos, em cursos de quantitativas é fundamental entender o que é explicado em aula e ficar em dia com a matéria, pois essa, talvez mais do que em outras disciplinas, é encadeada, e a falta de compreensão em uma etapa pode ser mortal. Mais do que isso, porém, gosto de enfatizar que em quantitativas não há como aprender a matéria, ou se preparar para uma prova, sem fazer exercícios, de preferência muitos exercícios.

Isso se mostra notoriamente verdade nos concursos promovidos anualmente pela ANPEC. Trata-se de um exame objetivo e meritório, marcado pela necessidade de selecionar e ordenar com clareza os candidatos que a ele se submetem, de forma que os institutos de Pós-Graduação possam escolher os melhores entre os bons alunos de Economia do país. Passar no exame da ANPEC é meio caminho para um bom emprego; não por outra razão, para obter sucesso nessa etapa os alunos precisam de uma preparação rigorosa e bem direcionada, especialmente se estiverem buscando uma vaga nos melhores institutos.

A Matemática, em particular, vem ganhando importância crescente no estudo e na prática da ciência econômica por facilitar a comunicação e tornar mais objetiva e precisa a discussão de política nessa área. Talvez por isso, desde a época em que estudei no IMPA observo que os melhores cursos de Economia, dentro e fora do país, vêm intensificando o seu ensino e o conteúdo matemático das disciplinas de Economia. O concurso da ANPEC reflete essa realidade.

Nesse contexto, o conjunto de quatro livros, cuidadosamente organizado por Cristiane Alkmin J. Schmidt, surge como uma das melhores referências neste assunto, especialmente se, como prometem os autores, for atualizado a cada ano. Tenho convicção de que ele se tornará o melhor material para estudo, não somente para o exame da ANPEC, mas também para outros concursos públicos que tenham estas matérias em suas ementas. Sem mencionar o enorme apoio que este material dá aos próprios professores nas quatro áreas em questão (Micro, Macro, Estatística e Econometria). Eu mesmo, como professor, já me sinto beneficiado por poder contar com esse material.

Objetivo, didático e muito bem estruturado, os livros apresentam soluções separadas por temas – e não por ano de exame –, o que facilita enormemente os estudos. Além disso, seu conteúdo é muito bem fundamentado, refletindo, sem dúvida, a capacidade técnica e organizacional de Cristiane Schmidt, cujas trajetórias profissional e acadêmica acompanho há mais de uma década. Entre outras coisas, estes livros refletem sua habilidade em reunir profissionais competentes em torno de um projeto comum. Os autores estão todos de parabéns por nos presentearem com uma obra que será muito útil para estudantes e professores de Economia.

Armando Castelar Pinheiro
Professor-adjunto de Economia do IE/UFRJ e
pesquisador do Ibre/FGV

Quadros Estatísticos

Quadro 1 – Número de questões por tópico e por exame

Capítulos		2002	2003	2004	2005	2006	2007	2008	2009	2010	2011	2012	2013	2014	2015	Total
1	Noção de Conjunto	1,0	1,0	1,0	0,0	0,0	0,0	0,0	0,0	1,0	0,0	1,0	1,0	0,0	1,0	7,0
2	Noções de GA	1,5	1,0	0,5	0,0	0,0	1,0	0,0	0,0	1,0	1,0	1,0	1,0	1,0	1,0	10,0
3	Álgebra Linear	1,5	2,5	3,0	2,8	4,7	2,0	4,0	3,0	3,0	2,0	3,0	3,0	2,0	2,0	38,5
4	Funç, Func de 1 ou + Var	7,0	6,5	5,5	7,8	5,3	9,5	7,5	9,0	4,5	7,0	6,0	7,0	7,0	7,0	96,7
5	Integrais	1,0	1,0	3,0	2,0	3,0	1,5	2,0	0,0	1,5	2,0	2,0	1,0	2,0	1,0	23,0
6	Sequências e Séries	0,5	1,0	0,0	1,0	0,7	1,0	0,5	2,0	2,0	1,0	1,0	0,0	1,0	2,0	13,7
7	Eqs. Dif. e em Dif.	2,0	1,0	2,0	1,3	1,3	0,0	1,0	1,0	2,0	2,0	1,0	1,0	1,0	1,0	17,7
8	Mat. Financeira	0,5	1,0	0,0	0,0	0,0	0,0	0,0	0,0	0,0	0,0	0,0	1,0	1,0	0,0	3,5
	Total	15	15	15	15	15	15	15	15	15	15	15	15	15	15	210

Quadro 2 – Representatividade dos tópicos por exame

Capítulos		2002	2003	2004	2005	2006	2007	2008	2009	2010	2011	2012	2013	2014	2015	Total
1	Noção de Conjunto	7%	7%	7%	0%	0%	0%	0%	0%	7%	0%	7%	7%	0%	7%	3%
2	Noções de GA	10%	7%	3%	0%	0%	7%	0%	0%	7%	7%	7%	7%	7%	7%	5%
3	Álgebra Linear	10%	17%	20%	19%	31%	13%	27%	20%	20%	13%	20%	20%	13%	13%	18%
4	Funções	47%	43%	37%	52%	36%	63%	50%	60%	30%	47%	40%	47%	47%	47%	46%
5	Integrais	7%	7%	20%	13%	20%	10%	13%	0%	10%	13%	13%	7%	13%	7%	11%
6	Sequências e Séries	3%	7%	0%	7%	4%	7%	3%	13%	13%	7%	7%	0%	7%	13%	7%
7	Eqs. Dif. e em Dif.	13%	7%	13%	9%	9%	0%	7%	7%	13%	13%	7%	7%	7%	7%	8%
8	Mat. Financeira	3%	7%	0%	0%	0%	0%	0%	0%	0%	0%	0%	7%	7%	0%	2%
	Total	100%	100%	100%	100%	100%	100%	100%	100%	100%	100%	100%	100%	100%	100%	100%

- 1
- 2
- 3
- 4
- 5
- 6
- 7
- 8

Quadro Temático

Questão	2002	2003	2004	2005	2006	2007	2008	2009	2010	2011	2012	2013	2014	2015
1	CONJ	CONJ	CONJ	AL	AL	AL	FUN	FUN	CONJ	FUN	CONJ	CONJ	FUN	CONJ
2	GA	GA	FUN/GA	AL	AL	AL	AL	FUN	FUN	GA	FUN	GA	AL	FUN
3	FUN	FUN	AL	INT	AL/EDD /SS	GA	FUN	AL	INT	FUN	GA	FUN	FUN/GA	FUN
4	FUN	AL	AL	FUN	FUN	FUN	AL	FUN	FUN/INT	SS	AL	AL	MF	AL
5	GA/AL	AL	AL	FUN	INT	FUN	INT	FUN	FUN	AL	AL	FUN	FUN	FUN
6	AL	FUN	FUN	FUN	FUN	SS	FUN/SS	AL	FUN	AL	AL	MF	AL	FUN
7	FUN	FUN	FUN	FUN	FUN	FUN/INT	FUN/INT	FUN	FUN	FUN	SS	AL	FUN	GA
8	FUN	FUN	INT	FUN/AL/EDD	FUN	INT	AL	SS	GA	INT	FUN	INT	FUN/GA	FUN
9	INT	INT	FUN	FUN/AL	AL	FUN	FUN/INT	FUN	AL	FUN	FUN	FUN	SS	FUN
10	SS/MF	SS	INT	FUN	INT	FUN	FUN	FUN	AL	FUN	INT	AL	EDD	EDD
11	FUN	MF	EDD	INT	FUN/AL /SS	FUN	FUN	AL	AL	EDD	FUN	EDD	FUN	INT
12	FUN	FUN	FUN	FUN	AL	FUN	EDD	SS	EDD	EDD	EDD	FUN	INT	SS
13	FUN	FUN/AL	FUN	SS	FUN	FUN	FUN	FUN	SS	INT	FUN	FUN	FUN	SS
14	EDD	FUN	INT	FUN	INT	FUN	AL	EDD	SS	FUN	INT	FUN	INT	FUN
15	EDD	EDD	EDD	EDD	EDD	FUN	FUN	FUN	EDD	FUN	FUN	FUN	FUN	AL

Legenda

CONJ Conjuntos
SS   Sequências e Séries
MF   Matemática Financeira
FUN   Funções, Funções de 1 ou + Variáveis
INT   Integrais
GA   Geometria Analítica
EDD   Equações Diferenciais e em Diferenças
AL   Álgebra Linear

Sumário

Capítulo 1 – Noção de Conjunto 1

Prova de 2010 1
    Questão 1 1

Prova de 2012 5
    Questão 1 5

Prova de 2013 7
    Questão 1 7

Prova de 2015 10
    Questão 01 10

Capítulo 2 – Geometria Analítica 15

Revisão de conceitos 15

Prova de 2007 18
    Questão 3 18

Prova de 2010 21
    Questão 8 21

Prova de 2011 27
    Questão 2 27

Prova de 2012 30
    Questão 3 30

Prova de 2013 32
    Questão 2 32

Prova de 2014 35
    Questão 3 35
    Questão 8 36

Prova de 2015 39
    Questão 07 39

Capítulo 3 – Álgebra Linear 41

Revisão de conceitos 41

Prova de 2006 43
    Questão 1 43
    Questão 2 46
    Questão 3 49
    Questão 9 49
    Questão 11 52
    Questão 12 53

Prova de 2007 54
    Questão 1 54
    Questão 2 56

Prova de 2008 57
    Questão 2 57
    Questão 4 63
    Questão 8 64
    Questão 14 66

Prova de 2009 68
    Questão 3 68
    Questão 6 70
    Questão 11 72

Prova de 2010 75
    Questão 9 75
    Questão 10 78
    Questão 11 80

Prova de 2011...83
    Questão 5 83
    Questão 6 84

Prova de 2012...86
    Questão 4 86
    Questão 5 87
    Questão 6 89

Prova de 2013...90
    Questão 4 90
    Questão 7 91
    Questão 10 93

Prova de 2014...95
    Questão 2 95
    Questão 6 97

Prova de 2015...98
    Questão 04 98
    Questão 15 101

Capítulo 4 – Funções, Funções de Uma ou Mais Variáveis 105

Revisão de conceitos 105

Prova de 2006...112
    Questão 4 112
    Questão 6 114
    Questão 7 117
    Questão 8 119
    Questão 11 122
    Questão 13 123

Prova de 2007...124
    Questão 4 124
    Questão 5 126
    Questão 7 129
    Questão 9 131
    Questão 10 133

  Questão 11 134
  Questão 12 136
  Questão 13 137
  Questão 14 137
  Questão 15 139

Prova de 2008..139
  Questão 1 139
  Questão 3 142
  Questão 6 144
  Questão 7 148
  Questão 9 150
  Questão 10 152
  Questão 11 155
  Questão 13 159
  Questão 15 160

Prova de 2009..161
  Questão 1 161
  Questão 2 163
  Questão 4 166
  Questão 5 170
  Questão 7 176
  Questão 9 179
  Questão 10 184
  Questão 13 187
  Questão 15 190

Prova de 2010..190
  Questão 2 190
  Questão 4 193
  Questão 5 194
  Questão 6 197
  Questão 7 199

Prova de 2011..203
  Questão 1 203
  Questão 3 207
  Questão 7 209

Questão 9 210
Questão 10 212
Questão 14 215
Questão 15 216

Prova de 2012..217
Questão 2 217
Questão 8 219
Questão 9 220
Questão 11 222
Questão 13 224
Questão 15 226

Prova de 2013..227
Questão 3 227
Questão 5 228
Questão 9 231
Questão 12 233
Questão 13 236
Questão 14 237

Prova de 2014..238
Questão 1 238
Questão 3 240
Questão 5 241
Questão 7 243
Questão 8 246
Questão 11 248
Questão 13 250
Questão 15 250

Prova de 2015..251
Questão 02 251
Questão 03 254
Questão 05 256
Questão 06 258
Questão 08 261
Questão 09 264
Questão 14 268

Capítulo 5 – Integrais **271**

Revisão de conceitos 271

Prova de 2006 272
    Questão 5 272
    Questão 10 274
    Questão 14 278

Prova de 2007 278
    Questão 7 278
    Questões 8 280

Prova de 2008 282
    Questão 5 282
    Questão 7 285
    Questão 9 286

Prova de 2010 287
    Questão 3 287
    Questão 4 290

Prova de 2011 290
    Questão 8 290
    Questão 13 292

Prova de 2012 292
    Questão 10 292
    Questão 14 294

Prova de 2013 295
    Questão 8 295
    Questão 15 297

Prova de 2014 299
    Questão 12 299
    Questão 14 301

Prova de 2015 302
    Questão 11 302

Capítulo 6 – Sequências e Séries 305

Revisão de conceitos 305

Prova de 2006..309
    Questão 3 309
    Questão 11 310

Prova de 2007..311
    Questão 6 311

Prova de 2008..312
    Questão 6 312

Prova de 2009..313
    Questão 8 313
    Questão 12 315

Prova de 2010..318
    Questão 13 318
    Questão 14 321

Prova de 2011..324
    Questão 4 324

Prova de 2012..327
    Questão 7 327

Prova de 2014..328
    Questão 9 328

Prova de 2015..330
    Questão 12 330
    Questão 13 334

Capítulo 7 – Equações em Diferenças e Diferenciais 335

Revisão de conceitos 335

Prova de 2006..337
    Questão 3 337
    Questão 15 338

Prova de 2008 339
    Questão 12 339

Prova de 2009 339
    Questão 14 339

Prova de 2010 341
    Questão 12 341
    Questão 15 343

Prova de 2011 345
    Questão 11 345
    Questão 12 348

Prova de 2012 352
    Questão 12 352

Prova de 2013 354
    Questão 11 354

Prova de 2014 356
    Questão 10 356

Prova de 2015 358
    Questão 10 358

Capítulo 8 – Matemática Financeira 363

Prova de 2013 363
    Questão 6 363

Prova de 2014 364
    Questão 4 364

Gabarito 367

Referências Bibliográficas 371

Noção de Conjunto

PROVA DE 2010

Questão 1

Considere os conjuntos:

$A = \{x \in IR / |x - 3| + |x - 2| = 1\}$; $B = \{x \in IR / 3 + 2x - x^2 > 0\}$

$C = \left\{x \in IR / 1 < \dfrac{1}{x} < 2\right\}$; $D = \{x \in IR_+ / 4 \leq x^2 \leq 9\}$

Julgue as afirmativas abaixo:

- ⓪ A é um intervalo aberto;
- ① Se $X \subset A$ e $X \not\subset B$, então X é um conjunto unitário;
- ② $2 \in (A \cap C)$;
- ③ $A = D$;
- ④ $\left\{\left(\dfrac{1}{n}, \dfrac{n+1}{n+2}\right) / n \in IN^*\right\} \subset B \times C$

Resolução:

(0) Falso. A restrição do conjunto A pode ser escrita como:

$|x - 3| + |x - 2| = 1$

$|x - 3| = 1 - |x - 2|$

Temos dois casos:

1º caso: $x \geq 3$:

$x - 3 = 1 - |x - 2|$

Como $x \geq 3$, então:

$|x - 2| = x - 2$

$x - 3 = 1 - |x - 2| = 1 - (x - 2)$

$$x - 3 = 1 - x + 2$$
$$2x = 6$$
$$x = 3$$

2º caso: $x < 3$:
$$x - 3 = -1 + |x - 2|$$

Neste caso, temos dois subcasos: $2 < x < 3$ ou $x \leq 2$. No primeiro subcaso, teríamos:
$$|x - 2| = x - 2$$
$$x - 3 = -1 + |x - 2| = -1 + (x - 2)$$
$$x - 2 = x - 2$$

ou seja, qualquer $x \in (2, 3)$ satisfaz a restrição. No segundo subcaso, teríamos:
$$|x - 2| = -x + 2$$
$$x - 3 = -1 + |x - 2| = -1 - x + 2$$
$$x - 3 = -x + 1$$
$$2x = 4$$
$$x = 2$$

Assim, juntando todos os casos, para que as restrições do conjunto A sejam satisfeitas, x deve pertencer ao intervalo:
$$A = [2, 3]$$
isto é, A é um conjunto fechado.

(1) Verdadeiro. A restrição do conjunto B pode ser escrita como:
$$3 + 2x - x^2 > 0$$
$$-x^2 + 2x + 3 > 0$$
$$soma = 2$$
$$produto = -3$$
$$x_1 = 3, x_2 - 1$$

Assim, o conjunto B será:
$B = (-1, 3)$

Assim, se $X \subset A = [2, 3]$ e $X \not\subset B = (-1, 3)$, então $X = \{3\}$, que é um conjunto unitário (de apenas 1 elemento).

(2) Falso. A restrição do conjunto C pode ser escrita como:
$1 < \dfrac{1}{x} < 2$

invertendo a desigualdade:
$1 > x > \dfrac{1}{2}$

Então, o conjunto C será:
$C = \left(\dfrac{1}{2}, 1\right)$

Além disso:
$A \cap C = [2, 3] \cap \left(\dfrac{1}{2}, 1\right) = \emptyset$

Logo, $2 \notin (A \cap C)$.

(3) Verdadeiro. A restrição do conjunto D pode ser escrita como:
$4 \leq x^2 \leq 9$

Segundo o enunciado do conjunto D, como $x \in R_+$ ($x \geq 0$), então, tomando a raiz de cada termo da expressão acima, o sentido da desigualdade é preservado, ou seja:
$2 \leq x \leq 3$

Logo, o conjunto D será:
$D = [2, 3]$

De acordo com o conjunto A, obtido no item 0:
A = D = [2, 3]

(4) Verdadeiro. O gráfico abaixo apresenta o conjunto B × C, produto cartesiano de B (eixo das abscissas) com C (eixo das ordenadas), dado pelos pares ordenados $(x, y) \in R^2$ tais que $x \in B$ e $y \in C$.

Podemos ver o conjunto B × C, ou seja, o produto cartesiano de B (eixo das abscissas) com C (eixo das ordenadas), ou seja, todos os pares ordenados que têm $x \in B$ e $y \in C$, através do gráfico:

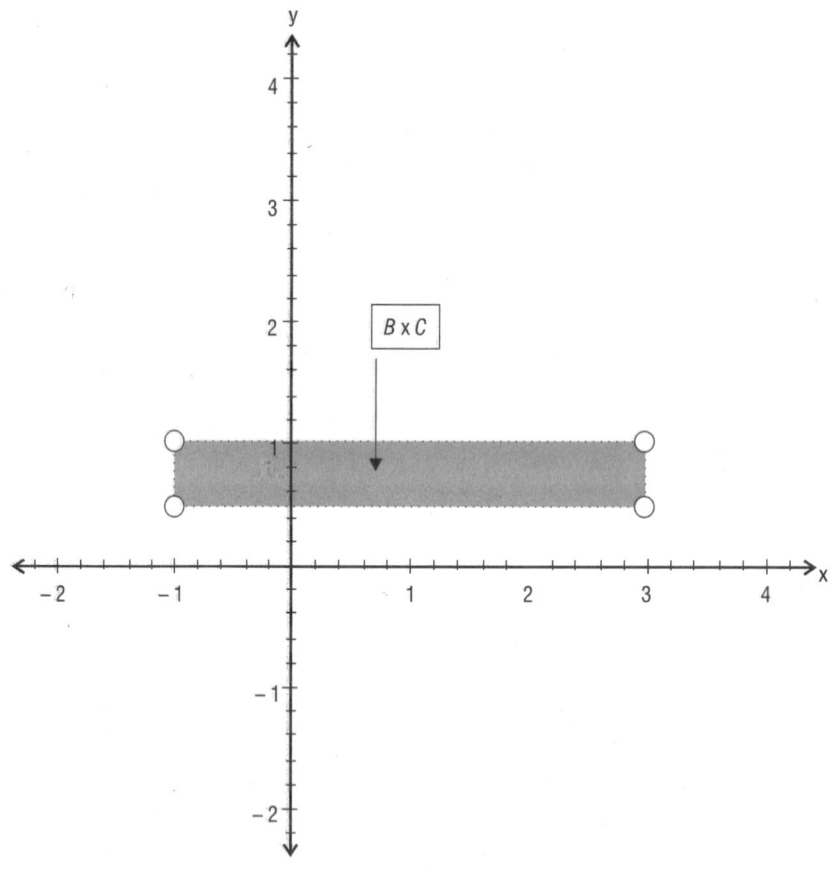

O outro conjunto do item 4, que denominamos de E, pode ser escrito como:
$$E = \left\{ \left(1, \frac{2}{3}\right), \left(\frac{1}{2}, \frac{3}{4}\right), ... \right\}$$

ou seja, é o conjunto dos pares ordenados, onde:

a) a primeira coordenada $\dfrac{1}{n}$ inicia-se em 1 (quando n=1), e tende para 0 (quando $n \to \infty$), mas nunca atinge este ponto (apenas se aproxima muito dele).

b) a segunda coordenada $\dfrac{n+1}{n+2}$ inicia-se em $\dfrac{2}{3}$ (quando n=1), e tende para 1 (quando $n \to \infty$), mas nunca atinge este ponto (apenas se aproxima muito dele).

Ou seja, os pares ordenados do conjunto E pertencerão ao intervalo:

$x \in [1,0)$

$y \in \left[\dfrac{2}{3}, 1\right)$

ou seja, $x \xrightarrow{n \to \infty} 0$ e $y \xrightarrow{n \to \infty} 1$, monotonicamente.

Logo, o domínio de E está contido em B, ou seja:
$(1, 0] \subset (-1, 3)$

E a imagem de E está contida em C, ou seja:
$\left[\dfrac{2}{3}, 1\right) \subset \left(\dfrac{1}{2}, 1\right)$

PROVA DE 2012
Questão 1

Sejam A e B conjuntos. A diferença entre A e B é o conjunto
$A - B = \{x : x \in A \text{ e } x \notin B\}$.

Julgue as afirmativas:

◎ $(A \cup B) - C = (A - C) \cap (B - C)$, quaisquer que sejam os conjuntos A, B e C.
① Se $A - B = B - A$, então $A = B$.
② Seja N o conjunto dos inteiros positivos. Se $A = \{x \in N : x \mid 12\}$ e $B = \{x \in N : 4 \mid x\}$, então $A \cap B$ é um conjunto unitário, em que $x \mid y$ significa que existe $c \in N$, tal que $y = cx$.
③ Se $A = \{x \in R : x - 2x^2 < 0\}$ e $B = \{x \in R : |x| \leq 3\}$, então $A \cap B \subset (0,3)$.
④ Se $A = \{(x,y) \in R^2 : |x| + |y| > 3\}$ e $B = \{(x,y) \in R^2 : |x + y| > 3\}$, então $A \supset B$.

Resolução:

(0) Falso. $(A \cup B) - C \Rightarrow x \in A \cup B$ e $x \notin C$
$(A - C) \cap (B - C) \Rightarrow [x \in A$ e $x \notin C]$ e $[x \in B$ e $x \notin C] \Rightarrow x \in [(A \cap B) - C]$

(1) Verdadeiro. $x \in (A - B) \Rightarrow x \in A$ e $x \notin B$
$x \in (B - A) \Rightarrow x \in B$ e $x \notin A$
$\Rightarrow A = B$, pois não podemos ter $\#A > \#B$ e $\#B > \#A$ ao mesmo tempo.

(2) Falso. $x|y$ significa que y é múltiplo de x.
$A = \{x \in \mathbb{N}: 12$ é múltiplo de $x\} = \{1,2,3,4,6,12\}$
$B = \{x \in \mathbb{N}: x$ é múltiplo de $4\} = \{0,4,8,12,16,...\}$
$A \cap B = \{4,12\}$

(3) Falso. $A = \{x \in \mathbb{R}: x < 0$ ou $x > \frac{1}{2}\}$
$B = \{x \in \mathbb{R}: -3 \leq x \leq 3\}$
$A \cap B = [-3,0) \cup (\frac{1}{2}, 3]$
$A \cap B \not\subset (0,3)$

(4) Verdadeiro. $A = \{(x,y) \in \mathbb{R}^2 : |x| + |y| > 3\} \Rightarrow |x| > 3 - |y|$

1º caso: $x > 3 - |y|, x > 0$ 2º caso: $x < |y| - 3, x < 0$
$|y| > 3 - x$ $|y| > x + 3$
$y > 3 - x$ ou $y < x - 3$ $y > x + 3$ ou $y < -x - 3$

$B = \{(x,y) \in \mathbb{R}^2 : |x+y| > 3\}$
$x + y > 3$ ou $x + y < 3$ $\Rightarrow$ $y > 3 - x$ ou $y < -x - 3$

Portanto, temos que $A \supset B$.

PROVA DE 2013
Questão 1

Considere os seguintes conjuntos:

$A = \left\{ x \in R \mid \dfrac{x-3}{x-2} \geq 1 \right\}$

$B = \{ x \in R \mid \ln(x+3) > 0 \}$

$C = \{ (x,y) \in R^2 \mid |x| + |y| < 2 \}$

Podemos afirmar o seguinte:

- ⓪ $A \cap B$ é o conjunto vazio.
- ① $A \cup B = R$.
- ② $A \times B \subseteq C$
- ③ C define uma relação simétrica, mas não transitiva em R^2.
- ④ $C \subseteq (A \times B) \cap (B \times A)$.

Resolução:

Primeiramente, temos que encontrar o domínio da cada uma das funções:

(A)

$$\dfrac{x-3}{x-2} - 1 \geq 0 \Rightarrow \dfrac{x-3-(x-2)}{x-2} \geq 0 \Rightarrow -\dfrac{1}{x-2} \geq 0$$

Para que isso seja verdade, x deve ser menor ou igual a 2. Porém, se $x = 2$, teremos uma indefinição. Logo, o conjunto A será:

$A = \{ x \in R \mid x \in (-\infty, 2) \}$

(B)

$\ln(x-3) > 0 \Leftrightarrow x - 3 > 1 \Rightarrow x > -2$

Logo o conjunto B será:
$B = \{ x \in R \mid x \in (-2, \infty) \}$

(C)

A restrição do conjunto C pode ser escrita como:
$|x| + |y| < 2$
$|y| < 2 - |x|$
$-2 + |x| < y < 2 - |x|$

Assim, *y* é restrita por duas funções. A função que dá o limite superior pode ser escrita como:

$$2-|x| = \begin{cases} 2-x, x > 0 \\ 2+x, x < 0 \end{cases}$$

E a função que dá o limite inferior pode ser escrita como:

$$-2+|x| = \begin{cases} -2+x, x > 0 \\ -2-x, x < 0 \end{cases}$$

Assim, o conjunto *C* pode ser visualizado através do seguinte gráfico:

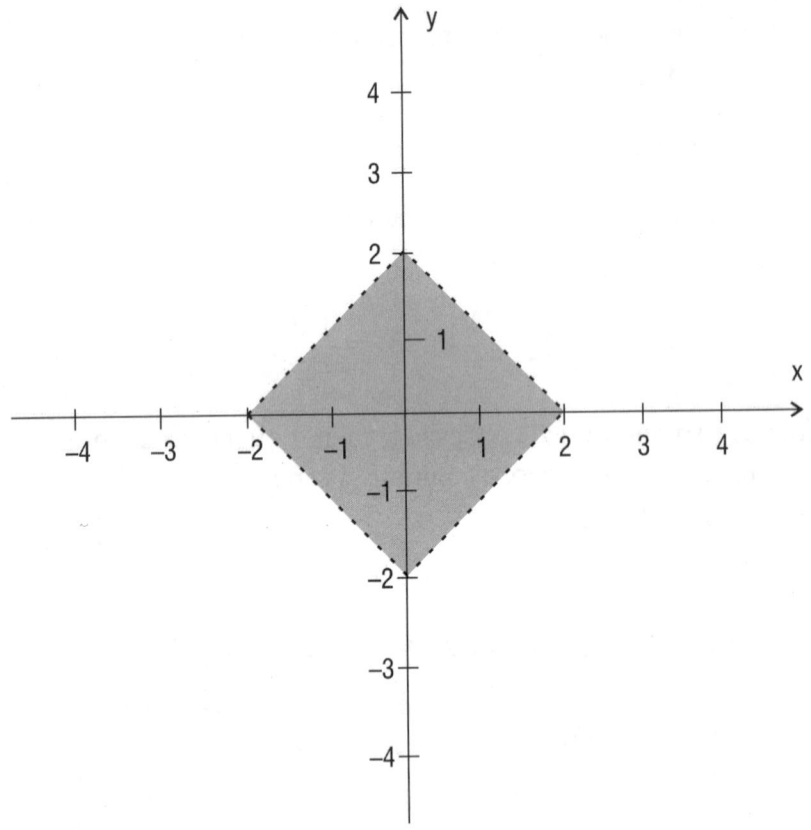

Agora podemos analisar as afirmativas:
(0) Falso. $A \cap B = \{x \in R | x \in (-\infty, 2) \cap (-2, \infty)\} = \{x \in R | x \in (-2, 2)\} \neq \emptyset$

(1) Verdadeiro. $A \cup B = \{x \in R | x \in (-\infty, 2) \cup (-2, \infty)\} = \{x \in R | x \in (-\infty, \infty)\} = R$

(2) Falso. $A \times B$ é o produto cartesiano de A com B, ou seja:
$$A \times B = \{(x, y) \in R^2 | -\infty < x < 2, -2 < y < \infty\}$$

Graficamente:

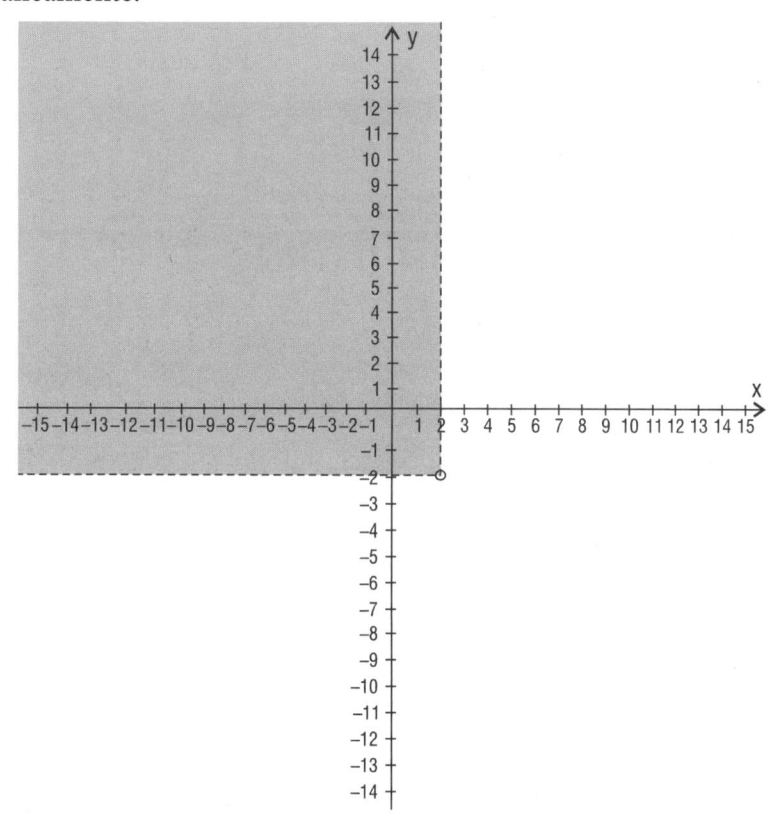

Isso por sua vez contém o subconjunto C e não o contrário. Ou seja:
$A \times B \supseteq C$

(3) Verdadeiro. Uma relação R entre dois conjuntos D e E quaisquer é definida como um subconjunto de $D \times E$. No caso deste exercício, $R = C$, $D = (-2, -2)$ e $E = (-2, 2)$. Assim, C é um subconjunto de $D \times E$ e, portanto, é uma relação entre eles.

Uma relação é simétrica se: $(x, y) \in C \Rightarrow (y, x) \in C$. Note que a restrição do conjunto C é ainda válida se trocamos as coordenadas:
$$|x| + |y| = |y| + |x| < 2,$$
e, portanto, é simétrica.

E uma relação é transitiva se $(x, y) \in C, (y, z) \in C \Rightarrow (x, z) \in C$.

No entanto, C não é transitiva. Como contraexemplo da transitividade, considere os elementos (1.0, 0.4) e (0.4, 1.5). Ambos pertencem a C, mas $(1.0, 1.5) \notin C$.

(4) Verdadeiro.

$A \times B = (-\infty, 2) \times (-2, \infty)$

$B \times A = (-2, \infty) \times (-\infty, 2)$

$(A \times B) \cap (B \times A) = (-2, 2) \times (-2, 2)$

Logo, $C \subseteq (A \times B) \cap (B \times A) = (-2, 2) \times (-2, 2)$.

PROVA DE 2015

Questão 01

Considere os seguintes conjuntos: $U = \{(x,y) \in R_+^2 \mid xy \geq 150\}$ e $G = \{(x,y) \in R_+^2 \mid 2x + 3y \leq g\}$, em que $g \in R_+$. Analisar a veracidade das seguintes afirmações:

- ⓪ Se $g < 60$, então $U \cap G = \{\}$;
- ① Se $g > 60$, então $U \cup G = R_+^2$;
- ② Quando $g = 100$, o maior valor da abcissa x, em $U \cap G$, é 45;
- ③ Se $g = 60$, o conjunto $U \cap G$ é unitário;
- ④ Existe um valor de $g \in R_+$, para o qual $G \subseteq U$.

Resolução:

⓪ Verdadeiro.

Observando que os dois conjuntos estão definidos em R_+^2, temos que $(x, y) \in U \Rightarrow x, y \geq 0$ e $y \geq \dfrac{150}{x}$.

Por outro lado, $(x, y) \in G \Rightarrow x, y \geq 0$ e $y \leq \dfrac{g}{3} - \dfrac{2x}{3}$.

Ou seja, U é a área acima da hipérbole $y = \dfrac{150}{x}$ e G, a área abaixo da reta $y = \dfrac{g}{3} - \dfrac{2x}{3}$, como mostra a figura abaixo:

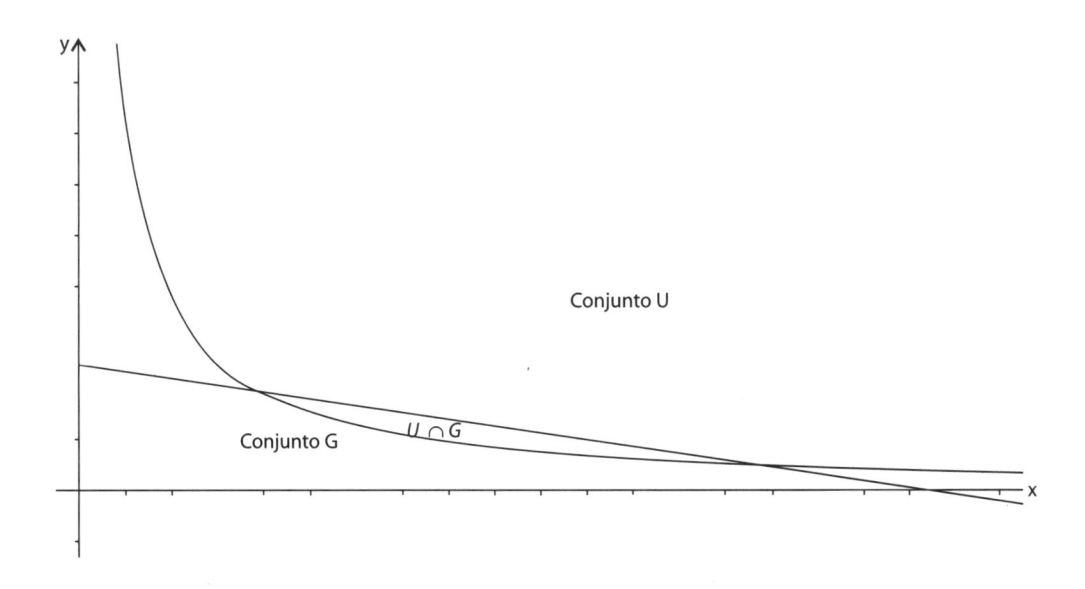

Para que exista algum $y \in R_+$ que satisfaça simultaneamente a $y \leq \dfrac{g}{3} - \dfrac{2x}{3}$ e $y \geq \dfrac{150}{x}$ é preciso que, para algum $x \in R_+$, se tenha

$$\dfrac{g}{3} - \dfrac{2}{3}x \geq \dfrac{150}{x} \Rightarrow \dfrac{gx}{3} - \dfrac{2x^2}{3} \geq 150 \Rightarrow \dfrac{2x^2}{3} - \dfrac{gx}{3} + 150 \leq 0,$$

em que, da primeira para a segunda desigualdade multiplicamos por $x \in R_+$, ou seja, por $x \geq 0$, que por ser positivo não inverte a desigualdade.

Como a equação da última desigualdade da expressão acima define uma parábola de concavidade voltada para cima, temos que o sinal desta parábola será negativo quando $x \in [x_1, x_2]$, onde x_1 e x_2 são suas raízes. Se a parábola não tiver raízes reais, a desigualdade nunca será satisfeita.

Sendo as soluções dadas pela aplicação da fórmula de Bhaskara, $\dfrac{\frac{g}{3} \pm \sqrt{\Delta}}{4/3} = \dfrac{g \pm 3\sqrt{\Delta}}{4}$, em que $\Delta = \dfrac{g^2}{9} - 4 \cdot \left(\dfrac{2}{3}\right) 150 = \dfrac{g^2}{9} - 400$, precisamos garantir que $\Delta \geq 0$ para que estas existam em R_+^2, ou seja, que sejam raízes reais. Para isso:

$$\Delta \geq 0 \Leftrightarrow \Delta = \frac{g^2}{9} - 400 \geq 0 \Leftrightarrow g^2 \geq 9 \cdot 400 \overset{\times \sqrt{\ }}{\Leftrightarrow} \sqrt{g^2} \geq \sqrt{9 \cdot 400} \Leftrightarrow |g| \geq 60$$

$$\Delta \geq 0 \Leftrightarrow \begin{cases} g \geq 60 \\ g \leq -60 \end{cases}.$$

Como $g \in R_+$, como especificado no enunciado da questão, temos que:

$$\Delta \geq 0 \Leftrightarrow g \geq 60.$$

(Note ainda que, se $\Delta \geq 0$, é garantido que as duas raízes serão positivas, pois $g > 0$ e $|\Delta| = \frac{g^2}{9} - 400 < \left(\frac{g}{3}\right)^2$).

Assim, se $g < 60$, $U \cap G = \{\}$, pois não existe nenhum x para o qual as duas restrições possam ser satisfeitas simultaneamente, o que torna o item verdadeiro. Mas, vamos analisar a condição $\Delta \geq 0 \Leftrightarrow g \geq 60$, que será útil nos itens a seguir.

Assim, analisamos dois casos aqui: $g > 60$ e $g = 60$.

- No primeiro caso ($g > 60$), temos duas raízes reais distintas, logo a interseção será dada por $U \cap G = \int_{x_1}^{x_2} \left[\left(\frac{g}{3} - \frac{2}{3}x\right) - \frac{150}{x}\right] dy$, a área entre a reta e a hipérbole no intervalo de x em que o atendimento às duas restrições é possível, como mostra a figura abaixo:

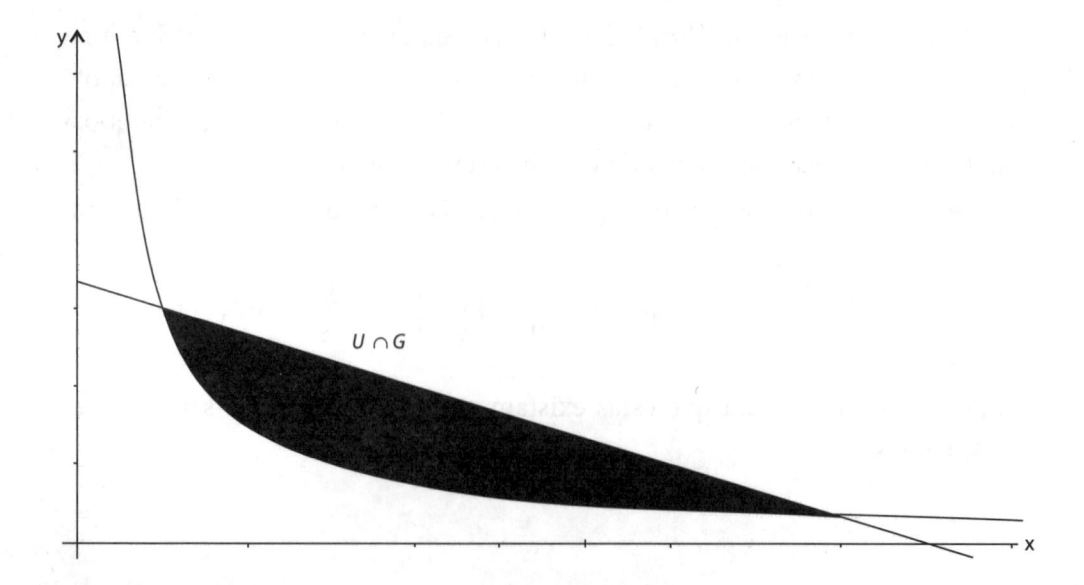

- No segundo caso ($g = 60$), temos duas raízes reais iguais, x, para o qual as duas restrições podem ser satisfeitas ao mesmo tempo e a integral fica degenerada para um só ponto, no qual temos que $x = \dfrac{150}{y} = \dfrac{g}{2} - \dfrac{3}{2}y$. $U \cap G$ é, portanto, unitário nesse caso.

(1) Falso.

Para qualquer valor finito de g haverá pontos em R_+^2 que não pertencerão a nenhum dos dois conjuntos.

Supondo que g é um número finito e ε é uma constante positiva qualquer, o ponto $\left(0, \dfrac{g}{3} + \varepsilon\right) \notin U$, pois $\left(\dfrac{g}{3} + \varepsilon\right) \cdot 0 = 0 < 150$. Do mesmo modo, temos que $\left(0, \dfrac{g}{3} + \varepsilon\right) \notin G$, pois $2 \cdot 0 + 3 \cdot \left(\dfrac{g}{3} + \varepsilon\right) > g$. Logo, não se pode afirmar que $U \cup G$ contém todo o R_+^2.

Observação: Uma forma menos formal de resolver é apenas avaliar o primeiro gráfico do item anterior. Ele representa o caso em que g > 60, pois, como visto no item anterior, neste caso a interseção dos conjuntos U e G não é vazia. Pode-se observar que o conjunto $U \cup G$ não inclui os pares ordenados cujo valor de x seja muito próximo de zero e o de y acima do intercepto da reta (g/3).

(2) Verdadeiro.

Conforme argumentado no item 0, se $g = 100$, teremos dois pontos de interseção entre a hipérbole e a reta que delimitam os conjuntos. Conforme demonstrado no item 0, o conjunto $U \cap G = \int_{x_1}^{x_2} \left[\left(\dfrac{g}{3} - \dfrac{2}{3}x\right) - \dfrac{150}{x}\right] dx$, onde x_1 e x_2 são soluções da equação $\dfrac{2x^2}{3} - \dfrac{gx}{3} + 150 = 0$.

Com $g = 100$, temos que:

$$\dfrac{2x^2}{3} - \dfrac{gx}{3} + 150 = 0 \Rightarrow 2x^2 - 100x + 450 = 0$$

Com isso, temos que $x_1 = \dfrac{100 - \sqrt{100^2 - 4(450)2}}{4} = \dfrac{100 - \sqrt{6400}}{4} = 5$ e

$$x_2 = \dfrac{100 + \sqrt{100^2 - 4(450)2}}{4} = \dfrac{100 + \sqrt{6400}}{4} = \dfrac{180}{4} = 45.$$

Logo, verificamos que a maior abcissa do conjunto é 45.

Observação: As raízes poderiam ter sido obtidas também através da seguinte propriedade:

$$\begin{cases} ax^2 + bx + c = 0 \\ x_1 + x_2 = -b/a \\ x_1 \cdot x_2 = c/a \end{cases} \Rightarrow \begin{cases} 2x^2 - 100x + 450 = 0 \\ x_1 + x_2 = 50 \\ x_1 \cdot x_2 = 225 \end{cases}$$

Logo, os valores de x_1 e x_2, cuja soma é 50 e o produto 225 são 5 e 45.

(3) Verdadeiro. Provado no item 0.

(4) Falso. Se

$$(x,y) \in U = \left\{(x,y) \in R_+^2 \,\middle|\, xy \geq 150\right\} \Rightarrow \lim_{x \to 0^+} y = \lim_{x \to 0^+} \dfrac{150}{x} = +\infty$$

$$(x,y) \in U = \left\{(x,y) \in R_+^2 \,\middle|\, xy \geq 150\right\} \Rightarrow \lim_{y \to 0^+} x = \lim_{y \to 0^+} \dfrac{150}{y} = +\infty$$

é fácil ver que, para qualquer valor de g (não negativo, como havia sido estabelecido no enunciado da questão), temos que $(0,0) \in G$, pois $2 \cdot 0 + 3 \cdot 0 < g$, mas $(0,0) \notin U$. Portanto, G não está contido em U para nenhum valor de g.

2 Geometria Analítica

Observação: Antes de fazerem qualquer exercício de Geometria Analítica, lembrem-se sempre de testar se os pontos dados no enunciado pertencem ao plano ou superfície dada. Por exemplo, no item 4, questão 2, da prova da ANPEC de 2003, nenhum dos pontos P_0 e P_1 pertence ao plano.

REVISÃO DE CONCEITOS

Apresentamos a seguir uma breve Revisão de Conceitos deste tópico. É importante ressaltar que o resumo aqui apresentado não é exaustivo, mas tem a função apenas de servir de suporte para a demonstração de algumas soluções. Por isso recomendamos, antes da resolução, o estudo das referências citadas no fim do livro.

Equação da Reta

Seja uma reta r que passa pelos pontos (x_0, y_0). A equação reduzida da reta é: $y = y_0 + a(x - x_0)$.

Se tivermos dois pontos ou um ponto e a inclinação, conseguimos definir a equação da reta r.

Uma outra maneira de se escrever a equação de uma reta é em sua forma vetorial:

$P = P_0 + tv$ significa que a reta transporta o ponto P_0 dado a um ponto P na direção v. Assim, variando t, percorreremos todos os pontos da reta.

Equação do Plano

A equação geral do plano π passando pelo ponto $P_0 = (x_0, y_0, z_0)$ é:

$$\pi : a(x - x_0) + b(y - y_0) + c(z - z_0) = 0$$

onde o vetor normal (ortogonal) ao plano π são os coeficientes de sua equação, ou seja, é o vetor $n = (a, b, c)$.

Fórmula do Plano Tangente à Superfície

Seja uma superfície dada pela expressão $z = f(x,y)$. A fórmula do plano tangente à superfície será:

$$z = z_0 + \left.\frac{\partial f}{\partial x}\right|_{(x,y)=(x_0, y_0)} \cdot (x - x_0) + \left.\frac{\partial f}{\partial y}\right|_{(x,y)=(x_0, y_0)} \cdot (y - y_0)$$

Produto Vetorial

O produto vetorial de dois vetores $v_1 = (a_1, b_1, c_1)$ e $v_2 = (a_2, b_2, c_2)$ é obtido como:

$$v_1 \times v_2 = \begin{vmatrix} e_1 & e_2 & e_3 \\ a_1 & b_1 & c_1 \\ a_2 & b_2 & c_2 \end{vmatrix}$$

onde os vetores e_1, e_2, e_3 são vetores da base canônica, ou seja, $e_1 = (1, 0, 0)$, $e_2 = (0, 1, 0)$, $e_3 = (0, 0, 1)$.

Teorema. O produto vetorial entre dois vetores linearmente independentes de um plano gera um vetor ortogonal a estes vetores e, portanto, ao plano. Este vetor ortogonal é um vetor normal para esse plano.

Fórmulas de Distâncias

Fórmula da distância entre dois pontos $P_0 = (x_0, y_0, z_0)$ e $P_1 = (x_1, y_1, z_1)$:

$$d(P_0, P_1) = \sqrt{(x_0 - x_1)^2 + (y_0 - y_1)^2 + (z_0 - z_1)^2}$$

Fórmula da distância de um ponto ao plano (adaptado de Steinbruch e Winterle, 2006, p. 196-198):

$$d(P_0, \Pi) = \frac{|ax_0 + by_0 + cz_0 - d|}{\sqrt{a^2 + b^2 + c^2}} = \frac{|ax_0 + by_0 + cz_0 - d|}{|n|}$$

onde definimos o plano como:

$\Pi : ax + by + cz = d$

em que $n = (a, b, c)$ é o vetor normal de Π e $P_0 = (x_0, y_0, z_0)$ é um ponto qualquer (podendo inclusive pertencer a outro plano e, assim, podemos usar esta formula para medir a distância entre dois planos – desde que sejam paralelos, pois, caso contrário, tal distância não estaria bem definida).

Condição de ortogonalidade entre vetores e retas

A condição de ortogonalidade das retas é semelhante aos planos. Dadas duas retas:

$r_1 : a_0 x + b_0 y = c_0$
$r_2 : a_1 x + b_1 y = c_1$

O vetor normal a cada uma destas retas será $v_1 = (a_0, b_0)$ e $v_2 = (a_1, b_1)$, respectivamente. Para que:

$$r_1 \perp r_2 \Leftrightarrow v_1 \perp v_2 \Leftrightarrow \langle v_1, v_2 \rangle = 0 \Leftrightarrow a_0 a_1 + b_0 b_1 = 0$$

onde $<v_1, v_2>$ é o produto interno entre estes dois vetores. Assim,

$<v_1, v_2> = 0$

é a condição de ortogonalidade entre estes dois vetores.

Fórmula para obter determinante de uma matriz B, m x m, através da expansão de cofatores:

$$|B| = \sum_{i}^{m} b_{ik} (-1)^{i+k} |B_{ik}|, \; k = 1, ..., m.$$

onde B_{ik} é a matriz B, retirada sua linha i e coluna k.

PROVA DE 2007
Questão 3

Seja $\langle,\rangle$ o produto escalar usual de $\Re^{n+1}$ e $V = V_1 \wedge ... \wedge V_n \in \Re^{n+1}$ o produto vetorial de vetores linearmente independentes $V_1, ..., V_n \in \Re^{n+1}$. Por definição $\langle V,W \rangle = \det(A_W)$, em que

$$A_W = \begin{pmatrix} W \\ V_1 \\ M \\ V_n \end{pmatrix}$$

é a matriz cujas linhas são os vetores $W, V_1, ..., V_n \in \Re^{n+1}$. Julgue os itens abaixo:

- ⓪ $\langle V, V_i \rangle = 0$, para todo $i \in \{1, ..., n\}$.
- ① $\det(A_v) \neq |V|^2$.
- ② $V \neq 0$
- ③ $\det(A_v A_v^t) = |V|^2 \det(g_{ij})$, em que $g_{ij} = \langle V_i, V_j \rangle$.
- ④ $|V| = \sqrt{\det(g_{ij})}$.

Resolução:

(0) Verdadeiro. Segundo o teorema enunciado na Revisão de Conceitos (Parte Produto Vetorial), o produto vetorial V é ortogonal a qualquer um dos vetores V_i, $i = 1, ..., n$.

(1) Falso. Pela definição de determinante, dada no enunciado:
$$\det A_V = \langle V, V \rangle = |V|^2$$

(2) Verdadeiro. Uma condição necessária para que o vetor V seja ortogonal aos vetores V_i (item 0 acima) é que estes vetores sejam LI.

Ou seja, caso os vetores V_i sejam LD, o produto vetorial:
$$V = V_1 \wedge V_2 \wedge ... \wedge V_n$$

$$= \begin{vmatrix} e_1 & e_2 & ... & e_n \\ V_1^1 & V_1^2 & ... & V_1^n \\ . & . & & . \\ . & . & & . \\ . & . & & . \\ V_n^1 & V_n^2 & ... & V_n^n \end{vmatrix} = 0e_1 + 0e_2 + ... + 0e_n$$

$$= (0, 0, ..., 0) = \vec{0}$$

onde e_i é o vetor que recebe valor 1 na posição i e 0 nas demais, e V_i^j é o j-ésimo elemento do i-ésimo vetor. O vetor V será nulo, pois temos vetores V_i que são LD. Então tal determinante será nulo.

(3) Verdadeiro. Calculando:

$$A_v A_v' = \begin{pmatrix} V \\ V_1 \\ \cdot \\ \cdot \\ \cdot \\ V_n \end{pmatrix} \begin{pmatrix} V & V_1 & \cdots & V_n \end{pmatrix}$$

$$= \begin{pmatrix} VV & VV_1 & \cdots & VV_n \\ V_1 V & V_1 V_1 & \cdots & V_1 V_n \\ \cdot & \cdot & & \cdot \\ \cdot & \cdot & & \cdot \\ \cdot & \cdot & & \cdot \\ V_n V & V_n V_1 & \cdots & V_n V_n \end{pmatrix}$$

Cada termo da matriz é um produto interno entre os dois vetores (mal definido, pois o primeiro vetor deveria ser transposto). Assim, os termos VV_j, $j = 1, ..., n$ são os produtos internos de V por V_j, que é zero (como justificado no item 0). Assim, a matriz se resume a:

$$\begin{pmatrix} VV & 0 & \cdots & 0 \\ 0 & V_1 V_1 & \cdots & V_1 V_n \\ \cdot & \cdot & & \cdot \\ \cdot & \cdot & & \cdot \\ \cdot & \cdot & & \cdot \\ 0 & V_n V_1 & \cdots & V_n V_n \end{pmatrix}$$

Assim:

$$|A_v A_v'| = \begin{vmatrix} VV & 0 & \cdots & 0 \\ 0 & V_1 V_1 & \cdots & V_1 V_n \\ \cdot & \cdot & & \cdot \\ \cdot & \cdot & & \cdot \\ \cdot & \cdot & & \cdot \\ 0 & V_n V_1 & \cdots & V_n V_n' \end{vmatrix}$$

Um determinante pode ser obtido através da expansão por cofatores, usando qualquer linha i de uma matriz B:

$$|B| = \sum_i^m b_{ik}(-1)^{i+k}|B_{ik}|, \ k=1,\ldots,m.$$

onde B_{ik} é a matriz B, retirada sua linha i e coluna k. Usando a 1ª linha de $A_v A_v'$ para calcular seu determinante, através da fórmula apresentada na Revisão de Conceitos:

$$|A_v A_v'| = (VV)(-1)^{1+1}\begin{vmatrix} V_1 V_1 & \cdots & V_1 V_n \\ \cdot & & \cdot \\ \cdot & & \cdot \\ \cdot & & \cdot \\ V_n V_1 & \cdots & V_n V_n \end{vmatrix} + 0 \cdot (-1)^{1+2}\begin{vmatrix} 0 & V_1 V_2 & \cdots 0 \\ \cdot & \cdot & \cdot \\ \cdot & \cdot & \cdot \\ \cdot & \cdot & \cdot \\ 0 & \cdots & V_n V_n \end{vmatrix} + \ldots$$

$$|A_v A_v'| = \langle V,V \rangle \begin{vmatrix} V_1 V_1 & \cdots & V_1 V_n \\ \cdot & & \cdot \\ \cdot & & \cdot \\ \cdot & & \cdot \\ V_n V_1 & \cdots & V_n V_n \end{vmatrix} = |V|^2 \det(g_{ij}), g_{ij} = \langle V_i, V_j \rangle,$$

onde, na última igualdade, usamos o resultado do item 1 (para $\langle V, V \rangle = |V|^2$) e $\det(g_{ij}) = \det(\langle V_i, V_j \rangle)$, pela definição de determinante do enunciado. Esta última notação pode parecer um pouco estranha, mas diversos livros usam a notação g_{ij} ou $[g_{ij}]$ para matriz (veja, por exemplo, Lima, 2001, p. 3). Assim, o determinante seria da matriz, cujas entradas são os produtos internos entre os vetores V_i e V_j, para todo i e j, sendo i a posição na linha e j a posição na coluna.

(4) Verdadeiro. A partir da propriedade de determinante:

$$\left|A_v A_v'\right| = \left|A_v\right|\left|A_v'\right| \overset{|A|=|A'|}{=} \left|A_v\right|^2$$

Pelo item (1), sabemos que:
$|A_v| = |V|^2$

Logo:
$|A_v A_v'| = |A_v|^2 = |V|^2 |V|^2$

Mas do resultado derivado no item acima:
$|A_v A_v'| = |V|^2 \ \det(g_{ij})$

Juntando com o resultado acima:

$$|V|^2 \det(g_{ij}) = |V|^2 |V|^2$$
$$|V|^2 = \det(g_{ij})$$
$$|V| = \sqrt{\det(g_{ij})}$$

PROVA DE 2010
Questão 8
Julgue as afirmativas:
- ⓪ Se $u = 2e_1 + e_2 - 2e_3$, então $v = (-2/3, -1/3, 2/3)$ é um vetor unitário, paralelo a u, em que $e_1 = (1, 0, 0)$, $e_2 = (0, 1, 0)$ e $e_3 = (0, 0, 1)$;
- ① Sejam $u = (x, 1, 0)$, $v = (-2, y, 3)$ e $w = (y, -1, -1)$, tais que u é perpendicular a v e a w. Então $x^2 = 1/2$;
- ② Considere os pontos $P_1 = (x, 1, 0)$ e $P_2 = (-2, y, 3)$. Se a distância de P_1 a P_2 é igual à distância de P_2 ao plano xy, então $x = 1$ e $y = -2$;
- ③ Seja (a, b) um ponto na interseção da circunferência de centro $(0, 0)$ e raio 1 com a reta $y = 2x$. Então $a^2 = 1/2$;
- ④ Seja r a reta tangente ao gráfico de $y = 2x^2 - 3x + 5$, no ponto $(1, 4)$. A equação da reta perpendicular a r e que passa por $(-1, 2)$ é $y = -x + 1$.

Resolução:

(0) Verdadeiro. Uma outra forma de se escrever o vetor u é:

$u = 2e_1 + e_2 - 2e_3$

$u = 2(1, 0, 0) + (0, 1, 0) - 2(0, 0, 1)$

$u = (2, 1, -2)$

Para que u e v sejam paralelos, eles devem ser múltiplos um do outro, ou seja:

$u = kv$

Note que, ao dividirmos cada elemento do vetor u pelo elemento da mesma posição do vetor v obteremos:

$$\frac{2}{-2/3} = -3$$

$$\frac{1}{-1/3} = -3$$

$$\frac{-2}{2/3} = -3$$

Assim, um é múltiplo do outro, ou seja, $k = -3$.

(1) Verdadeiro. Se u é perpendicular a v e w, deve ser válida a condição de ortogonalidade (mostrada na Revisão de Conceitos) de u com cada um destes vetores, ou seja:

$\langle u, v \rangle = 0$
$\langle u, w \rangle = 0$

onde o operador $\langle \cdots \rangle$ representa o produto interno de dois vetores. Assim:

$$\langle u,v \rangle = x \cdot (-2) + 1 \cdot y + 0 \cdot 3 = 0$$
$$\langle u,w \rangle = x \cdot y + 1 \cdot (-1) + 0 \cdot (-1) = 0$$

onde obtemos um sistema de duas equações:
$-2x + y = 0 \Rightarrow y = 2x$
$xy - 1 = 0$

Substituindo a primeira na segunda equação:
$2x^2 - 1 = 0$
$\quad x^2 = 1/2$

(2) Falso.

Para entendermos o que está sendo pedido, desenhe o plano cartesiano xyz com os pontos pedidos. O gráfico será:

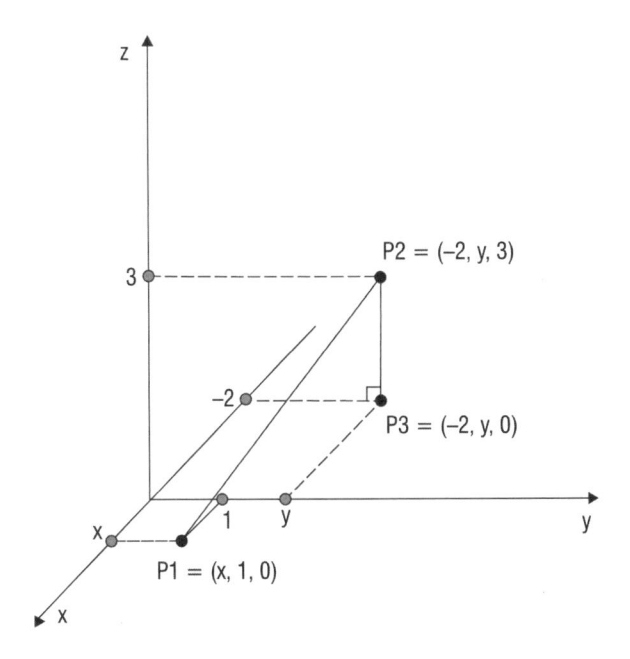

onde P_3 é o ponto do plano xy, que tem a menor distância em relação a P_2 (pois o vetor $\overrightarrow{P_2P_3}$ é perpendicular ao plano xy).

Primeiro, vamos calcular a distância de P_1 a P_2. Para isso, definimos o vetor $\overrightarrow{P_1P_2} = (-2-x, y-1, 3)$. A norma de tal vetor será a distância entre tais pontos (enunciada na Revisão de Conceitos):

$$\left|\overrightarrow{P_1P_2}\right| = \sqrt{(-2-x)^2 + (y-1)^2 + 3^2}$$

Agora, a distância entre P_2 e P_3 será definida pela norma do vetor $\overrightarrow{P_2P_3} = (-2-2, y-y, 3-0) = (0, 0, 3)$, que será:

$$\left|\overrightarrow{P_2P_3}\right| = \sqrt{0^2 + 0^2 + 3^2} = 3$$

Para que tenhamos:

$$\left|\overrightarrow{P_1P_2}\right| = \left|\overrightarrow{P_2P_3}\right|$$

devemos ter que:
$(-2-x)^2 = 0$
$(y-1)^2 = 0$

ou seja:
$x = -2$
$y = 1$
que é diferente de $x = 1$ e $y = -2$.

Observação: Outra forma de se fazer é substituir as coordenadas dadas no enunciado $(1, -2)$ na equação da norma $\left|\overrightarrow{P_1P_2}\right|$ e verificar que o resultado é diferente de 3. Ou seja:

$$\left|\overrightarrow{P_1P_2}\right| = \sqrt{(-2-x)^2 + (y-1)^2 + 3^2} \stackrel{(x,y)=(1,-2)}{=} \sqrt{(-2-1)^2 + (-2-1)^2 + 3^2} =$$

$$\stackrel{(x,y)=(1,-2)}{=} \sqrt{9+9+9} = \sqrt{3 \cdot 9} = 3\sqrt{3} \neq 3 = \left|\overrightarrow{P_2P_3}\right|$$

(3) Falso. Primeiro, desenhe a circunferência e a reta no plano cartesiano, conforme figura abaixo:

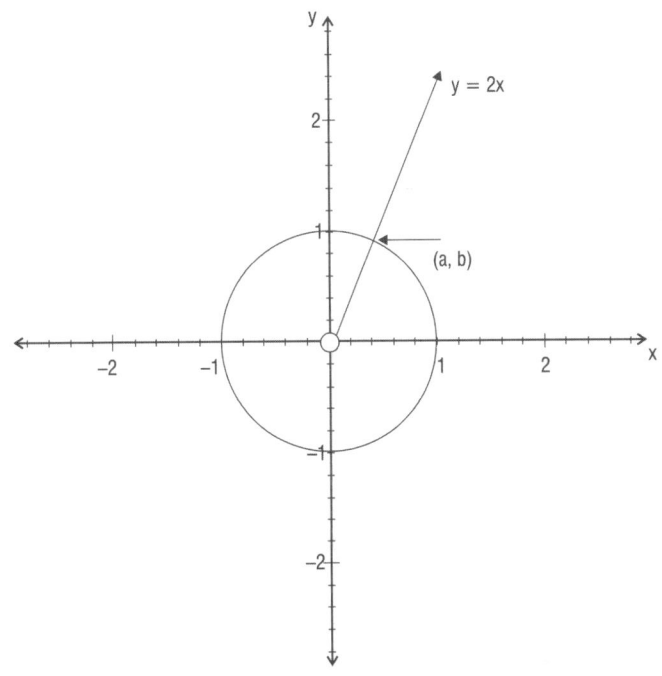

e assim, pela equação da reta, sabemos que tal ponto (a, b) (que pertence à reta) é:

$a = x$

$b = y = 2a = 2x$

Assim:

$(a, b) = (x, 2x)$

Podemos definir um vetor v que vai do centro da circunferência até o ponto (a, b):

$v = (a - 0, b - 0)$

$v = (x, 2x)$

O tamanho (norma) de tal vetor é dado pelo valor do raio (igual a 1, segundo o enunciado), ou seja:

$$|v| = \sqrt{x^2 + 4x^2} = 1$$
$$\sqrt{5x^2} = 1$$
$$5x^2 = 1$$
$$x^2 = 1/5$$

Como x = a:
a² = 1/5

(4) Verdadeiro. Faça o gráfico para visualizar melhor o que é pedido:

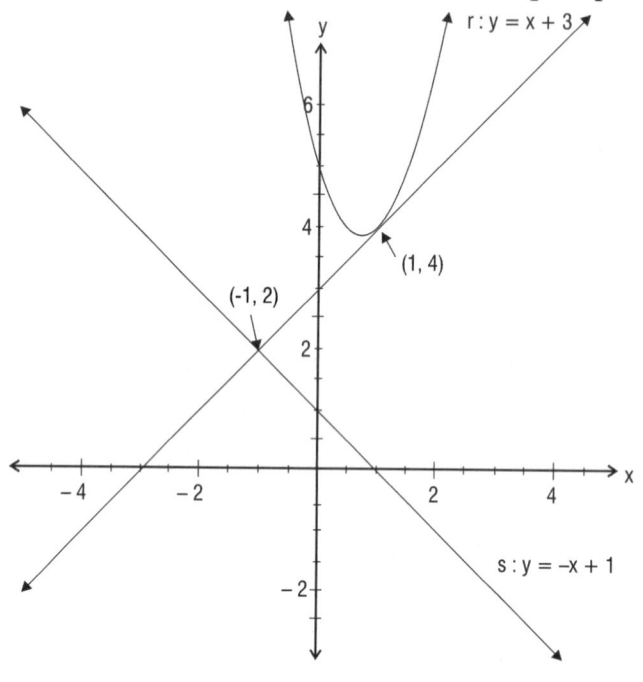

A reta r tangente à parábola no ponto (1, 4) terá a mesma inclinação que a parábola neste ponto. Assim, calculando a derivada da parábola:

$$\frac{dy}{dx} = 4x - 3$$

e avaliando no ponto (1, 4), teremos:

$$\left.\frac{dy}{dx}\right|(x, y) = (1, 4) = 1$$

Então, podemos já definir a reta r, pois temos um ponto pelo qual ela passa (ponto $(1, 4)$) e sua inclinação. Utilizando a equação reduzida da reta:

$y = y_0 + a(x - x_0)$
$y = 4 + (x - 1)$
$r: y = x + 3$

onde $(x_0, y_0) = (1, 4)$ e $a = 1$, ou seja, substitui-se o ponto e a inclinação na fórmula.

Chamemos de reta s a reta perpendicular à reta r. Aplicando a equação reduzida da reta para a reta s, que passa pelo ponto $(-1, 2)$, teremos:

$y = y_0 + a'(x - x_0)$
$y = 2 + a'(x + 1)$

Se r e s são perpendiculares, já vimos no item 0, questão 2, da prova de 2003 (e também enunciado na Revisão de Conceitos, mas supondo b_0 e $b_1 = 0$), que a condição para isso é que:

$aa' = -1$
$a' = -\dfrac{1}{a}$

Logo:
$a' = -1$

Substituindo de volta na fórmula acima teremos:
$y = 2 - (x + 1)$
$y = -x + 1$

que é a equação dada no enunciado.

PROVA DE 2011

Questão 2

Considere as retas r_1 e r_2, no plano, definidas por
$$\begin{cases} a_1x + b_1y + c_1 = 0 \\ a_2x + b_2y + c_2 = 0 \end{cases}$$

em que $n_1 = (a_1, b_1)$ e $n_2 = (a_2, b_2)$ são vetores não nulos ortogonais a r_1 e r_2, respectivamente. Denotamos por $d(P, r)$ a distância de um ponto P a uma reta r do plano. Julgue as afirmativas:

◎ Se as retas r_1 e r_2 são perpendiculares, então $a_1 a_2 + b_1 b_2 = 0$.

① Se $(1, 1) \in r_1$ e r_1 é paralela à reta dada por $2x + 3y - 6 = 0$, então $(3, 1) \in r_1$.

② Considere em r_1 os valores $c_1 = 0$ e $n_1 = (1, -1)$. Se pontos distintos $P = (3, y_1)$ e $Q = (3, y_2)$ são tais que $d(P, r_1) = d(Q, r_1) = \sqrt{2}$, então $y_1 + y_2 = 6$.

③ As retas $y = x$, $y = 1$ e $y = -x + 2$ se interceptam formando um triângulo.

④ Se $a_2 b_2 c_2 \neq 0$ e $\dfrac{a_1}{a_2} = \dfrac{b_1}{b_2} = \dfrac{c_1}{c_2}$, então r_1 e r_2 representam a mesma reta.

Resolução:

(0) Verdadeiro. Se as retas são perpendiculares, então seus vetores normais n_1 e n_2 devem ser ortogonais, ou seja, devem atender à condição de produto interno nulo (como consta na Revisão de Conceitos):

$$\langle n_1, n_2 \rangle = 0$$

ou seja:

$$a_1 a_2 + b_1 b_2 = 0$$

(1) Falso. Se $(1, 1) \in r_1$, então:

$$a_1 + b_1 + c_1 = 0$$

Como a reta r_1 é paralela à reta dada por $2x + 3y - 6 = 0$, e o vetor normal desta reta é $(2, 3)$, então a reta r_1 terá um vetor normal que é um múltiplo deste vetor, ou seja:

$$n_1 = (a_1, b_1) = (2k, 3k) = k(2, 3)$$

Substituindo na condição acima teremos:

$2k + 3k + c_1 = 0$

$\qquad c_1 = -5k$

Substituindo na equação da reta r_1:

$2kx + 3ky - 5k = 0$

$k(2x + 3y - 5) = 0$

Como $k \neq 0$, pois o vetor normal deve ser não nulo, então a reta r_1 será dada por:

$2x + 3y - 5 = 0$

Substituindo o ponto $(3, 2)$ nesta equação verificamos que:

$2 \cdot 3 + 3 \cdot 2 - 5 = 7 \neq 0$

ou seja, tal ponto não pertence a esta reta.

(2) Verdadeiro.

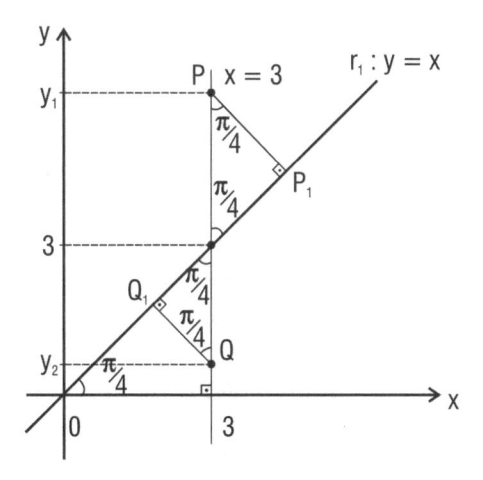

Observe graficamente que a reta r_1 será dada por $y = x$ e que ambos os pontos P e Q estão sobre a reta $x = 3$ e distam $\sqrt{2}$ da reta r_1. Como os pontos são distintos, um deles está abaixo de r_1 ($y_i < 3$) e o outro está acima de r_1 ($y_i > 3$).

Denote P_1 o ponto da reta r_1 mais próximo de P e Q_1 o ponto da reta r_1 mais próximo de Q. Note que os pontos $(3, 3)$, P_1 e P formam um triâgulo retângulo, assim como os pontos $(3, 3)$, Q_1 e Q. Adicionalmente, o ângulo agudo formado pelas retas r_1 e $x = 3$ é de $\pi/4$, pois o ângulo agudo formado pelas retas r_1 e $x = 0$ é $\pi/4$, somando, assim, $180°$ (π) os ângulos do triângulo formado por r_1, $x = 3$ e $x = 0$. Assim, conclui-se que o terceiro ângulo dos triângulos destacados acima é $\pi/4$, ou seja, são triângulos isósceles.

Assim, a medida de cada cateto do triângulo é $\sqrt{2}$ e, portanto, a hipotenusa mede 2. Observe que o y_i tal que $y_i > 3$ mede 3 + hipotenusa, e o y_i tal que $y_i < 3$ mede 3 − hipotenusa. Portanto, $y_1 + y_2 = 6$.

(3) Falso. Graficamente, notamos que as três retas se interceptam no ponto (1, 1) e, portanto, não formam um triângulo.

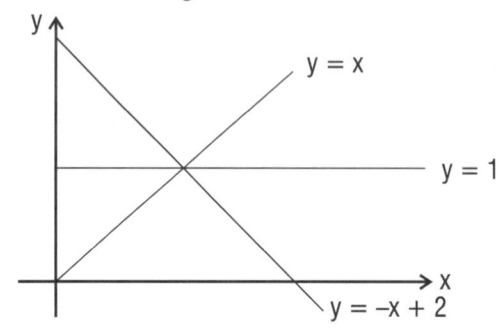

(4) Verdadeiro. Neste caso:
$$\frac{a_1}{a_2} = \frac{b_1}{b_2} = \frac{c_1}{c_2} = k$$

ou seja:
$$a_1 = ka_2$$
$$b_1 = ka_2$$
$$c_1 = ka_2$$

Substituindo de volta na equação da primeira reta, obtemos:
$$a_1 x + b_1 y + c_1 = 0$$
$$k(a_2 x + b_2 x + c_2) = 0$$
$$a_2 x + b_2 x + c_2 = 0$$

ou seja, igual à reta r_2.

PROVA DE 2012
Questão 3

Julgue as afirmativas:
- ◎ A equação da reta que passa por $\left(\frac{1}{3}, \frac{2}{5}\right)$ e é paralela à reta que passa por (0,3) e por (5,0) é $3x + 5y + 3 = 0$.
- ① As circunferências C_1 de centro (0,0) e raio 1 e C_2 de centro (1,0) e raio 2 se interceptam num único ponto.
- ② Os pontos (1,1), (2,3) e (a,−8) pertencem à mesma reta se, e somente se, $a = \frac{7}{2}$.

③ Sejam $P = (3, -1, 2)$ e $Q = (4, -2, -1)$. A equação do plano que passa por P e é perpendicular ao vetor $\overline{PQ}$ é $x - y - 3z + 2 = 0$.

④ Sejam $m, k \in R$. Se os planos $2x + ky + 3z - 5 = 0$ e $mx - 6y - 6z + 2 = 0$ são paralelos, então $k + m = -1$.

Resolução:

(0) Falso. A reta $3x + 5y + 3 = 0$ não passa pelo ponto $\left(\dfrac{1}{3}, \dfrac{2}{5}\right)$.

(1) Verdadeiro. As equações das circunferências C_1 e C_2 são dadas respectivamente por:

$x_1^2 + y_1^2 = 1$

$(x_2 - 1)^2 + y_2^2 = 4 \Rightarrow x_2^2 + y_2^2 - 2x_2 = 3$

Nos pontos de interseção, temos que $x_1 = x_2 = x$ e $y_1 = y_2 = y$. Substituindo, obtemos:

$x^2 + y^2 = 1$
$x^2 + y^2 - 2x^2 = 3$

Substituindo a 1ª equação na 2ª:
$1 - 2x = 3 \Rightarrow x = -1$ e $y = 0$
Logo, temos somente um ponto de interseção, que é o $(-1, 0)$.

(2) Falso. $y = ax + b$
$\begin{cases} 1 = a + b \\ 3 = 2a + b \end{cases}$
$a = 2$ e $b = -1$

$y = 2x - 1$
$-8 = 2a - 1$
$a = \dfrac{-7}{2}$

(3) Verdadeiro. $\vec{PQ} = (4, -2, -1) - (3, -1, 2) = (1, -1, -3) \Rightarrow$ O plano é, de fato, perpendicular ao vetor $\vec{PQ}$, pois o seu vetor normal é igual a esse vetor. Substituímos então o ponto P na equação do plano: 3-1-3x2 = 0 e verificamos que P pertence ao plano.

(4) Verdadeiro. Se os dois planos são paralelos, então seus vetores normais são múltiplos. $(2, k, 3) = a(m, -6, -6) \Rightarrow 3 = -6a \Rightarrow a = \dfrac{-1}{2}$

$\Rightarrow 2 = \dfrac{-1}{2} m \Rightarrow m = -4$ e $k = \left(\dfrac{-1}{2}\right)(-6) \Rightarrow k = 3$

$\Rightarrow k + m = 3 - 4 = -1$

PROVA DE 2013
Questão 2

Dadas as retas L_1: $4x + 3y - 12 = 0$ e L_2: $3x + y - 6 = 0$, analise as seguintes afirmativas:

◎ Um vetor unitário paralelo à reta L_1 é o $(-3/5, 4/5)$.
① A equação da reta perpendicular a L_2, que passa pela interseção de L_1 e L_2, é $x - 3y + 6 = 0$.
② A equação da bissetriz do maior ângulo que formam L_1 e L_2 é $10x - 25y + 48 = 0$.
③ Um vetor perpendicular à reta L_2 é $(-3, 1)$.
④ A hipérbole equilátera, que tem como assíntotas os eixos coordenados e é tangente a L_1 e L_2, é $xy = 3$.

Resolução:

(0) Verdadeiro. Primeiramente, o vetor $(-3/5, 4/5)$ é unitário. Com efeito,

$$\sqrt{\left(\dfrac{-3}{5}\right)^2 + \left(\dfrac{4}{5}\right)^2} = \sqrt{\dfrac{9+16}{25}} = 1.$$

Agora, observe que a reta L_1 pode ser reescrita como $y = 4 - \dfrac{4}{3}x$ e lembre-se de que se uma reta possui coeficiente angular m, então qualquer reta paralela a ela também terá coeficiente angular m. Dessa forma, o vetor em questão será paralelo à reta L_1 se $(-3/5, 4/5)$ satisfizer $y = k - \dfrac{4}{3}x$ para algum $k \in \mathcal{R}$. É trivial verificar que este ponto pertence à reta definida por $k = 0$.

(1) Verdadeiro. Lembre-se de que, se uma reta possui coeficiente angular m, então qualquer reta perpendicular a ela terá coeficiente angular $m' = \dfrac{-1}{m}$. Verificando tal propriedade, é fácil ver que a reta L_2 possui inclinação (coeficiente angular) igual a -3, basta reescrevê-la como $y = 6 - 3x$. Usando álgebra similar, vê-se que a reta $x - 3y + 6 = 0$ possui inclinação $1/3$. Logo, tal reta é perpendicular a L_2.

Resta verificar se o ponto definido pela intersecção de L_1 e L_2 pertence à reta em questão. Se um ponto qualquer (x, y) pertence a L_1 e L_2, então $\overline{y} = 6 - 3\overline{x}$ e $\overline{y} = 4 - \dfrac{4}{3}\overline{x}$. Usando a primeira equação na segunda obtém-se x igual a $6/5$. Substituindo tal valor em qualquer das equações, $\overline{y} = \dfrac{12}{5}$. Finalmente, verificando que $(\overline{x}, \overline{y})$ pertence à reta em questão,

$$\overline{x} - 3\overline{y} + 6 = \dfrac{6}{5} - 3\dfrac{12}{5} + 6 = \dfrac{6 - 3.12 + 30}{5} = 0.$$

(2) Falso. Uma reta é dita bissetriz de um dos ângulos formados por duas retas se os pontos que a constituem distam das duas retas na mesma magnitude. Ou seja, se $d\big((\overline{x}, \overline{y}), L_i\big)$ denota a distância do ponto $(\overline{x}, \overline{y})$ para a reta L_i, então uma reta é bissetriz de um dos ângulos formados pelas retas L_1 e L_2 se os pontos que a constituem são elementos de

$$B_{12} = \big\{ (\overline{x}, \overline{y}) \in \Re^2 : d\big((\overline{x}, \overline{y}), L_1\big) = d\big((\overline{x}, \overline{y}), L_2\big) \big\}.$$

Para mostrar que a afirmação é falsa, é necessário mostrar que a reta $10x - 25y + 48 = 0$ não pertence a este conjunto. Primeiramente, lembre-se de que a distância de um dado ponto $(\overline{x}, \overline{y})$ para a reta L_1: $ax + by + c = 0$ é dada por

$$d\big((\overline{x}, \overline{y}), L_i\big) = \dfrac{|a\overline{x} + b\overline{y} + c|}{\sqrt{a^2 + b^2}}.$$

Então, a reta em questão precisaria satisfazer

$$d\big((\overline{x}, \overline{y}), L_1\big) = \dfrac{|a_1\overline{x} + b_1\overline{y} + c_1|}{\sqrt{a_1^2 + b_1^2}} = \dfrac{|a_2\overline{x} + b_2\overline{y} + c_2|}{\sqrt{a_2^2 + b_2^2}} = d\big((\overline{x}, \overline{y}), L_2\big)$$

$$\dfrac{|4\overline{x} + 3\overline{y} - 12|}{5} = \dfrac{|3\overline{x} + \overline{y} - 6|}{\sqrt{10}}$$

Da reta candidata tem-se $\overline{y} = \dfrac{2}{5}\overline{x} + \dfrac{48}{25}$. Substituindo na equação acima,

$$\sqrt{10}\left|4\overline{x} - 12 + 3\left(\dfrac{2}{5}\overline{x} + \dfrac{48}{25}\right)\right| = 5\left|3\overline{x} - 6 + \left(\dfrac{2}{5}\overline{x} + \dfrac{48}{25}\right)\right|$$

que resulta em

$$26\sqrt{10}\left|\overline{x} - \dfrac{6}{5}\right| = 425\left|\overline{x} - \dfrac{6}{5}\right|.$$

Ou seja, o único ponto da reta candidata que dista igualmente de L_1 e de L_2 é $(\overline{x}, \overline{y}) = \left(\dfrac{6}{5}, \dfrac{12}{5}\right)$. Observe que este é o ponto de intersecção das duas retas.

(3) Falso. Do item (1), retas perpendiculares a L_2 têm formato $x - 3y + k = 0$ para $k \in \Re$. Se adicionalmente passar pela origem, tal reta será $x - 3y = 0$. Portanto, um vetor $(\overline{x}, \overline{y})$ é perpendicular a L_2 somente se $\overline{x} = 3\overline{y}$.

(4) Verdadeiro. A hipérbole equilátera que tem como assíntotas os eixos coordenados é definida pela equação $xy = k$, para $k \in \Re$. O item afirma que $k = 3$. Para $i = 1, 2$, a função definida pela hipérbole equilátera, $y = \dfrac{k}{x}$, é tangente à reta L_i se possuir derivada no ponto de tangência igual à inclinação da reta. Observe que $y' = \dfrac{-k}{x^2}$ e os coeficientes angulares de L_1 e de L_2 são, respectivamente, $-4/3$ e -3. Se (x_i, y_i) é o ponto de tangência da reta L_i com a hipérbole, $i = 1,2$, então este ponto está sobre a hipérbole, $k = x_i y_i$, está sobre a reta L_i, $a_i x_i + b_i y_i + c_i = 0$, e iguala derivada y' com o coeficiente angular, $k = -m_i x_i^2$. Portanto, $y_i = \dfrac{k}{x_i}$. Substituindo na equação da reta L_i, obtém-se

$a_i(x_i)^2 + c_i x_i + b_i k = 0.$

Da equação de tangência, $(x_i)^2 = \dfrac{-k}{m_i}$. Substituindo na equação acima,

$c_i x_i + k\left(b_i - \dfrac{a_i}{m_i}\right) = 0.$

Ou seja, tem-se uma equação em duas variáveis (x_i e k) para cada $i \in \{1, 2\}$. Resolvendo o sistema resultante, obtém-se k = 3.

PROVA DE 2014
Questão 3

Analisar a veracidade das seguintes afirmações:

(0) Se $m = \lim_{x \to 1} \dfrac{x^2 + x - 2}{2x^2 - x - 1}$ e $n = \lim_{x \to 5^+} \dfrac{x^2 - 9x + 20}{\sqrt{x} - \sqrt{5}}$, então $m + n = 2\sqrt{5}$.

(1) Se x_0 é ponto de inflexão do gráfico de $y = f(x)$, então $f'(x_0) = 0$.

(2) Se $f : [a,b] \to R$ é uma função côncava e $f'(x_0) = 0$, em que $x_0 \in]a,b[$, então x_0 é máximo absoluto.

(3) A função $f(x) = x^4 - 4x^3 - 8x^2 + 2$ tem dois pontos de inflexão.

(4) A inclinação da reta tangente ao gráfico de $x \ln(y) + y e^{x-1} - 1 = 0$ no ponto $x = 1$, $y = 1$ é -2.

Resolução:

Os itens (0), (1), (2) e (3) estão resolvidos no capítulo Funções, Funções de Uma ou Mais Variáveis.

(4) Falso. Derivando totalmente, temos $\ln y \, dx + \dfrac{x}{y} dy + e^{x-1} dy + y e^{x-1} dx = 0$, o que nos dá $\dfrac{dy}{dx} = \dfrac{-\ln y - y e^{x-1}}{\dfrac{x}{y} + e^{x-1}}$. No ponto $x = y = 1$, temos $\dfrac{dy}{dx} = -\dfrac{1}{2}$, que é a inclinação da reta tangente ao gráfico da função nesse ponto.

Questão 8

Considere a função $z = f(x, y) = 6x^{1/2}y^{1/3}$. Analisar as seguintes afirmações:

⓪ A equação do plano tangente ao gráfico de $z = f(x, y)$ no ponto $x = 4$, $y = 1$ é $3x + 8y - 2z + 4 = 0$.

① A reta perpendicular ao gráfico de $z = f(x, y)$ no ponto $x = 4, y = 1$ passa pelo ponto $(13, a, b)$. Então $b - a = -3$.

② A equação da reta tangente à curva de nível de $z = f(x, y)$, que passa por $x = 9$ e $y = 8$, é $ax + by - 60 = 0$. Então $ab = 6$.

③ A partir do ponto $(x_0, y_0) = (1,1)$, se seguirmos a direção do vetor $(-1,1)$, a função f irá decrescer para variações infinitesimais de x e y.

④ O plano paralelo a $6x + 4y - 2z + 15 = 0$, que tangencia o gráfico de $z = f(x, y)$, o faz no ponto $(\overline{x}, \overline{y})$. Então $\overline{x} + \overline{y} = 6$.

Resolução:

O item (3) está resolvido no capítulo Funções, Funções de Uma ou Mais Variáveis.

(0) Verdadeiro. Lembrando que o plano tangente a uma superfície $z = f(x, y)$ no ponto $(\overline{x}, \overline{y})$ pode ser representado por

$$\frac{\partial f}{\partial x}(\overline{x}, \overline{y})[x - \overline{x}] + \frac{\partial f}{\partial y}(\overline{x}, \overline{y})[y - \overline{y}] + (-1)[z - f(\overline{x}, \overline{y})] = 0,$$

ou seja, o produto interno do gradiente de $f(x, y) - z$ com o vetor $(dx, dy, dz)'$ deve ser nulo. Equivalentemente, o plano tangente à superfície $z = f(x, y)$ no ponto $(\overline{x}, \overline{y})$ é o conjunto de pontos (x, y) nos quais a diferencial total de $f(x, y) - z$ no ponto $(\overline{x}, \overline{y})$ é nula. No caso em questão, em que $f(x, y) = 6x^{\frac{1}{2}} y^{\frac{1}{3}}$ e $(\overline{x}, \overline{y}) = (4, 1)$, tem-se

$$3\frac{\overline{y}^{\frac{1}{3}}}{\overline{x}^{\frac{1}{2}}}[x - \overline{x}] + 2\frac{\overline{x}^{\frac{1}{2}}}{\overline{y}^{\frac{2}{3}}}[y - \overline{y}] + (-1)[z - 6\overline{x}^{\frac{1}{2}} \overline{y}^{\frac{1}{3}}] = 0$$

$$3\frac{1}{2}[x - 4] + 2\frac{2}{1}[y - 1] + (-1)[z - 6.2.1] = 0$$

$$3[x - 4] + 8[y - 1] + (-1)[2z - 24] = 0$$

$$3x + 8y - 2z + 4 = 0.$$

(1) Falso. Do item (0), o gradiente de $f(x,y) - z$ em $(\bar{x}, \bar{y}) = (4,1)$ é

$$\left[\frac{\partial f}{\partial x}(\bar{x}, \bar{y}), \frac{\partial f}{\partial y}(\bar{x}, \bar{y}), -1\right] = \left(\frac{3}{2}, 4, -1\right).$$

Portanto, a equação da reta normal (perpendicular) ao gráfico de $z = f(x,y)$ em $(\bar{x}, \bar{y})$ é

$$r(t) = (\bar{x}, \bar{y}, \bar{z}) + t\left[\frac{\partial f}{\partial x}(\bar{x}, \bar{y}), \frac{\partial f}{\partial y}(\bar{x}, \bar{y}), -1\right] = (4, 1, 12) + t\left(\frac{3}{2}, 4, -1\right)$$

$$= \left(4 + \frac{3}{2}t, 1 + 4t, 12 - t\right)$$

Como a reta passa por $(13, a, b)$, então se sabe que existe $t \in \mathbb{R}$ tal que

$$4 - \frac{3}{2}t = 13 \quad \Rightarrow \quad t = 6.$$

De onde segue que $r(6) = (13, a, b) = (13, 25, 6)$ e, portanto, $a = 25$ e $b = 6$. Conclui-se, então, que $b - a = -19 \neq -3$.

(2) Falso. Se a reta passa por $(x, y) = (9, 8)$, então
$$ax + by - 60 = 0 \quad \Rightarrow \quad 9a + 8b = 60.$$
Lembre-se de que a Curva de Nível de $z = f(x,y)$ é o conjunto de pontos (x, y) tais que $f(x, y) = k$ para algum $k \in \mathbb{R}$. Agora, note que a diferencial total da curva de nível deve ser nula, ou seja,

$$= dk = \frac{\partial f}{\partial x}dx + \frac{\partial f}{\partial y}dy \Rightarrow \quad \frac{dy}{dx} = -\frac{\partial/\partial}{\partial/\partial}$$

Ou seja, a inclinação da curva de nível é $\dfrac{dy}{dx} = -\dfrac{\partial f/\partial x}{\partial f/\partial y} = -\dfrac{3}{2}\dfrac{y}{x}$. Como a reta é tangente à curva de nível e ela possui inclinação $-\dfrac{a}{b}$, então no ponto de tangência $(\bar{x}, \bar{y})$

$$-\frac{3\,\bar{y}}{2\,\bar{x}} = -\frac{a}{b}$$

e, portanto, $2a\bar{x} = 3b\bar{y}$. Se o ponto de tangência é $(\bar{x},\bar{y}) = (9,8)$, então $3a = 4b$. Usando as duas equações em a e b obtidas, conclui-se que $a = 4$ e $b = 3$. Portanto, $a.b = 4.3 = 12 \neq 6$.

(4) Falso. O plano tangente é paralelo ao plano $6x + 4y - 2z + 15 = 0$ e, portanto, pode ser descrito como $6x + 4y - 2z + k = 0$, para algum $k \in \mathbb{R}$. Como este plano tangencia a função no ponto $(\bar{x},\bar{y})$, então o plano passa por este ponto:

$$6\bar{x} + 4\bar{y} - 2\bar{z} + k = 0 \quad \Rightarrow \quad 3\bar{x} + 2\bar{y} - \bar{z} + \frac{k}{2} = 0.$$

Mas do item (0) sabe-se que o plano tangente à função $z = f(x,y)$ no ponto $(\bar{x},\bar{y})$ pode ser representado por

$$3\frac{\bar{y}^{\frac{1}{3}}}{\bar{x}^{\frac{1}{2}}}[x-\bar{x}] + 2\frac{\bar{x}^{\frac{1}{2}}}{\bar{y}^{\frac{2}{3}}}[y-\bar{y}] + (-1)[z - 6\bar{x}^{\frac{1}{2}}\bar{y}^{\frac{1}{3}}] = 0$$

Com isso, as duas representações do plano acima são equivalentes somente se

$$3\frac{\bar{y}^{\frac{1}{3}}}{\bar{x}^{\frac{1}{2}}} = 3 \qquad e \qquad 2\frac{\bar{x}^{\frac{1}{2}}}{\bar{y}^{\frac{2}{3}}} = 2$$

de onde segue que $\bar{x}^{1/2} = \bar{y}^{1/3}$ e, portanto, $\bar{x} = \bar{y} = 1$. Conclui-se, então, que $\bar{x} + \bar{y} = 2$.

PROVA DE 2015
Questão 07

Julgue as seguintes afirmativas:

⓪ A reta L, cuja equação vetorial é $(x,y,z) = (3+r, -1+2r, 3r)$, $r \in R$, não passa pelo ponto $(3,-1,0)$.

① As equações $\dfrac{x-3}{1} = \dfrac{y+1}{2} = \dfrac{z}{3}$ definem uma reta M, que tem como vetor de direção $(1,2,3)$.

② As retas L e M dos itens anteriores são paralelas.

③ Uma reta L, com vetor de direção v, é paralela ao plano P, com vetor normal n se, e somente se, o produto vetorial de v e n é zero.

④ Uma reta L, com vetor de direção v, é perpendicular ao plano P com vetor normal n, se, e somente se, o produto interno de v e n é zero.

Resolução:

(0) Falso.

A equação vetorial $(x,y,z) = (3+r, -1+2r, 3r) = (3,-1,0) + (1,2,3)r$ caracteriza todos os pontos pertencentes à reta. Assim sendo, podemos ver que, para $r = 0$, tem-se $(x,y,z) = (3,-1,0)$. Portanto, esse ponto pertence à reta.

(1) Verdadeiro.

As equações dadas podem ser reescritas de forma que se obtenham todas as variáveis em função de x:

$$\dfrac{x-3}{1} = \dfrac{y+1}{2} = \dfrac{z}{3} \quad \Rightarrow \quad 2x-7 = y \quad \text{e} \quad 3x-9 = z.$$

Fazendo $x = t$, obtém-se a equação vetorial que define os pontos da reta:

$$(x,y,z) = (t, 2t-7, 3t-9) = (0,-7,-9) + (1,2,3)t.$$

(2) Verdadeiro.

Sendo $L: (x,y,z) = (3,-1,0) + (1,2,3)r$, e $M: (x,y,z) = (0,-7,-9) + (1,2,3)t$, vemos que as duas retas têm $(1,2,3)$ como vetor diretor, embora o intercepto seja diferente. Logo, as retas são paralelas.

Ou ainda, de forma mais geral, duas retas são paralelas se os seus vetores diretores forem múltiplos um do outro.

Portanto, não vemos razões para o item ter sido anulado.

(3) Falso.

O produto vetorial entre dois vetores, ao qual se refere o item 3, sempre resulta em um novo vetor, o qual nunca se iguala a um escalar e, em particular, não se iguala ao zero. Mesmo que interpretássemos que *zero* no texto do item se refere ao vetor nulo, o produto vetorial entre dois vetores a e b é o vetor nulo se, e somente se, a e b são paralelos. No caso do item atual, os vetores v e n são perpendiculares e, portanto, não são paralelos.

(4) Falso.

Como a reta L é perpendicular ao plano P, o vetor direção v é paralelo ao vetor normal n. Logo, o produto interno entre eles é não nulo.

3 Álgebra Linear

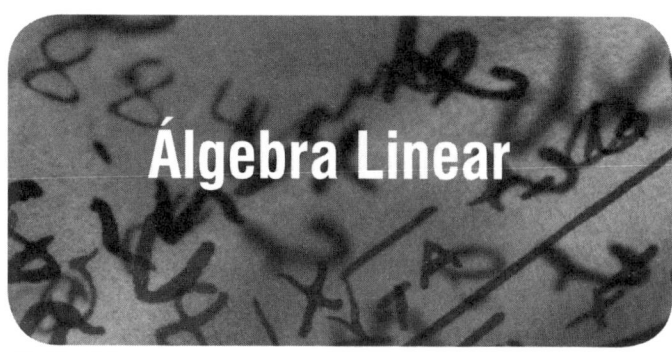

REVISÃO DE CONCEITOS

Apresentamos a seguir uma breve Revisão de Conceitos deste tópico. É importante ressaltar que o resumo aqui apresentado não é exaustivo, mas tem a função apenas de servir de suporte para a demonstração de algumas soluções. Por isso, recomendamos, antes da resolução, o estudo das referências citadas no fim do livro.

Definição: Sejam V e W espaços vetoriais. Uma função T:V → W é uma transformação linear se
- $\forall\, u,v \in V$ tem-se $T(u+v) = T(u) + T(v)$
- $\forall\, \alpha \in R$ tem-se $T(\alpha v) = \alpha T(v)$

Definição: O núcleo de A é definido como (adaptado de Lima, 2001, p. 62-63):
$N(A) = \{v \in E \mid Av = 0\}$

Teorema do Núcleo e da Imagem (Lima, 2001, p. 68):
$\dim E = \dim N(A) + \dim Im(A)$
onde $A : E \to F$ é uma transformação linear, sendo E e F espaços vetoriais finitos.

Definição (Lima, 2001, pg. 163): Dada uma transformação linear $A : E \to F$, uma nova transformação linear $A^* : F \to E$ é chamada adjunta de A.

Definição (Lima, 2001, pg. 163): $A : E \to E$, E espaço vetorial com produto interno é autoadjunto quando $A = A^*$, i.e., $\langle Au, v \rangle = \langle v, Au \rangle$, $\forall u, v \in E$.

Propriedades:
(i) $(A + B)^* = A^* + B^*$
(ii) $(AB)^* = B^*A^*$
(iii) $(\alpha A)^* = \alpha A^* = \overline{\alpha} A$

Para que AB seja autoadjunto, deve valer $AB = (AB)^*$.

Definição: Seja A uma matriz quadrada e Λ uma matriz diagonal cujos elementos são os autovalores de A, λ_i. Então,

$$tr(A) = tr(\Lambda) = \sum_i \lambda_i$$

$$\det(A) = \det(\Lambda) = \prod_i \lambda_i$$

Definição (adaptado de Lima, 2001, pg. 170): Se A é matriz nxn e λ é um autovalor de A, então a união do vetor nulo $(\vec{0})$ e o conjunto de todos os autovetores correspondentes ao autovalor λ é um subespaço do R^n, conhecido como o autoespaço de λ.

Definição: Um conjunto finito de n vetores $\{v_1, v_2, ..., v_n\}$, subconjunto do espaço vetorial V, é linearmente independente se, e somente se, não existir um conjunto de n escalares $\{a_1, a_2, ..., a_n\}$, não todos nulos, tais que

$$\sum_i a_i v_i = 0$$

Proposição: *Uma matriz A de dimensão nxn é diagonalizável se, e somente se, A possui n autovetores linearmente independentes.*

Demonstração: Prova-se inicialmente a suficiência: *se A é diagonalizável, então ela possui n autovetores linearmente independentes*. Suponha que A é diagonalizável. Então, por definição, existe matriz inversível T tal que

$$D = (T^{-1})A(T)$$

em que D é uma matriz diagonal. Trivialmente, os autovalores de D são dados pelos elementos da diagonal de D, $(d_1, ..., d_n)$. O autovetor associado ao autovalor d_i é vetor $e_i = (0, ..., 0, 1, 0, ...0)$ cuja *i-ésima* entrada é 1 e as demais são nulas.

Como A e D são similares ($\exists T : D = T^{-1} AT$), então elas possuem os mesmos autovalores e se $\overline{v}$ é autovetor de D, então $T\overline{v}$ é autovetor de A. De fato, A e D possuem o mesmo polinômio característico,

$\det(D - \lambda I) = \det(T^{-1} AT - T^{-1} \lambda IT) = \det(T^{-1}(A - \lambda I)T)$
$= \det(T^{-1})\det(A - \lambda I)\det(T) = \det(A - \lambda I)$

e, portanto, os mesmos autovalores. Adicionalmente, $T\overline{v}$ é autovetor de A, pois
$$A(T\overline{v}) = (TT^{-1})AT\overline{v} = TD\overline{v} = T\lambda\overline{v} = \lambda(T\overline{v}).$$

A primeira igualdade pré-multiplica $AT\overline{v}$ pela matriz identidade e a segunda igualdade usa a similaridade entre A e D. A terceira igualdade usa o fato de que λ é o autovalor de D associado ao autovetor $\overline{v}$.

Conclui-se que os autovalores de A são $\{d_1,...,d_n\}$ com autovetores associados $\{Te_1,...,Te_n\}$. Os autovetores são independentes, pois não existe vetor $\beta \neq 0$ tal que
$$[Te_1 \ ... \ Te_n]\beta = T[e_1 \ ... \ e_n]\beta = \overline{0}.$$

De fato, o sistema acima é equivalente a $[e_1 \ ... \ e_n]\beta = T^{-1}\overline{0} = \overline{0}$, cuja única solução é $\beta = 0$, já que $\{e_1,...,e_n\}$ é linearmente independente.

Por fim, demonstra-se a suficiência: *se A possui n autovetores linearmente independentes, então A é diagonalizável*. Suponha que A possui n autovetores linearmente independentes $\{v_1,...,v_n\}$. Então, $Av_i = \lambda_i v_i$ para todo $i = 1,...,n$ se λ_i é o autovalor de A associado ao autovetor v_i. Seja T a matriz cuja coluna i é dada pelo autovetor v_i, para todo $i = 1,...,n$. Então,

$$T \begin{pmatrix} \lambda_1 & \cdots & 0 \\ \vdots & \ddots & \vdots \\ 0 & \cdots & \lambda_n \end{pmatrix} = (\lambda_1 v_1, \cdots, \lambda_n v_n) = (Av_1, \cdots, Av_n) = AT$$

o que implica

$$T^{-1}AT = \begin{pmatrix} \lambda_1 & \cdots & 0 \\ \vdots & \ddots & \vdots \\ 0 & \cdots & \lambda_n \end{pmatrix}$$

já que T é inversível. Conclui-se então que A é diagonalizável.

PROVA DE 2006
Questão 1

Avalie as afirmativas abaixo. Seja:

$$A = \begin{bmatrix} 0 & 1 \\ 1 & 0 \end{bmatrix}$$

⓪   Os autovalores de A são 1 e –1.
①   O vetor (1,1) é autovetor associado ao autovalor 1 e o vetor (–1,1) é autovetor associado ao autovalor –1.
②   A matriz A não é ortogonal.
③   Seja I a matriz identidade de ordem 2. As matrizes A – I e A + I são inversíveis.
④   Qualquer vetor (x,y) é combinação linear dos autovetores de A.

Resolução:

(0) Verdadeiro. Calculando os autovalores:
$$|A - \lambda I| = 0$$
$$\begin{vmatrix} -\lambda & 1 \\ 1 & -\lambda \end{vmatrix} = \lambda^2 - 1 = 0$$
$$\lambda_1 = +1, \lambda_2 = -1$$

(1) Verdadeiro. A partir de:
$$(A - \lambda I)v = 0$$

substituindo a matriz A e os autovalores, obtêm-se os autovetores. Uma forma mais direta é verificar se tais vetores são solução de cada sistema resultante. Para isso basta substituir também os vetores dados no item. Assim:

$$\lambda_1 = 1 \Rightarrow \underbrace{\begin{bmatrix} -1 & 1 \\ 1 & -1 \end{bmatrix}}_{A-\lambda I} \underbrace{\begin{bmatrix} 1 \\ 1 \end{bmatrix}}_{v} = \begin{bmatrix} -1+1 \\ 1-1 \end{bmatrix} = \begin{bmatrix} 0 \\ 0 \end{bmatrix}$$

$$\lambda_2 = -1 \Rightarrow \begin{bmatrix} 1 & 1 \\ 1 & 1 \end{bmatrix} \begin{bmatrix} -1 \\ 1 \end{bmatrix} = \begin{bmatrix} -1+1 \\ -1+1 \end{bmatrix} = \begin{bmatrix} 0 \\ 0 \end{bmatrix}$$

Logo, os autovetores associados a seu autovalor satisfazem a expressão $(A - \lambda I)v = 0$.

(2) Falso. Note que:
$$v_1 = (0,1)$$
$$v_2 = (1,0)$$
$$\langle v_1, v_2 \rangle = 0 \cdot 1 + 1 \cdot 0 = 0$$
$$\langle v_1, v_1 \rangle = 0^2 + 1^2 = 1$$
$$\langle v_2, v_2 \rangle = 1^2 + 0^2 = 1$$

ou seja, A tem vetores coluna que são ortogonais e unitários (norma igual a 1). Logo, A é ortogonal.

Observação 1: Para uma definição de matriz ortogonal, ver 2005.2(1).

Observação 2: Outra forma de solucionar este item é mostrar que:
$A'A = I_2$

Mostrando:

$$A'A = \begin{bmatrix} 0 & 1 \\ 1 & 0 \end{bmatrix} \begin{bmatrix} 0 & 1 \\ 1 & 0 \end{bmatrix} = \begin{bmatrix} 1 & 0 \\ 0 & 1 \end{bmatrix} = I_2$$

(3) Falso.

$$A - I = \begin{bmatrix} -1 & 1 \\ 1 & -1 \end{bmatrix} \Rightarrow |A - I| = 1 - 1 = 0$$

$$A + I = \begin{bmatrix} 1 & 1 \\ 1 & 1 \end{bmatrix} \Rightarrow |A + I| = 1 - 1 = 0$$

Como elas têm determinante nulo, são não inversíveis.

Observação: Observe que o determinante:

$$|A - \lambda_i I| = \begin{vmatrix} -\lambda_i & 1 \\ 1 & -\lambda_i \end{vmatrix},$$

do qual se obtém o polinômio característico, justamente o determinante das matrizes $A - I$ e $A + I$, quando $\lambda = 1$ e $\lambda = -1$. Assim, o determinante por definição seria nulo.

(4) Verdadeiro. A é simétrica $\Rightarrow$ seus autovetores são ortogonais $\Rightarrow$ são LI $\Rightarrow$ geram R^2 (ou seja, são uma base para R^2) $\Rightarrow \forall (x,y)$ é combinação linear dos autovetores de A.

Questão 2

Avalie as opções:

- ⓪ Seja A uma matriz $n \times n$ tal que para todo $u,v \in R^n$ tem-se que $uAv = -vAu$. Então, os autovalores de A são todos negativos.
- ① Seja A uma matriz $n \times n$ tal que para todo $u,v \in R^n$ tem-se que $uAv = -vAu$. Então, todo vetor v é ortogonal à sua imagem por A.
- ② Toda matriz quadrada positiva semidefinida de posto 1 é simétrica.
- ③ Toda matriz quadrada simétrica de posto 1 é positiva semidefinida.
- ④ Seja A uma matriz invertível e A^{-1} sua inversa, então $\det(A)^{-1} = \det(A^{-1})$

Resolução:

(0) Falso. Primeiramente, note que a multiplicação dos vetores com as matrizes não está bem definida pois:

$$u_{1 \times n} A_{n \times n} v_{n \times 1} = v_{1 \times n} A_{n \times n} u_{n \times 1}$$

ou seja, o primeiro u deveria ser transposto (u'), assim como o v do lado direito. Assim, a afirmação deveria ser:

$u'Av = -v'Au$

Ignorando este erro, a solução será:

Como a igualdade é válida para qualquer u, v, então, podemos tomar $u = v$, logo:

$v'Av + v'Av = 0$
$2v'Av = 0$
$v'Av = 0$

Essa é uma forma quadrática, no caso de A simétrica, e, como ela é igual a zero, então:

$v'Av = 0 \Leftrightarrow \lambda_i = 0, \forall i$

Essa propriedade é facilmente obtida. Observe que, a partir de:

$Av = \lambda_i v$

onde λ_i é autovalor, podemos obter:

$$v'Av = v'\lambda_i v$$
$$v'Av = \lambda_i v'v$$
$$v'Av = \lambda_i \langle v,v \rangle = \lambda_i |v|^2$$

onde $\langle .,. \rangle$ é o operador produto interno. Assim:
$$v'Av = 0 \Leftrightarrow \lambda_i = 0, \forall i$$

para todo $v \neq 0$.

Observação: Ver o Apêndice de Álgebra Matricial de Greene (2008) sobre formas quadráticas (no caso de A simétrica). Pode ser visto que:
$v'Av \geq 0 \Leftrightarrow A$ é Semipositiva Definida (SPD)
$\qquad \Leftrightarrow \lambda_i \geq 0$ para todo i

onde λ_i é um autovalor de A. Vale uma afirmação análoga para Seminegativa Definida (SND), onde os autovalores devem ser todos não positivos. Para ser Positiva (Negativa) Definida, é necessário que todos os autovalores sejam positivos (negativos). No caso $v'Av = 0$, A é tanto SPD e quanto SND. Logo, todos os seus autovalores são nulos.

(1) Verdadeiro. Como $u'Av$ é um escalar, pode-se escrevê-lo como:
$$u'Av = v'Au$$

ou seja, trocando-se o vetor u pelo v, e vice-versa, o resultado final não se altera.

Como suposto no enunciado:
$$u'Av = -v'Au$$

Substituindo a primeira equação na segunda:

$$u'Av = -u'Av$$
$$2u'Av = 0$$
$$u'Av = 0$$

Note que isso é a multiplicação de um vetor linha (u') por um vetor coluna (Av). Assim, esse termo pode ser escrito como um produto interno:

$\langle u, Av \rangle = 0$

ou seja, qualquer vetor u é ortogonal ao vetor Av, que é a imagem do vetor v por A. Em particular, vale para $u = v$:

$\langle v, Av \rangle = 0$

Assim, o vetor v é ortogonal à sua imagem por A.

(2) Falso (discordância com o gabarito da ANPEC). Um contraexemplo é:

$A = \begin{bmatrix} 1 & a \\ 0 & 0 \end{bmatrix}, a \neq 0.$

que é uma matriz quadrada positiva semidefinida (pois os autovalores são não negativos, sendo iguais a 1 e 0), de posto 1 (pois apenas 1 linha é LI), mas não é simétrica.

(3) Falso. Um contraexemplo simples é:

$A = [k]$

Assim, A é quadrada, simétrica e de posto 1. Se $k < 0$, então A será negativa definida.

(4) Verdadeiro. Propriedade de qualquer matriz A invertível.

Observação: Provando tal propriedade:

$$\det(I) = 1$$
$$\det(A^{-1}A) = 1$$
$$\det(A^{-1})\det(A) = 1$$
$$\det(A^{-1}) = \left[\det(A)\right]^{-1}$$

Questão 3

Avalie as opções:

- ⓪ Seja $x_t = 0{,}5x_{t-1} + 3, x_0 = 0$. Então, $\lim_{t \to \infty} x_t = 6$.
- ① Seja $x_t = 0{,}5x_{t-1} + 3, x_0 = 2$. Então, $\lim_{t \to \infty} x_t = 8$.
- ② Se $x_t = \alpha_0 + \alpha_1 x_{t-1} + \alpha_2 x_{t-2}$, então, $\lim_{t \to \infty} x_t = K$, em que K é finito, se e somente se α_0 e α_1 forem menores do que 1 em módulo.
- ③ Uma matriz A $n \times n$ é diagonalizável somente se seus autovalores forem todos distintos.
- ④ Considere duas séries de números positivos $S_n = \sum_n a_n$ e $S_n^* = \sum_n b_n$ com $a_n \geq b_n$ para todo $n > 100$. Então se S_n converge, S_n^* também converge.

Resolução:

Os itens (0), (1) e (2) estão resolvidos no capítulo Equações Diferenciais e em Diferenças.

O item (4) está resolvido no capítulo Sequências e Séries.

(3) Falso. Para A ser diagonalizável, ela precisa ser simétrica **ou** ter todos os seus autovalores distintos entre si.

Observação 1: Uma matriz A é diagonalizável se, e só se, ela possui autovetores independentes (ver resumo teórico).

Observação 2: Tal propriedade para matrizes também pode ser encontrada em Lima (2001, p. 220).

Questão 9

Avalie as afirmativas. Seja:

$$A = \begin{bmatrix} 3/4 & 1/4 \\ 1/4 & 3/4 \end{bmatrix}$$

- ⓪ Os autovalores de A são 1 e 2.
- ① Os vetores (-1,1) e (1,1) são autovetores da matriz A.
- ② Seja A^k o produto de A por si mesma k vezes. Então $\lim_{k \to \infty} A^k = \begin{bmatrix} 1/2 & 1/2 \\ 1/2 & 1/2 \end{bmatrix}$.
- ③ Os vetores (-2, 2) e (2, 2) também são autovetores.
- ④ A matriz A é nilpotente.

Resolução:

(0) Falso. Os autovalores de A são obtidos por:

$$|A - \lambda I| = \begin{vmatrix} 3/4 - \lambda & 1/4 \\ 1/4 & 3/4 - \lambda \end{vmatrix} =$$

$$\left(\frac{3}{4} - \lambda\right)^2 - \frac{1}{16} = \frac{9}{16} - \frac{3}{2}\lambda + \lambda^2 - \frac{1}{16} =$$

$$\lambda^2 - \frac{3}{2}\lambda + \frac{8}{16} = \lambda^2 - \frac{3}{2}\lambda + \frac{1}{2} = 0$$

$$\lambda_1 = 1, \lambda_2 = \frac{1}{2}.$$

(1) Verdadeiro. Analogamente a 2006.1(1), pode-se verificar se tais vetores são autovetores associados a algum dos autovalores:

$$\lambda = 1 \Rightarrow \underbrace{\begin{bmatrix} -1/4 & 1/4 \\ 1/4 & -1/4 \end{bmatrix}}_{A - \lambda I} \underbrace{\begin{bmatrix} 1 \\ 1 \end{bmatrix}}_{v} = \begin{bmatrix} -1/4 + 1/4 \\ 1/4 - 1/4 \end{bmatrix} = \begin{bmatrix} 0 \\ 0 \end{bmatrix}$$

$$\lambda = 1/2 \Rightarrow \begin{bmatrix} 1/4 & 1/4 \\ 1/4 & 1/4 \end{bmatrix} \begin{bmatrix} -1 \\ 1 \end{bmatrix} = \begin{bmatrix} -1/4 + 1/4 \\ -1/4 + 1/4 \end{bmatrix} = \begin{bmatrix} 0 \\ 0 \end{bmatrix}$$

ou seja, ambos os vetores satisfazem $(A - \lambda I)v = 0$, logo, são autovetores de A. Sendo o $(1,1)$ associado a $\lambda = 1$ e o $(-1,1)$ associado a $\lambda = 1/2$.

(2) Verdadeiro. Para esta questão, pode-se utilizar o Teorema Espectral, ou seja: para uma matriz A simétrica tem-se que:

$A = C\Lambda C'$

onde C é uma matriz cujas colunas são autovetores normalizados (ortonormais) e Λ é uma matriz diagonal, com os autovalores na diagonal principal.

Observação: Se λ_1 for o autovalor na primeira posição da diagonal principal de Λ, então o seu autovetor associado deve estar na primeira coluna de C, e, assim, sucessivamente.

Então, considere os autovetores $v_1 = (-1, 1)$ e $v_2 = (1, 1)$ (verificados no item (1)). Normalizando-os, obtém-se,

$$\frac{v_1}{\|v_1\|} = \frac{(-1,1)}{\sqrt{(-1)^2+1^2}} = \left(\frac{-1}{\sqrt{2}}, \frac{1}{\sqrt{2}}\right) = c_1$$

$$\frac{v_2}{\|v_2\|} = \frac{(1,1)}{\sqrt{(1)^2+1^2}} = \left(\frac{1}{\sqrt{2}}, \frac{1}{\sqrt{2}}\right) = c_2$$

Os vetores c_1 e c_2 também são autovetores, pois são múltiplos (multiplicados por $1/\sqrt{2}$) de v_1 e v_2.

Como ilustração do teorema, tem-se:

$$C\Lambda C' = \begin{pmatrix} \frac{1}{\sqrt{2}} & -\frac{1}{\sqrt{2}} \\ \frac{1}{\sqrt{2}} & \frac{1}{\sqrt{2}} \end{pmatrix} \begin{pmatrix} 1 & 0 \\ 0 & \frac{1}{2} \end{pmatrix} \begin{pmatrix} \frac{1}{\sqrt{2}} & \frac{1}{\sqrt{2}} \\ -\frac{1}{\sqrt{2}} & \frac{1}{\sqrt{2}} \end{pmatrix}$$

$$= \begin{pmatrix} \frac{1}{\sqrt{2}} & -\frac{1}{2\sqrt{2}} \\ \frac{1}{\sqrt{2}} & \frac{1}{2\sqrt{2}} \end{pmatrix} \begin{pmatrix} \frac{1}{\sqrt{2}} & \frac{1}{\sqrt{2}} \\ -\frac{1}{\sqrt{2}} & \frac{1}{\sqrt{2}} \end{pmatrix} = \begin{pmatrix} \frac{3}{4} & \frac{1}{4} \\ \frac{1}{4} & \frac{3}{4} \end{pmatrix} = A$$

Relembrando (ver Apêndice de Álgebra Matricial do Greene, 2008) que:
$A^k = C\Lambda^k C'$

Então:

$$\lim_{k\to\infty} A^k = C \lim_{k\to\infty} \Lambda^k C' = \begin{pmatrix} \frac{1}{\sqrt{2}} & -\frac{1}{\sqrt{2}} \\ \frac{1}{\sqrt{2}} & \frac{1}{\sqrt{2}} \end{pmatrix} \left[\lim_{k\to\infty} \begin{pmatrix} 1^k & 0 \\ 0 & \left(\frac{1}{2}\right)^k \end{pmatrix} \right] \begin{pmatrix} \frac{1}{\sqrt{2}} & \frac{1}{\sqrt{2}} \\ -\frac{1}{\sqrt{2}} & \frac{1}{\sqrt{2}} \end{pmatrix}$$

$$= \begin{pmatrix} \frac{1}{\sqrt{2}} & -\frac{1}{\sqrt{2}} \\ \frac{1}{\sqrt{2}} & \frac{1}{\sqrt{2}} \end{pmatrix} \begin{pmatrix} 1 & 0 \\ 0 & 0 \end{pmatrix} \begin{pmatrix} \frac{1}{\sqrt{2}} & \frac{1}{\sqrt{2}} \\ -\frac{1}{\sqrt{2}} & \frac{1}{\sqrt{2}} \end{pmatrix} = \begin{pmatrix} \frac{1}{\sqrt{2}} & 0 \\ \frac{1}{\sqrt{2}} & 0 \end{pmatrix} \begin{pmatrix} \frac{1}{\sqrt{2}} & \frac{1}{\sqrt{2}} \\ -\frac{1}{\sqrt{2}} & \frac{1}{\sqrt{2}} \end{pmatrix}$$

$$\lim_{k\to\infty} A^k = \begin{pmatrix} \frac{1}{2} & \frac{1}{2} \\ \frac{1}{2} & \frac{1}{2} \end{pmatrix}.$$

Observação: Provando para o caso $A^2 = C\Lambda^2 C'$:

$A^2 = AA = (C\Lambda C')(C\Lambda C')$

$A^2 = C\Lambda C' C\Lambda C'$

Como C é ortogonal, sabe-se que $C'C = I$. Assim:

$A^2 = C\Lambda\Lambda C' = C\Lambda^2 C'$

Assim, a prova pode ser facilmente generalizada para $A^k = C\Lambda^k C'$.

(3) Verdadeiro. Estes vetores são múltiplos dos autovetores do item (1). Logo, são também autovetores.

Observação: Ou seja, eles pertencem ao mesmo autoespaço: sendo o $(-2, 2)$ pertencendo ao mesmo autoespaço de $(-1, 1)$ e $(2, 2)$ pertencendo ao mesmo autoespaço de $(1, 1)$.

(4) Falso. Uma matriz A é nilpotente quando $A^n = 0$, para algum $n \in N$. Do item (2) sabe-se que o limite dela não é uma matriz nula. De outra forma: se ela fosse nilpotente, então $A^j = 0$ para $j \geq n$, e, portanto, $\lim_{j\to\infty} A^j = 0$, o que não é verdade pelo item (2).

Questão 11

Avalie as opções:

- ⓪ A sequência $a_n = (-1)^n$ não possui limite. É, portanto, ilimitada.
- ① A função diferenciável $f: R \to R$ é estritamente crescente se e somente se $f'(x) > 0$ em todo o domínio.
- ② Seja a série de $S_n = \Sigma_n a_n$. Se a série $S_n^* = \Sigma_n |a_n|$ converge, então S_n também converge.
- ③ Se a série S_n é convergente, a série $S_n^* = \Sigma_n |a_n|$ também converge.
- ④ Seja A uma matriz $n \times n$ que tem n autovalores reais diferentes. Se todos os autovalores de A são menores do que 1 (em módulo), então $A^t \xrightarrow{t\to\infty} 0$.

Resolução:

Os itens (0), (2) e (3) estão resolvidos no capítulo Sequências e Séries.

O item (1) está resolvido no capítulo Funções, Funções de Uma ou Mais Variáveis.

(4) Verdadeiro. Como todos os autovalores são diferentes, então a matriz é diagonalizável. Assim, pelo teorema espectral:

$A = C^{-1} \Lambda C$

onde C é a matriz cujas colunas são os autovetores e Λ é uma matriz diagonal, com os autovalores na diagonal principal. Portanto,

$A^t = C^{-1} \Lambda^t C$

$\lim_{t \to \infty} A^t = C^{-1} \lim_{t \to \infty} \Lambda^t C = C^{-1} 0 C = 0$

em que:

$$\Lambda^t = \begin{bmatrix} \lambda_1^t & 0 & . & 0 \\ 0 & . & . & . \\ . & . & . & 0 \\ 0 & . & . & \lambda_n^t \end{bmatrix}, |\lambda_i| < 1$$

$$\lim_{t \to \infty} \Lambda^t = \begin{bmatrix} \lim_{t \to \infty} \lambda_1^t & 0 & . & 0 \\ 0 & . & . & . \\ . & . & . & 0 \\ 0 & . & . & \lim_{t \to \infty} \lambda_n^t \end{bmatrix} = \begin{bmatrix} 0 & 0 & . & 0 \\ 0 & . & . & . \\ . & . & . & 0 \\ 0 & . & . & 0 \end{bmatrix} = 0$$

Questão 12

Sejam λ_1 e λ_2 os autovalores de:

$\begin{bmatrix} 7 & 2 \\ 2 & 3 \end{bmatrix}$

Calcule $\lambda_1 \lambda_2 - (\lambda_1 + \lambda_2)$.

Resolução:

Montando o polinômio característico

$|A - \lambda I| = \begin{vmatrix} 7 - \lambda & 2 \\ 2 & 3 - \lambda \end{vmatrix} = (7 - \lambda)(3 - \lambda) - 4 = 0$

$\lambda^2 - 10\lambda + 17 = 0$

$soma = \lambda_1 + \lambda_2 = 10$

$produto = \lambda_1 \lambda_2 = 17$

Logo:

$$\lambda_1\lambda_2 - (\lambda_1 + \lambda_2) = 17 - 10 = 7$$

Observação 1: Uma forma mais rápida de solucionarmos é por meio da propriedade (já enunciada na Revisão de Conceitos):

$\det A = \lambda_1\lambda_2 = 21 - 4 = 17$

$trA = \lambda_1 + \lambda_2 = 7 + 3 = 10$

Logo:

$$\det A - trA = \lambda_1\lambda_2 - (\lambda_1 + \lambda_2) = 17 - 10 = 7$$

Observação 2: Uma forma mais trabalhosa seria, a partir do polinômio característico:

$$\lambda^2 - 10\lambda + 17 = 0$$
$$\lambda = 5 \pm 2\sqrt{2}$$
$$\lambda_1\lambda_2 - (\lambda_1 + \lambda_2) = (5 + 2\sqrt{2})(5 - 2\sqrt{2}) - (5 + 2\sqrt{2} + 5 - 2\sqrt{2})$$
$$\lambda_1\lambda_2 - (\lambda_1 + \lambda_2) = 25 - 8 - 10 = 7$$

PROVA DE 2007

Questão 1

Seja A a matriz, na base canônica, do operador linear $L : \mathbb{R}^3 \to \mathbb{R}^3$ dado por $L(x,y,z) = (x + 2y + 3z, 4x + 5y + 6z, 7x + 8y + 9z)$. Denotemos por $\lambda_1, \lambda_2, \lambda_3$ os autovalores da matriz A. Julgue os itens abaixo:

◎ O posto de A é 2.
① $L(1,-2,1) = (0,0,0)$.
② $\lambda_1\lambda_2\lambda_3 \neq 0$.
③ $\lambda_1 + \lambda_2 + \lambda_3 = 15$.
④ L é diagonalizável.

Resolução:

(0) Verdadeiro. O operador linear pode ser escrito como

$$L(x,y,z) = \begin{bmatrix} 1 & 2 & 3 \\ 4 & 5 & 6 \\ 7 & 8 & 9 \end{bmatrix} \begin{pmatrix} x \\ y \\ z \end{pmatrix} = Av$$

Primeiramente, tem-se $posto(A) \neq 3$, pois $\det(A) = 0$. Agora, calculando o determinante do menor principal obtido com a eliminação da terceira linha e da terceira coluna, obtém-se

$$\begin{vmatrix} 1 & 2 \\ 4 & 5 \end{vmatrix} = -3 \neq 0$$

Portanto, $posto(A) = 2$.

(1) Verdadeiro. Basta substituir os valores de x, y, z:

$$L(1,-2,1) = (1-4+3, 4-10+6, 7-16+9)$$
$$= (0,0,0)$$

Interessante observar que o vetor (1,-2,1) é o autovetor associado ao autovalor nulo.

(2) Falso. Lembrando-se de que
$$\det(A) = \lambda_1 \lambda_2 \lambda_3$$

e do resultado do item (0), que $\det(A) = 0$, temos que:
$$\lambda_1 \lambda_2 \lambda_3 = 0$$

(3) Verdadeiro. Lembrando que
$$tr(A) = \lambda_1 + \lambda_2 + \lambda_3$$

basta somar os elementos da diagonal principal de A para obter o resultado.

(4) Verdadeiro. Basta mostrar que A possui autovalores distintos entre si. Do item (0) sabe-se que há um autovalor nulo, já que $\det(A) = \lambda_1 \lambda_2 \lambda_3 = 0$. Seja

λ_1 tal autovalor. Resta mostrar que $\lambda_2 \neq \lambda_3$. Estudando o polinômio característico,

$$\begin{vmatrix} 1-\lambda & 2 & 3 \\ 4 & 5-\lambda & 6 \\ 7 & 8 & 9-\lambda \end{vmatrix} = \lambda(\lambda^2 - 15\lambda - 18)$$

sabe-se que λ_2 e λ_3 são as soluções do polinômio de segundo grau. Usando a fórmula de Bhaskara, obtém-se $\Delta = (-15)^2 - 4(1)(18) = 297 > 0$. Logo,

$$\lambda_2 = \frac{15 - \Delta}{2} < 0 < \lambda_3 = \frac{15 + \Delta}{2}$$

em que as desigualdades se devem a $\sqrt{\Delta} > \sqrt{225} = 15$.

Questão 2

Considere a matriz:

$$A = \begin{pmatrix} 1 & a & b \\ 0 & 2 & c \\ 0 & 0 & 3 \end{pmatrix}$$

em que a, b, c são constantes. Julgue os itens abaixo:

⓪ O traço de A é $tr(A) = a + b + c + 6$.
① O determinante de A é $det(A) = 6$.
② Se a, b, c são constantes negativas, a matriz A'A é definida negativa.
③ A matriz A'A é simétrica.
④ Se $a = b = c = 0$, a matriz A'A é definida positiva.

Resolução:

(0) Falso. O traço da matriz é a soma dos termos da diagonal. Neste caso, $tr(A) = 6$. Portanto, o item seria verdadeiro somente se $a = b = c = 0$.

(1) Verdadeiro. Como é uma matriz diagonal superior, então o determinante é a multiplicação dos elementos da diagonal principal. Sendo assim:

$detA = 1.2.3 = 6$

(2) Falso. Calculando $A'A$:

$$C = A'A = \begin{pmatrix} 1 & 0 & 0 \\ a & 2 & 0 \\ b & c & 3 \end{pmatrix}\begin{pmatrix} 1 & a & b \\ 0 & 2 & c \\ 0 & 0 & 3 \end{pmatrix}$$

$$= \begin{pmatrix} 1 & a & b \\ a & (a^2+4) & ab+2c \\ b & ab+2c & b^2+c^2+9 \end{pmatrix}$$

Avaliando os menores principais líderes:

$$|C_{11}| = |1| = 1 > 0$$

$$|C_{22}| = \begin{vmatrix} 1 & a \\ a & (a^2+4) \end{vmatrix} = (a^2+4) - a^2 = 4 > 0$$

$$|C| = |A'A| = |A'||A| = 6 \cdot 6 = 36 > 0$$

Logo, A é PD para $\forall a, b, c$.

(3) Verdadeiro. Como pode ser visto no item (2).

(4) Verdadeiro. Como pode ser visto no item (2), para qualquer a, b e c, A é PD. A título de ilustração:

$$A'A = \begin{pmatrix} 1 & 0 & 0 \\ 0 & 4 & 0 \\ 0 & 0 & 9 \end{pmatrix}$$

Como os autovalores são todos positivos (iguais aos elementos da diagonal principal, 1, 4, 9), então a matriz é definida positiva.

PROVA DE 2008

Questão 2

Seja V o espaço vetorial das matrizes 2×2 identificado com R^4, de sorte que cada matriz $(a_{ij}) \in V$ seja identificada com o ponto $(a_{11}, a_{12}, a_{13}, a_{14}) \in R^4$.

Denotemos por $\lambda_1 \leq \lambda_2 \leq \lambda_3 \leq \lambda_4$ **os autovalores do operador linear** $T: V \to V$ **dado por** $T(A) = A^t$, **em que** A^t **é a transposta da matriz** A.

Sejam $E, B, C, D \in V$ **tais que:**

$M = \begin{pmatrix} E & B \\ C & D \end{pmatrix}$ é a matriz, na base canônica de $V = R^4$, do operador linear $T: V \to V$. Julgue

as afirmativas:

- ⓪ $\lambda_1 = \lambda_2 = \lambda_3 = \lambda_4 = 1$ e ($TA = A \Leftrightarrow A$ é simétrica).
- ① $|A|^2 = |TA|^2 = \lambda^2 |A|^2$, sempre que se tenha $T(A) = \lambda A$.
- ② $\lambda_1 = -1$ e ($TA = \lambda_1 A \Leftrightarrow A$ é antissimétrica).
- ③   traço $(M) = 0$ e $\det(M) = -1$.
- ④ $E + D$ é a matriz identidade de V.

Resolução:

A matriz M, definida na base canônica do operador linear T, é, segundo o enunciado:

$$M = \begin{pmatrix} E & B \\ C & D \end{pmatrix}$$

Este operador T associa a cada matriz $A = (a_{ij}) \in V$ uma matriz $A' = (a_{ij}) \in V$. O provável problema desta questão é que a matriz (a_{ij}) e a (a_{ji}) também deveria ser identificada como $(a_{11}, a_{12}, a_{21}, a_{22})$, onde o subíndice indicaria a linha e a coluna respectivamente. Mas o enunciado usa $(a_{11}, a_{12}, a_{13}, a_{14})$, não identificando exatamente a posição de cada elemento na matriz.

Corrigindo tal problema, tem-se:

(0) Falso. O que este operador T faz é associar uma matriz A a sua transposta A', conforme a regra dada no enunciado:

$T(A) = A'$

Esta operação, em termos da matriz M, seria:

$\quad MA = A'$

$\begin{pmatrix} E & B \\ C & D \end{pmatrix} A = A'$

Pelo enunciado, os elementos da matriz A devem ser dispostos na forma de um vetor (caso contrário, tal multiplicação seria incompatível, de uma matriz 4 x 4 com uma matriz 2 x 2). Assim:

$$\begin{pmatrix} e_1 & e_2 & b_1 & b_2 \\ e_3 & e_4 & b_3 & b_4 \\ c_1 & c_2 & d_1 & d_2 \\ c_3 & c_4 & d_3 & d_4 \end{pmatrix} \begin{pmatrix} a_{11} \\ a_{12} \\ a_{21} \\ a_{22} \end{pmatrix} = \begin{pmatrix} a_{11} \\ a_{21} \\ a_{12} \\ a_{22} \end{pmatrix}$$

Essa operação gera o seguinte sistema:

$$e_1 a_{11} + e_2 a_{12} + b_1 a_{21} + b_2 a_{22} = a_{11}$$
$$e_3 a_{11} + e_4 a_{12} + b_3 a_{21} + b_4 a_{22} = a_{21}$$
$$c_1 a_{11} + c_2 a_{12} + d_1 a_{21} + d_2 a_{22} = a_{12}$$
$$c_3 a_{11} + c_4 a_{12} + d_3 a_{21} + d_4 a_{22} = a_{22}$$

Aplicando o operador nos vetores (1, 0, 0, 0), (0, 1, 0, 0), (0, 0, 1, 0) e (0, 0, 0, 1), obtém-se:

$$e_1 = 1, e_2 = b_1 = b_2 = 0$$
$$b_3 = 1, e_3 = e_4 = b_4 = 0$$
$$c_2 = 1, c_1 = d_1 = d_2 = 0$$
$$d_4 = 1, c_3 = c_4 = d_3 = 0$$

Fazendo as substituições na matriz M, obtemos:

$$M = \begin{pmatrix} 1 & 0 & 0 & 0 \\ 0 & 0 & 1 & 0 \\ 0 & 1 & 0 & 0 \\ 0 & 0 & 0 & 1 \end{pmatrix}$$

Assim, o polinômio característico para obter os autovalores será:

$$|M - \lambda I_4| = \begin{vmatrix} \begin{pmatrix} 1 & 0 & 0 & 0 \\ 0 & 0 & 1 & 0 \\ 0 & 1 & 0 & 0 \\ 0 & 0 & 0 & 1 \end{pmatrix} - \lambda \begin{pmatrix} 1 & 0 & 0 & 0 \\ 0 & 1 & 0 & 0 \\ 0 & 0 & 1 & 0 \\ 0 & 0 & 0 & 1 \end{pmatrix} \end{vmatrix} = 0$$

$$|M - \lambda I_4| = \begin{vmatrix} 1-\lambda & 0 & 0 & 0 \\ 0 & -\lambda & 1 & 0 \\ 0 & 1 & -\lambda & 0 \\ 0 & 0 & 0 & 1-\lambda \end{vmatrix} = 0$$

Suponha que se queira calcular o determinante de uma matriz B quadrada qualquer. Tal determinante pode ser obtido através da expansão por cofatores, usando qualquer linha i desta matriz B:

$$|B| = \sum_i^m b_{ik}(-1)^{i+k}|B_{ik}|, \; k = 1,\ldots,m.$$

onde B_{ik} é a matriz B, retirada sua linha i e coluna k. Usando a 1ª linha de $M - \lambda I_4$ para calcular seu determinante com esta fórmula,

$$|M - \lambda I_4| = (1-\lambda)(-1)^{1+1}\begin{vmatrix} -\lambda & 1 & 0 \\ 1 & -\lambda & 0 \\ 0 & 0 & 1-\lambda \end{vmatrix}$$

$$= (1-\lambda)\left[\lambda^2(1-\lambda) - (1-\lambda)\right] = (1-\lambda)^2(\lambda^2 - 1)$$

$$= (1-\lambda)^2(\lambda-1)(\lambda+1) = -(1-\lambda)^2(1-\lambda)(\lambda+1)$$

$$= -(1-\lambda)^3(\lambda+1) = 0$$

$$\lambda_2 = \lambda_3 = \lambda_4 = 1, \lambda_1 = -1$$

Assim, o primeiro autovalor é diferente de 1.

Observação: A afirmação ($TA = A \Leftrightarrow A$ é simétrica) é válida. Provando:

Suficiência (ida): Se $TA = A$, então, aplicando-se a regra deste operador, sabe-se que $TA = A'$.
Como $TA = A$, então, $A = A'$.
Necessidade (volta): Se $A = A'$, então, aplicando-se a regra deste operador, sabe-se que $TA = A'$.
Como $A = A'$, então, $TA = A' = A$.

(1) Verdadeiro. Sabemos que:
$$T(A) = MA = \lambda A$$
Assim:
$$(M - \lambda I)A = 0$$

Ou seja, A é autovetor (lembre-se de que os elementos de uma matriz 2 x 2 estão dispostos na forma de um vetor) se $|M - \lambda I| = 0$, ou $A = 0$ se $|M - \lambda I| \neq 0$.

Das propriedades de módulo e produto interno, sabe-se que:
$$|A|^2 = \sqrt{\langle A, A \rangle}$$

Avaliando o outro termo do item:
$$|TA|^2 = \langle TA, TA \rangle = \langle MA, MA \rangle = \langle \lambda A, \lambda A \rangle = \lambda^2 \langle A, A \rangle = \lambda^2 |A|^2$$

onde, na segunda e terceira igualdades, usou-se a primeira expressão do item, na quarta igualdade, usou-se uma propriedade de produto interno (ver comentário abaixo) e, na última igualdade, usou-se a expressão anterior.

Do item (0),
$$\lambda_1^2 = 1; i = 1,...,4$$

Substituindo de volta na expressão anterior:
$$|TA|^2 = \lambda^2 |A|^2 = |A|^2$$

Observação: Seja o produto interno de dois vetores u e v:
$$u = (u_1,...,u_n)$$
$$v = (v_1,....,v_n)$$
$$\langle u, v \rangle = \sum_i u_i v_i$$

Ao multiplicar os vetores pelas constantes k_1 e k_2 e calcular o produto interno destes novos vetores, obtém-se:

$$k_1 u = (k_1 u_1, \ldots, k_1 u_n)$$
$$k_2 v = (k_2 v_1, \ldots, k_2 v_n)$$
$$\langle k_1 u, k_2 v \rangle = \sum_i k_1 u_i k_2 v_i = k_1 k_2 \sum_i u_i v_i = k_1 k_2 \langle u, v \rangle$$

Fixando $u = v = A$ e $k_1 = k_2 = \lambda$, é uma aplicação desta propriedade ao item acima, obtendo, assim:

$$\langle \lambda A, \lambda A \rangle = \lambda^2 \langle A, A \rangle$$

$$|\lambda A|^2 = \lambda^2 |A|^2$$

(2) Verdadeiro. $-A^t = A \Leftrightarrow A$ é antissimétrica. Relembrando: A é antissimétrica quando $a_{ij} = -a_{ji}$ (em particular, quando $i = j$, tem-se $a_{ij} = 0$), ou seja, $A' = -A$. Além disso, do item (0) sabe-se que um dos autovalores é igual a -1.

(3) Falso. Como visto no item (0):

$$M = \begin{pmatrix} 1 & 0 & 0 & 0 \\ 0 & 0 & 1 & 0 \\ 0 & 1 & 0 & 0 \\ 0 & 0 & 0 & 1 \end{pmatrix}$$

$$\text{tr}M = \lambda_1 + \lambda_2 + \lambda_3 + \lambda_4 = 2$$
$$\det M = \lambda_1 \lambda_2 \lambda_3 \lambda_4 = -1$$

(4) Verdadeiro. Do item (0), sabe-se que as matrizes E e D encontram-se no bloco principal da matriz M, ou seja:

$$E = \begin{pmatrix} 1 & 0 \\ 0 & 0 \end{pmatrix}$$

$$D = \begin{pmatrix} 0 & 0 \\ 0 & 1 \end{pmatrix}$$

Assim:

$$E + D = \begin{pmatrix} 1 & 0 \\ 0 & 0 \end{pmatrix} + \begin{pmatrix} 0 & 0 \\ 0 & 1 \end{pmatrix} = \begin{pmatrix} 1 & 0 \\ 0 & 1 \end{pmatrix} = I_2.$$

Questão 4

Julgue as afirmativas:

(0) Se uma matriz 2 × 2 possui determinante igual a um e traço igual a zero, então seus autovalores são números complexos conjugados.

(1) Se uma matriz é simétrica, então seus autovalores são números reais.

(2) Transformações lineares dadas por matrizes ortogonais preservam a norma de vetores, mas não necessariamente ângulos entre vetores.

(3) Se uma matriz é idempotente, então ela é singular.

(4) Se uma matriz é simétrica e não singular, então autovetores associados a autovalores distintos são colineares.

Resolução:

(0) Verdadeiro. Se A é 2 x 2, então seu polinômico característico será uma equação de segundo grau, ou seja:

$$|A - \lambda I| = a\lambda^2 + b\lambda + c = 0$$

$$= \lambda^2 + \frac{b}{a}\lambda + \frac{c}{a} = 0, a \neq 0$$

Seja λ_1 e λ_2 as raízes desta equação, então:

$$\lambda_1 + \lambda_2 = -\frac{b}{a}$$

$$\lambda_1 \lambda_2 = \frac{c}{a}$$

Assim:

$$trA = \lambda_1 + \lambda_2 = -\frac{b}{a} = 0$$

$$|A| = \lambda_1 \lambda_2 = \frac{c}{a} = 1$$

Logo, o polinômio característico será:

$$\lambda^2 + 1 = 0$$
$$\lambda^2 = -1$$
$$\lambda = \pm i$$

onde $i = \sqrt{-1}$ é o número imaginário. Logo, os autovalores são números complexos conjugados, ou seja, são da forma $\alpha \pm \beta i$.

(1) Verdadeiro (mas foi anulada). Este é um teorema: para toda matriz simétrica, os autovalores são números reais e os autovetores são ortogonais.

Observação: Ver Apêndice A de Álgebra Matricial de Greene (2008).

(2) Falso. Transformações por matrizes ortogonais preservam a norma dos vetores, mas também preservam o ângulo entre eles. Para entender a primeira propriedade, seja A uma matriz ortonogonal. Então, por definição, $A'A = I$. Portanto, para qualquer vetor v vale
$$|Av| = (Av)'(Av) = (v'A')(Av) = v'Iv = v'v = |v|$$

A segunda propriedade decorre do fato de que A preserva o produto interno. De fato, sejam v e u dois vetores quaisquer, então
$$\langle Av, Au \rangle = (Av)'(Au) = (v'A')(Au) = v'(I)u = v'u = \langle v, u \rangle$$

Com isso, se θ é o ângulo entre os dois vetores u e v, então
$$\cos(\theta) = \frac{\langle v, u \rangle}{|v||u|} = \frac{\langle Av, Au \rangle}{|Av||Au|}$$

Logo, θ também é o ângulo entre os vetores Av e Au, já que a função $\cos(\cdot)$ é estritamente decrescente em $[0, \pi]$.

(3) Falso. Um contraexemplo simples é a matriz identidade.

(4) Falso. Os autovetores de uma matriz simétrica são sempre ortogonais (logicamente, estes autovetores devem estar associados a autovalores diferentes).

Questão 8

Seja $P(t) = t^n + c_1 t^{n-1} + \ldots + c_{n-1} t + c_n$ o polinômio característico de uma matriz $n \times n$, $A = (a_{ij})$, com entradas $a_{ij} \in \mathbb{R}$. Julgue as afirmativas:
- ⓪ Se A é simétrica, então A é diagonalizável.
- ① Se A é invertível e $P(t) = tQ(t) + c_n$, então $Q(A) = (\det(A))A^{-1}$.
- ② Se A é invertível, então A e A^{-1} possuem os mesmos autovalores.
- ③ $\det(-A) = (-1)^{n+1} \det(A)$.
- ④ Se A é antissimétrica e n é ímpar, então $\det(A) \neq 0$.

Resolução:

(0) Verdadeiro. Se A é simétrica, pode-se aplicar a decomposição espectral: $C'AC = \Lambda$, onde Λ é uma matriz diagonal. E, portanto, A é diagonalizável. (Ver Apêndice de Álgebra Matricial de Greene, 2008 e capítulo sobre tópicos matriciais de Lima, 2001).

(1) Falso. Como $P(t)$ é o polinômio característico de A, então $P(t) = |A - tI|$. Disso conclui-se que $P(A) = 0$ e que $P(0) = c_n = \det(A)$. Portanto, fixando $t = 0$ na expressão do item e substituindo $P(A) = 0$ e $c_n = \det(A)$, obtemos:
$$AQ(A) = P(A) - c_n = -\det(A) \Rightarrow Q(A) = -A^{-1}\det(A)$$

(2) Falso. Um contraexemplo simples é,
$$A = \begin{bmatrix} 2 & 0 \\ 0 & 2 \end{bmatrix}$$
$$A^{-1} = \begin{bmatrix} 1/2 & 0 \\ 0 & 1/2 \end{bmatrix}$$

Os autovalores de A são recíprocos (inversos) aos autovalores de A^{-1}.

(3) Falso. A propriedade do determinante de uma constante k, multiplicando uma matriz é:
$$\det(kA) = k^n \det(A)$$

onde, no caso deste item, temos que $k = -1$, implicando:
$$\det(-A) = (-1)^n \det(A)$$

Observação 1: Ver o Apêndice de Álgebra Matricial de Greene (2008) para uma revisão de tais propriedades.

Observação 2: A seguir, uma prova para um caso simples 2 x 2:
$$kA = k\begin{bmatrix} a & b \\ c & d \end{bmatrix}$$

Seu determinante será:
$$\det(kA) = \begin{vmatrix} ka & kb \\ kc & kd \end{vmatrix} = k^2 ad - k^2 bc$$
$$= k^2(ad - bc) = k^2 \det(A)$$

onde o expoente 2 sobre a constante k é a ordem da matriz quadrada.

(4) Falso. Relembrando: A é antissimétrica quando $a_{ij} = -a_{ji}$ (em particular, $a_{ii} = 0$), ou seja, $A' = -A$. Um contraexemplo fácil é uma matriz nula de ordem ímpar:

$$A = 0_{3x3} = \begin{bmatrix} 0 & 0 & 0 \\ 0 & 0 & 0 \\ 0 & 0 & 0 \end{bmatrix}$$

$\det A = 0$

Observe que ela é tanto simétrica quanto antissimétrica, mas $\det A = 0$.

Questão 14

Seja H uma matriz 4 x 4 idempotente, simétrica e não singular. Seja 0_{4x5} a matriz nula de ordem 4 x 5 e $0_{5x4} = 0'_{4x5}$ sua transposta. Seja, ainda, L uma matriz 5 x 5 ortogonal. Considere a matriz 9 x 9 dada por:

$$A = \begin{pmatrix} H & 0_{4\times5} \\ 0_{5\times4} & L \end{pmatrix}$$

Seja $D = \det(A'A)$ o determinante de $A'A$, em que A' é a transposta de A. Calcule $9D + 3$.

Resolução:

Aqui, deve-se relembrar algumas propriedades de matriz particionada ao longo da resolução deste exercício (ver o Apêndice de Álgebra Matricial de Green, 2008):

$$A = \begin{bmatrix} H & 0_{4x5} \\ 0_{5x4} & L \end{bmatrix}$$

$$A'A = \begin{bmatrix} H & 0_{4x5} \\ 0_{5x4} & L \end{bmatrix}' \begin{bmatrix} H & 0_{4x5} \\ 0_{5x4} & L \end{bmatrix}$$

$$= \begin{bmatrix} H'H & 0_{4x5} \\ 0_{5x4} & L'L \end{bmatrix}$$

Segundo o enunciado, H é uma matriz idempotente, simétrica e não singular. A única matriz que atende a estas características é a matriz identidade (ver comentário abaixo). Logo, $H = I_4$ e $H' = I_4$. E, portanto, $H'H = I_4 I_4 = I_4$.

Conforme o enunciado, L é uma matriz ortogonal, ou seja, $L'L = I_5$.

Assim:
$$A'A = \begin{bmatrix} H'H & 0_{4x5} \\ 0_{5x4} & L'L \end{bmatrix} = \begin{bmatrix} I_4 & 0_{4x5} \\ 0_{5x4} & I_5 \end{bmatrix}$$
$$D = |A'A| = |I_4||I_5| = 1$$

onde, na segunda igualdade, da segunda linha, usou-se uma propriedade de determinante de matriz particionada.

Assim:
$9D + 3 = 9.1 + 3 = 12$

Observação: Sendo H uma matriz simétrica, então ela é diagonalizável, ou seja:
$H = C\Lambda C'$

onde Λ é uma matriz diagonal dos autovalores e C é a matriz dos autovetores.

Sendo idempotente, então:
$H = H^k = C\Lambda^k C'$

Logo:
$C\Lambda^k C' = C\Lambda C'$

Assim:
$\lambda_i^k = \lambda_i$

Os únicos valores que atendem a tal condição são o 0 e 1. Como H é não singular, então, todos os autovalores devem ser 1. Segue que,
$\Lambda = I$

Portanto:
$$H = CIC' = CC' = I$$

onde, na última igualdade, usou-se o fato de que a matriz dos autovetores é ortogonal.

PROVA DE 2009

Questão 3

Se A é a matriz na base canônica de $T: \mathbb{R}^3 \to \mathbb{R}^3$, dada por $T(x,y,z) = (z, x-y, -z)$, julgue as afirmativas:

⓪ A dimensão do núcleo de T é 2.

① $\{(0, 1, 0), (1, 0, -1)\}$ é uma base da imagem de T.

② A transposta de A é $A^t = \begin{pmatrix} 0 & 1 & 0 \\ 0 & -1 & 0 \\ 1 & 0 & -1 \end{pmatrix}$.

③ Se $U = \{(0, 0, z) : z \in \mathbb{R}\}$, então $T(U) \subseteq U$.

④ $\{(x, y, z) \in \mathbb{R}^3 : T(x, y, z) = (0, 1, 0)\}$ é uma reta no plano xy.

Resolução:

(0) Falso. O operador linear T pode ser escrito como:

$$T(x,y,z) = \begin{bmatrix} 0 & 0 & 1 \\ 1 & -1 & 0 \\ 0 & 0 & -1 \end{bmatrix} \begin{bmatrix} x \\ y \\ z \end{bmatrix}$$

Logo, a matriz 3 x 3 que denominaremos por A é a matriz do operador linear T, na base canônica.

A dimensão do $N(A)$ (que é o núcleo de T) pode ser obtida pelo Teorema do Núcleo e da Imagem:

$\dim \mathbb{R}^3 = \dim N(A) + \dim \text{Im}(A)$

Observe que $\det(A) = 0$, já que a primeira linha é o negativo da terceira. Logo, $\text{posto}(A) < 3$. Agora, o determinante do menor principal obtido eliminando a primeira linha e a primeira coluna é $1 > 0$. Portanto, o $\text{posto}(A) = 2$.

Como a dimensão da Im(A), também chamada de espaço coluna de A (que é o espaço gerado pelas colunas de A), é igual ao posto(A), então:
dim[Im(A)] = 2

E pelo teorema acima:
dim$N(A)$ = dim$\mathbb{R}^3$ − dim[Im(A)] = 3 − 2 = 1

Observação: Outra forma de se resolver é calculando $N(A)$. Por definição,
$N(A) = \{v \in \mathbb{R}^3 \mid Av = 0\}$

ou seja, os elementos do núcleo são soluções de um sistema homogêneo. Como det(A) = 0, então o sistema admite soluções além da solução trivial. Obtendo tal vetor:

$$Av = \begin{bmatrix} 0 & 0 & 1 \\ 1 & -1 & 0 \\ 0 & 0 & -1 \end{bmatrix} \begin{bmatrix} x \\ y \\ z \end{bmatrix} = 0$$

Logo:
$$z = 0$$
$$x - y = 0 \Rightarrow x = y$$
$$-z = 0$$

Assim, os vetores serão do formato ($x, x, 0$):
$N(A) = \{t(1, 1, 0); t \in \mathbb{R}\}$

Como basta um vetor para gerar $N(A)$, por exemplo (1, 1, 0), sua dimensão é 1.

(1) Verdadeiro. Note que tais vetores são a primeira e a última colunas de A. Tais colunas são dois vetores LI e formam o espaço da imagem de T de dimensão 2. Eles são LI, pois se $a(0, 1, 0) + b(1, 0, -1) = (0, 0, 0)$, então $a = 0$ e $b = 0$.

(2) Verdadeiro (questão anulada). A matriz A foi dada no item (0) acima. Assim:

$$A' = \begin{bmatrix} 0 & 1 & 0 \\ 0 & -1 & 0 \\ 1 & 0 & -1 \end{bmatrix}$$

(3) Falso.

$$T(U) = \begin{bmatrix} 0 & 0 & 1 \\ 1 & -1 & 0 \\ 0 & 0 & -1 \end{bmatrix} \begin{bmatrix} 0 \\ 0 \\ z \end{bmatrix} = \begin{bmatrix} z \\ 0 \\ -z \end{bmatrix}$$

que não está, necessariamente, contido em U.

(4) Verdadeiro.

$$T(x,y,z) = (0,1,0)$$
$$(z, x-y, -z) = (0,1,0)$$
$$x - y = 1$$
$$y = x - 1$$

que é uma reta no plano xy.

Questão 6

Denotemos por M_n o espaço das matrizes $n \times n$ com entradas $a_{ij} \in R$. Seja $D : M_2 \times M_2 \to M_4$ a aplicação dada por $D(X,Y) = \begin{pmatrix} X & \underline{0} \\ \underline{0} & Y \end{pmatrix}$, em que $\underline{0} \in M_2$ é identicamente nula. Seja A a matriz da aplicação linear $L : R^2 \to R^2$, dada por $L(x,y) = (y-x, y)$. Se $B = D(A,A)$, julgue as afirmativas:

- ⓪ O polinômio característico de A é dado por $p(t) = -(1-t^2)$.
- ① $A^{-1} = A$ e $\det(A) = \det(B) = 1$.
- ② Se λ é um autovalor de A, então λ é um autovalor de B.
- ③ O polinômio característico de B é dado por $q(t) = t^4 + 2t^2 + 1$.
- ④ A é diagonalizável.

Resolução:

(0) Verdadeiro. A aplicação linear $L(x,y)$ pode ser escrita como:
$$L(x,y) = \begin{bmatrix} -1 & 1 \\ 0 & 1 \end{bmatrix} \begin{bmatrix} x \\ y \end{bmatrix}$$
onde a matriz 2 x 2 é a matriz A da aplicação linear L.

O polinômio característico de A é:
$$p_A(t) = \det(A - tI) = \begin{vmatrix} -1-t & 1 \\ 0 & 1-t \end{vmatrix}$$
$$= (-1-t)(1-t)$$
$$= -(1+t)(1-t) = -(1-t^2)$$

(1) Falso.
$$A = \begin{bmatrix} -1 & 1 \\ 0 & 1 \end{bmatrix}, |A| = -1$$
$$A^{-1} = \frac{1}{|A|} \begin{bmatrix} 1 & -1 \\ 0 & -1 \end{bmatrix} = \begin{bmatrix} -1 & 1 \\ 0 & 1 \end{bmatrix} = A$$

Mas:
$$B = D(A,A) = \begin{bmatrix} A & 0 \\ 0 & A \end{bmatrix}$$
$$|B| = |A||A| = (-1)(-1) = 1$$

Observação: Ver 2008.14 para algumas propriedades da matriz particionada, ou ver o Apêndice de Álgebra Matricial de Greene (2008).

Logo:
$|B| = -|A| = 1$

(2) Verdadeiro.

$|A - \lambda I| = 0$

$\begin{vmatrix} -1-\lambda & -1 \\ 0 & 1-\lambda \end{vmatrix} = 0$

$(-1-\lambda)(1-\lambda) = 0$

$\lambda = 1, \lambda = -1$

Para B:

$|B - \lambda I| = 0$

$\left| \begin{pmatrix} A & 0 \\ 0 & A \end{pmatrix} - \lambda \begin{pmatrix} I_2 & 0 \\ 0 & I_2 \end{pmatrix} \right| = 0$

$\begin{vmatrix} A - \lambda I_2 & 0 \\ 0 & A - \lambda I_2 \end{vmatrix} = 0$

$|(A - \lambda I_2)||(A - \lambda I_2)| = 0$

$|(A - \lambda I_2)| = 0$

$\lambda = 1, \lambda = -1$

(3) Falso.

$$p_B(t) = \det(B - tI) = [\det(A - tI)]^2$$
$$= [-(1-t^2)]^2 = (1-t^2)^2 = 1 - 2t^2 + t^4$$
$$= t^4 - 2t^2 + 1$$

(4) Verdadeiro. Como A tem autovalores distintos, então é diagonalizável.

Questão 11

Sejam $A = \begin{pmatrix} k & 0 & 0 \\ 0 & -1 & 1 \\ 1 & 1 & k \end{pmatrix}$ e $B = \begin{pmatrix} k & 2 & 1 \\ 0 & -1 & 1 \\ 0 & 0 & k \end{pmatrix}$. Julgue os itens abaixo:

◎ $tr(A) = -\det(B)$, então $k = 1$.
① Se $k = 1$, então 0 é autovalor de A.
② Para todo k, $v = \begin{pmatrix} 1 \\ -1 \\ k-1 \end{pmatrix}$ é autovetor de A associado ao autovalor k.

③ Se $k \neq 0$ e $k \neq -1$, então o sistema $Ax = b$ tem solução única, em que $X = \begin{pmatrix} x_1 \\ x_2 \\ x_3 \end{pmatrix}$ e $b = \begin{pmatrix} b_1 \\ b_2 \\ b_3 \end{pmatrix}$.

④ Se $k = 0$, então o sistema $Bx = 0$, em que 0 é o vetor nulo que só admite a solução trivial, isto é, $x = 0$.

Resolução:

(0) Verdadeiro.

$trA = 2k - 1$

$\det B = -k^2$

Se $trA = -\det B$, então:

$2k - 1 = k^2$

$-k^2 + 2k - 1 = 0$

$Soma = k_1 + k_2 = 2$

$Produto = k_1 k_2 = 1$

Logo, as duas raízes valem $k = 1$.

(1) Falso. Podemos verificar diretamente:

$$A = \begin{bmatrix} 1 & 0 & 0 \\ 0 & -1 & 1 \\ 1 & 1 & 1 \end{bmatrix}$$

$A - \lambda I = A - 0 \cdot I = A$

$|A - \lambda I| = |A| = \begin{vmatrix} 1 & 0 & 0 \\ 0 & -1 & 1 \\ 1 & 1 & 1 \end{vmatrix} = -2 \neq 0$

Logo, $\lambda = 0$, não atende à condição $|A - \lambda I| = 0$.

(2) Falso. Primeiro verificando que k é autovalor:

$$|A - \lambda I| = \begin{vmatrix} k-k & 0 & 0 \\ 0 & -1-k & 1 \\ 1 & 1 & k-k \end{vmatrix} = 0$$

Logo, k é autovalor. Agora, verificando se o vetor dado no item é autovetor associado a $\lambda = k$:

$$(A - \lambda I)v = 0$$

$$\begin{bmatrix} k-k & 0 & 0 \\ 0 & -1-k & 1 \\ 1 & 1 & k-k \end{bmatrix} \begin{bmatrix} 1 \\ -1 \\ k-1 \end{bmatrix} =$$

$$\begin{bmatrix} 0 & 0 & 0 \\ 0 & -1-k & 1 \\ 1 & 1 & 0 \end{bmatrix} \begin{bmatrix} 1 \\ -1 \\ k-1 \end{bmatrix} =$$

$$\begin{bmatrix} 0 \\ 1+k+k-1 \\ 0 \end{bmatrix} = \begin{bmatrix} 0 \\ 2k \\ 0 \end{bmatrix} \neq \begin{bmatrix} 0 \\ 0 \\ 0 \end{bmatrix}$$

se $k \neq 0$, logo, v não é, necessariamente, autovetor.

(3) Verdadeiro.
$|A| = -k^2 - k = -k(k+1)$

Se $k \neq 0$ e $k \neq -1$, então $|A| \neq 0$, e o sistema admite solução única.

(4) Falso. Se $k = 0$, então, pelo item (0):
$|B| = -k^2 = 0$

admite soluções diferentes da trivial.

Observação: Para o sistema homogêneo:
$Bx = 0$

admitir apenas solução trivial, B deve ser invertível, para que:

$x = B^{-1}0 = 0$

e, então, $x = 0$ (solução trivial) seja a única solução do sistema. Para que isso ocorra, é necessário ter $|B| \neq 0$, de forma que, B seria invertível.

PROVA DE 2010

Questão 9

Considere os sistemas lineares abaixo e julgue as afirmativas:

Sistema (I):

$x + y + kz = 2$
$3x + 4y + 2z = k$
$2x + 3y - z = 1$

Sistema (II):

$a_{11}x_1 + a_{12}x_2 + ... + a_{1n}x_n = b_1$
$a_{21}x_1 + a_{22}x_2 + ... + a_{2n}x_n = b_2$
...
$a_{m1}x_1 + a_{m2}x_2 + ... + a_{mn}x_n = b_m$

⓪ Se $k \neq 3$, então o sistema (I) tem solução única.
① Se $k = 0$, o sistema homogêneo associado a (I) tem infinitas soluções.
② Para $k = 1$, a matriz dos coeficientes de (I) é uma matriz ortogonal.
③ Se $m > n$, (I) tem sempre solução.
④ Se $b_1 = b_2 = ... = b_m = 0$, então, o sistema (I) tem sempre solução.

Resolução:

(0) Verdadeiro. Vamos montar o sistema na forma matricial:

$$Av = b$$

$$\begin{bmatrix} 1 & 1 & k \\ 3 & 4 & 2 \\ 2 & 3 & -1 \end{bmatrix} \begin{bmatrix} x \\ y \\ z \end{bmatrix} = \begin{bmatrix} 2 \\ k \\ 1 \end{bmatrix}$$

Para que o sistema (I) tenha solução única, deve-se ter A invertível, para que:
$$v = A^{-1}b$$

Assim, calculando seu determinante:
$$|A| = -4 + 4 + 9k - 8k + 3 - 6 \neq 0$$
$$|A| = k - 3 \neq 0 \Rightarrow k \neq 3$$

Então, quando $k \neq 3$, o determinante de A será não nulo e, portanto, A será invertível.

(1) Falso. O sistema homogêneo seria:
$$Av = 0$$
$$\begin{bmatrix} 1 & 1 & k \\ 3 & 4 & 2 \\ 2 & 3 & -1 \end{bmatrix} \begin{bmatrix} x \\ y \\ z \end{bmatrix} = \begin{bmatrix} 0 \\ 0 \\ 0 \end{bmatrix}$$

Para que o sistema homogêneo tenha infinitas soluções, A não pode ser invertível, ou seja, deve valer:
$$|A| = k - 3 = 0$$

em que o determinante já foi calculado no item (0). Assim, deve-se ter $k = 3$.

(2) Falso. No caso de $k = 1$, tem-se:
$$A = \begin{bmatrix} 1 & 1 & 1 \\ 3 & 4 & 2 \\ 2 & 3 & -1 \end{bmatrix}$$

Pode-se verificar se A é ortogonal calculando-se:
$$A'A = \begin{bmatrix} 1 & 3 & 2 \\ 1 & 4 & 3 \\ 1 & 2 & -1 \end{bmatrix} \begin{bmatrix} 1 & 1 & 1 \\ 3 & 4 & 2 \\ 2 & 3 & -1 \end{bmatrix}$$

Calculando-se apenas o elemento da primeira linha e coluna da matriz final, obtém-se o valor 14, que é diferente de 1, o elemento da mesma posição da matriz identidade. Ou seja:

$A'A \neq I$

Observação: Uma forma alternativa de se resolver é a seguinte: se A fosse ortogonal, ou seja:

$A'A = I$

Deveríamos ter:

$$|A'A| = |I| \Rightarrow |A'||A| = 1 \Rightarrow |A||A| = 1 \Rightarrow |A|^2 = 1$$

Note que, pelo item (0), para $k = 1$ tem-se:

$|A| = k - 3 = -2$
$|A|^2 = 4 \neq 1$

ou seja, A não é matriz ortogonal.

(3) Falso. O item está dizendo que, se um sistema de equações tem mais equações do que incógnitas, então tal sistema sempre terá solução. Isso é falso, pois o sistema pode conter equações que se contradizem. Um exemplo seria:

x+y=2
x+y=3
x-y=2

onde as duas primeiras equações se contradizem.

(4) Verdadeiro. No caso de $b_1 = b_2 = ... = b_m = 0$, o sistema será homogêneo, e, portanto, sempre terá solução. Tem-se sempre pelo menos a trivial: $(x_1, x_2, ..., x_n) = (0, 0, ..., 0)$.

Questão 10

Julgue as afirmativas:

- ⓪ $S = \{(x, y, x + y) \in \mathbb{R}^3 : x, y \in \mathbb{R}\}$ é um subespaço vetorial de $\mathbb{R}^3$, e a dimensão de S é 2.
- ① $\{(1, 2, 3), (4, 5, 12), (0, 8, 0)\}$ é base de $\mathbb{R}^3$.
- ② Se u, v e w são vetores linearmente independentes, então $v + w$, $u + w$ e $u + v$ são também linearmente independentes.
- ③ Se S é um subconjunto de $\mathbb{R}^3$ formado por vetores linearmente dependentes, então podemos afirmar que S tem 4 elementos ou mais.
- ④ Se o posto da matriz $\begin{pmatrix} 1 & x & 0 \\ 0 & 1 & 1 \\ -1 & 1 & 0 \end{pmatrix}$ é 3, então $x \neq 1$.

Resolução:

(0) Verdadeiro. O conjunto S é composto de vetores com 3 coordenadas, sendo que a terceira é obtida pela soma das duas primeiras. Assim, quaisquer três vetores de S serão LD entre si. De fato, tomemos três vetores quaisquer deste espaço e concatenemo-los como uma matriz:

$$\begin{bmatrix} x_1 & x_2 & x_3 \\ y_1 & y_2 & y_3 \\ x_1 + y_1 & x_2 + y_2 & x_3 + y_3 \end{bmatrix}$$

Note que a terceira linha é obtida a partir da soma das duas primeiras. Disso conclui-se que o determinante desta matriz é nulo. Logo, o posto desta matriz é 2 e a dimensão de S é 2.

(1) Falso. Para ser base os vetores precisam ser LI. Uma forma de determinar se eles são LI é calculando-se o determinante da matriz formada por estes vetores. Se o determinante é nulo, eles são LD. Se ele é não nulo, eles são LI. Calculando o determinante:

$$\begin{vmatrix} 1 & 4 & 0 \\ 2 & 5 & 8 \\ 3 & 12 & 0 \end{vmatrix} = 0 + 96 + 0 - 0 - 0 - 96 = 0$$

Logo, os vetores são LD e, portanto, não formam uma base para o $\mathbb{R}^3$.

Observação: Uma forma mais fácil de calcular o determinante é notar que a terceira linha pode ser dividida por 3, tal que o determinante da matriz transformada é multiplicado por essa constante, ou seja:

$$\begin{vmatrix} 1 & 4 & 0 \\ 2 & 5 & 8 \\ 3 & 12 & 0 \end{vmatrix} = 3 \begin{vmatrix} 1 & 4 & 0 \\ 2 & 5 & 8 \\ 1 & 4 & 0 \end{vmatrix} = 3(32-32) = 0$$

(2) Verdadeiro. Lembrando que os vetores u, v, w são LI se, e somente se, a única solução para:

$au + bv + cw = 0$

é $a = b = c = 0$

Considerando os vetores do item:

$$a'(v+w) + b'(u+w) + c'(u+v) = 0$$
$$(b'+c')u + (a'+c')v + (a'+b')w = 0$$

ou seja, a combinação dos vetores do enunciado pode ser escrita como uma combinação dos vetores u, v e w. Como u, v e w são LI, então, a única solução para a última equação acima é $(b' + c') = (a' + c') = (a' + b') = 0$. Assim:

$b' = -c'$
$a' = -c'$
$a' = -b'$

Usando as duas últimas:

$a' = -b' = -c'$
$b' = c'$

Substituindo esta última na primeira:

$b' = -c' = c'$
$c' = 0$

Logo:
$b' = 0$
$a' = 0$

Assim, a única solução para:
$a'(v+w)+b'(u+w)+c'(u+v)=0$
é $a' = b' = c' = 0$.

(3) Falso. S pode ter 3 ou menos vetores que sejam LD. Um exemplo seria

$S = \{(1, 0, 0), (2, 0, 0)\}$

o qual possui somente dois vetores, e somente vetores LD.

(4) Falso. Para que a matriz tenha posto 3 (ou seja, posto cheio), é necessário que o determinante não seja nulo. Estudando o caso em que ele é nulo:

$$\begin{vmatrix} 1 & x & 0 \\ 0 & 1 & 1 \\ -1 & 1 & 0 \end{vmatrix} = -x - 1 = 0$$

$$x = -1$$

Assim, é necessário que $x \neq -1$, para que a matriz tenha posto cheio.

Questão 11

Considere as matrizes $A = \begin{pmatrix} 1 & a \\ 2 & -1 \end{pmatrix}$, $B = \begin{pmatrix} 1 & b \\ b & 1 \end{pmatrix}$ **e** $C = \begin{pmatrix} \cos(\theta) & \sen(\theta) \\ -\sen(\theta) & \cos(\theta) \end{pmatrix}$. **Julgue as afirmativas:**

◎ Para $a = 1$ e $b = 2$, então, $(3A - B^t)^t = \begin{pmatrix} 2 & 1 \\ 4 & -4 \end{pmatrix}$.

① Se -1 é autovalor de A, então, $a = 0$.

② Para $b = 2$, $v = \begin{pmatrix} 1 \\ 2 \end{pmatrix}$ é um autovetor de B.

③ Se $a > -1/2$, então A é diagonalizável.

④ C é invertível não simétrica.

Resolução:

(0) Falso. Calculando:

$$\left(3A - B^t\right)^t = \left(3\begin{pmatrix} 1 & 1 \\ 2 & -1 \end{pmatrix} - \begin{pmatrix} 1 & 2 \\ 2 & 1 \end{pmatrix}^t\right)^t$$

$$= \left(\begin{pmatrix} 3 & 3 \\ 6 & -3 \end{pmatrix} - \begin{pmatrix} 1 & 2 \\ 2 & 1 \end{pmatrix}\right)^t$$

$$= \begin{pmatrix} 2 & 1 \\ 4 & -4 \end{pmatrix}^t = \begin{pmatrix} 2 & 4 \\ 1 & -4 \end{pmatrix}.$$

(1) Verdadeiro. Escrevendo o polinômio característico para obter os autovalores:

$$|A - \lambda I| = \begin{vmatrix} 1-\lambda & a \\ 2 & -1-\lambda \end{vmatrix} = 0$$

$$(1-\lambda)(-1-\lambda) - 2a = 0$$

Se $\lambda = -1$, então:

$$(1-(-1))(-1-(-1)) - 2a = -2a = 0$$

$$a = 0$$

(2) Falso. Calculando os autovalores de B quando $b = 2$:

$$B = \begin{pmatrix} 1 & 2 \\ 2 & 1 \end{pmatrix}$$

$$|B - \lambda I| = \begin{vmatrix} 1-\lambda & 2 \\ 2 & 1-\lambda \end{vmatrix} = 0$$

$$1 - 2\lambda + \lambda^2 - 4 = 0$$

$$\lambda^2 - 2\lambda - 3 = 0$$

$$\text{Soma} = 2$$

$$\text{Produto} = -3$$

Logo, $\lambda_1 = 3$, $\lambda_2 = -1$. Verificando se tal vetor é um autovetor de B:
$(B - \lambda I)v = 0$

Para $\lambda_1 = 3$:

$$\begin{pmatrix} 1-3 & 2 \\ 2 & 1-3 \end{pmatrix} \begin{pmatrix} 1 \\ 2 \end{pmatrix} = \begin{pmatrix} -2 & 2 \\ 2 & -2 \end{pmatrix} \begin{pmatrix} 1 \\ 2 \end{pmatrix} = \begin{pmatrix} 2 \\ -2 \end{pmatrix} \neq \begin{pmatrix} 0 \\ 0 \end{pmatrix}$$

Para $\lambda_2 = -1$:

$$\begin{pmatrix} 1+1 & 2 \\ 2 & 1+1 \end{pmatrix} \begin{pmatrix} 1 \\ 2 \end{pmatrix} = \begin{pmatrix} 2 & 2 \\ 2 & 2 \end{pmatrix} \begin{pmatrix} 1 \\ 2 \end{pmatrix} = \begin{pmatrix} 6 \\ 6 \end{pmatrix} \neq \begin{pmatrix} 0 \\ 0 \end{pmatrix}$$

(3) Verdadeiro. Escrevendo o polinômio característico (já feito no item (1)):

$$(1-\lambda)(-1-\lambda) - 2a = 0$$
$$-1 + \lambda^2 - 2a = 0$$
$$\lambda^2 = 2a + 1$$
$$\lambda = \pm\sqrt{2a+1}$$

Assim, para A ser diagonalizável, ela deve ser simétrica (neste caso, $a = 2$) ou ter autovalores distintos. Para este último caso, o termo dentro da raiz deve ser diferente de zero, de forma que os valores da raiz serão diferentes. Assim, deve valer:

$$2a + 1 > 0$$
$$a > -\frac{1}{2}$$

(4) Falso. Um contraexemplo é o caso em que $\theta = 0°$, no qual a matriz C se resume a:

$$C = \begin{bmatrix} \cos 0° & sen 0° \\ -sen 0° & \cos 0° \end{bmatrix} = \begin{bmatrix} 1 & 0 \\ 0 & 1 \end{bmatrix}$$

que é a matriz identidade. Ela é invertível, mas é simétrica.

PROVA DE 2011

Questão 5

Seja $A = (a_{ij})$ uma matriz real $n \times n$. Considere o sistema $Ax = b$ abaixo e julgue as afirmativas:

$$\begin{cases} a_{11}x_1 + a_{12}x_2 + \ldots + a_{1n}x_n = b_1 \\ a_{21}x_1 + a_{22}x_2 + \ldots + a_{2n}x_n = b_2 \\ \vdots \\ a_{n1}x_1 + a_{n2}x_2 + \ldots + a_{nn}x_n = b_n \end{cases}$$

⓪ Se o posto de A é menor do que n, então o sistema não tem solução ou possui um número infinito de soluções.

① Se o vetor b é combinação linear das colunas de A, então o sistema admite solução.

② Se $b_1 = b_2 = \ldots = b_n = 0$ e 0 é autovalor de A, então o sistema possui uma única solução.

③ A matriz $M = A + A^t$, em que A^t é a transposta de A, é uma matriz simétrica.

④ Se $u = (u_1, \ldots, u_n)^t$, em que $v = (v_1, \ldots, v_n)^t$ são soluções do sistema $Ax = b$, então $u + v$ também é solução de $Ax = b$.

Resolução:

(0) Verdadeiro. Se o posto de A é menor do que n, então $\det(A) = 0$ e, portanto, A não é inversível. Logo, o sistema não possui solução única. Restam os casos sem solução e o caso com infinitas soluções, exatamente o que é afirmado no item.

(1) Verdadeiro. Se b pode ser escrito como combinação linear das colunas de A, então existe $\alpha = (\alpha_1, \alpha_2, \ldots, \alpha_n)'$ tal que:

$b = \alpha_1 a_1 + \alpha_2 a_2 + \ldots + \alpha_n a_n = A\alpha$

em que $\mathbf{a}_i$ denota a coluna i de A. Ou seja, α é uma solução do sistema $Ax = b$. Em outras palavras, dizer que o sistema $Ax = b$ possui solução é equivalente a dizer que b está no espaço coluna da matriz A.

(2) Falso. Se $b = 0$, então o sistema é homogêneo. Disso já se pode concluir que há pelo menos uma solução, a trivial $x = (0, 0, \ldots, 0)$. Se 0 é autovalor de A, então $|A - 0I| = |A| = 0$. Logo, A não é invertível e, portanto, não é possível obter:

$Ax = 0$

$x = A^{-1}0 = 0$

Logo, a solução trivial $x = \vec{0}$ não é a única solução do sistema.

(3) Verdadeiro. Se a_{ij} é o elemento da linha i e da coluna j da matriz A, então a_{ij} é o elemento da linha i e da coluna j de A'. Portanto, o elemento da linha i e da coluna j da matriz M será $m_{ij} = a_{ij} + a_{ji}$. Com isso,

$$m_{ij} = a_{ij} + a_{ji} = a_{ji} + a_{ij} = m_{ji}$$

ou seja, M é simétrica.

(4) Falso. Se u e v são soluções, então
$Au = b$
$Av = b$

Portanto,
$$A(u+v) = Au + Av = 2b \neq b$$

ou seja, $(u + v)$ não satisfaz o sistema.

Questão 6

Considere as transformações lineares $T : \mathbb{R}^3 \to \mathbb{R}^3$ e $L : \mathbb{R}^3 \to \mathbb{R}^3$ definidas por

$$T\begin{pmatrix}x\\y\\z\end{pmatrix} = \begin{pmatrix}2x-2y+3z\\3y-2z\\-y+2z\end{pmatrix} \text{ e } L\begin{pmatrix}x\\y\\z\end{pmatrix} = \begin{bmatrix}1 & 0 & 1\\1 & 1 & 2\\2 & 1 & 3\end{bmatrix}\begin{pmatrix}x\\y\\z\end{pmatrix}$$

Seja A a matriz de T relativa à base canônica de $\mathbb{R}^3$. Julgue as afirmativas:

⓪ L é sobrejetora.
① Se $v \in \mathbb{R}^3$ é tal que $v^t = (-1, -1, 1)$, então $\{v\}$ é base para o Núcleo de L.
② $A = \begin{bmatrix}2 & -2 & 3\\0 & 3 & -2\\0 & -1 & 2\end{bmatrix}$.
③ A possui três autovalores distintos e portanto é diagonalizável.
④ $v \in \mathbb{R}^3$ é tal que $v^t = (1, 1, 1)$, então v é autovetor de A associado ao autovalor 1.

Resolução:

(0) Falso. Para que L seja sobrejetora, sua imagem deve ser igual ao seu contradomínio. Para isso é necessário que os vetores coluna da matriz de L gerem todo o contradomínio, ou seja, eles devem formar uma base para o $\mathbb{R}^3$. No entanto, estes vetores são LD. De fato, concatenando-os para formar uma matriz e calculando-se seu determinante, obtém-se:

$$\begin{vmatrix} 1 & 0 & 1 \\ 1 & 1 & 2 \\ 2 & 1 & 3 \end{vmatrix} = 3+1-2-2 = 0$$

(1) Verdadeiro. Seja B a matriz associada à transformação L. Por definição,

$N(B) = \{x \in \mathbb{R}^3 : Bx = 0\}$

Para que $v \in N(B)$, basta que $Bv = 0$. Verificando,

$$Bv = \begin{bmatrix} 1 & 0 & 1 \\ 1 & 1 & 2 \\ 2 & 1 & 3 \end{bmatrix} \begin{pmatrix} -1 \\ -1 \\ 1 \end{pmatrix} = \begin{pmatrix} -1+1 \\ -1-1+2 \\ -2-1+1 \end{pmatrix} = \begin{pmatrix} 0 \\ 0 \\ 0 \end{pmatrix}$$

(2) Verdadeiro. Reescrevendo o operador T:

$$T\begin{pmatrix} x \\ y \\ z \end{pmatrix} = \underbrace{\begin{pmatrix} 2 & -2 & 3 \\ 0 & 3 & -2 \\ 0 & -1 & 2 \end{pmatrix}}_{A} \begin{pmatrix} x \\ y \\ z \end{pmatrix}$$

(3) Verdadeiro. Montando o polinômio característico:

$$|A - \lambda I| = \begin{vmatrix} 2-\lambda & -2 & 3 \\ 0 & 3-\lambda & -2 \\ 0 & -1 & 2-\lambda \end{vmatrix} = (2-\lambda)^2(3-\lambda) - 2(2-\lambda) = 0$$

$$= (2-\lambda)\left[(2-\lambda)(3-\lambda) - 2\right] = (2-\lambda)\left[\lambda^2 - 5\lambda + 4\right] = 0$$

$\lambda_1 = 2,$

$\lambda^2 - 5\lambda + 4 = 0$

Soma = 5

Produto = 4

$\lambda_2 = 4, \lambda_3 = 1$

Logo, os autovalores são diferentes e, portanto, a matriz é diagonalizável. Tal propriedade para matrizes pode ser encontrada em Lima (2001, p. 220).

(4) Falso. Verificando diretamente se este vetor é um autovetor de A associado ao autovalor 1:

$$(A-\lambda I)v \underset{v=(1,1,1)}{\overset{\lambda=1}{=}} \begin{pmatrix} 1 & -2 & 3 \\ 0 & 2 & -2 \\ 0 & -1 & 1 \end{pmatrix}\begin{pmatrix}1\\1\\1\end{pmatrix} = \begin{pmatrix}2\\0\\0\end{pmatrix} \neq \begin{pmatrix}0\\0\\0\end{pmatrix}$$

PROVA DE 2012
Questão 4

Seja $A = (a_{ij})$ uma matriz $n \times n$ com entradas $a_{ij} \in R$. Julgue as afirmativas:

⓪ Existe uma matriz B de modo que $BA = 2A$.

① Se $A^2 + A = I$, então $A^{-1} = A + I$, em que I é a matriz identidade.

② Se todos os elementos da diagonal principal de A são nulos, então $det(A) = 0$.

③ Seja $b \in R^n$. Se $Ax = b$ possui infinitas soluções, então existe $c \in R^n$, tal que $Ax = c$ admite uma única solução.

④ Suponha que $a_{ij} = 0$ quando $i + j$ for par e $a_{ij} = 1$ quando $i + j$ for ímpar. Se $n \geq 3$, então A tem posto n.

Resolução:

(0) Verdadeiro. $B = 2I_{nxn}$

(1) Verdadeiro. Suponha que $A^2 + A = I$. Lembrando que $I = A^{-1}A$ e usando a propriedade distributiva para matrizes, tem-se
$(A+I)A = A^2 + A = I = A^{-1}A.$

Agora, pós-multiplicando-se a expressão por A^{-1}, obtém-se
$(A+I)AA^{-1} = IA^{-1}$
$A+I = A^{-1}$

(2) Falso. Um contraexemplo simples é $A = \begin{bmatrix} 0 & 1 \\ 1 & 0 \end{bmatrix}$, cujo determinante é $det(A) = -1 \neq 0$.

(3) Falso. Se $Ax = b$ possui infinitas soluções, então A possui uma ou mais linhas linearmente dependentes e seu determinante é nulo. Equivalentemente, A não possui inversa A^{-1} que permitiria escrever $x = A^{-1}b$, solução única do sistema linear. Da mesma forma, não é possível escrever $x = A^{-1}c$, pois a matriz de coeficientes ainda é A, a qual não possui inversa. Em conclusão, se $Ax = c$ admite solução, ela não pode ser única.

(4) Falso. Um contraexemplo simples é $n = 3$, em que

$$\begin{bmatrix} 0 & 1 & 0 \\ 1 & 0 & 1 \\ 0 & 1 & 0 \end{bmatrix}$$

Note que os elementos de A satisfazem as condições do item, mas $det(A) = 0$. Logo, $posto\,(A) < 3$. Note que temos duas colunas LI (a 1ª e 2ª ou a 3ª e 2ª), logo o $posto\,(A) = 2$.

Observação: Uma resolução mais sofisticada seria mostrar que $det(A) = 0$ (e, portanto, $posto\,(A) < 3$) usando

$$det(A) = a_{i1}C_{i1} + a_{i2}C_{i2} + \ldots + a_{in}C_{in} = \sum_{j=1}^{n} a_{ij}C_{ij}$$

em que $C_{ij} = (-1)^{i+j} det(M_{ij})$ é o cofator (i, j) e, portanto, M_{ij} é a matriz resultante ao se eliminar a linha i e a coluna j de A. Com efeito, sem perda de generalidade, pode-se tomar $i = 1$. Então, os termos da soma para j ímpar são nulos e os demais termos se igualam a $a_{1j}C_{1j} = -det(M_{1j})$. Resta mostrar que $det(M_{1j}) = 0$ para todo j par. Para isso observe que sua coluna $j - 1$ será sempre igual a sua coluna j. Com duas colunas idênticas, seu determinante necessariamente é nulo.

Questão 5

Seja $T: R^3 \to R^2$ a transformação linear dada por $T(x, y, z) = (x + y - z, x + y)$. Denote por A a matriz da transformação T relativa às bases canônicas de R^3 e R^2. Julgue as afirmativas:

◎ A matriz A tem três linhas e duas colunas.
① O posto da matriz A é igual a 2.
② O núcleo e a imagem de T são dois subespaços de R^3, cujas dimensões são 2 e 1, respectivamente.
③ O núcleo da transformação T é gerado pelo vetor (-1,1,0).
④ O sistema $Ax = b$ sempre tem solução para qualquer $b \in R^2$.

Resolução:

(0) Falso. A matriz de transformação é
$$A = \begin{bmatrix} 1 & 1 & -1 \\ 1 & 1 & 0 \end{bmatrix}$$
e possui duas linhas e três colunas.

(1) Verdadeiro. A matriz A tem duas linhas linearmente independentes.

(2) Falso. A imagem é representada pelo espaço coluna da matriz e tem a mesma dimensão do posto. Portanto, $dim(Im(A)) = 2$. Pelo Teorema do Núcleo e da Imagem temos que $dim(N(A)) = 1$.

(3) Verdadeiro. $\begin{bmatrix} 1 & 1 & -1 \\ 1 & 1 & 0 \end{bmatrix} \begin{bmatrix} -1 \\ 1 \\ 0 \end{bmatrix} = \begin{bmatrix} 0 \\ 0 \end{bmatrix}$. Como o vetor (−1,1,0) é levado na origem por meio da transformação T, segue-se que (−1,1,0) está no núcleo de T. Como a $dim(N(A)) = 1$ (pelo item anterior), qualquer elemento não nulo do núcleo gera tal espaço.

(4) Verdadeiro. Escalonando-se a matriz, obtém-se
$$\begin{bmatrix} 1 & 1 & -1 & b_1 \\ 1 & 1 & 0 & b_2 \end{bmatrix} \rightarrow \begin{bmatrix} 1 & 1 & -1 & b_1 \\ 0 & 0 & 1 & b_2 - b_1 \end{bmatrix}.$$

Logo, para cada b dado a solução para o sistema será
$(x, y, z) = (x, b_2 - x, b_2 - b_1)$.
e, portanto, o sistema sempre tem solução.

Questão 6

Considere a matriz $A = \begin{bmatrix} -1 & 0 & 1 \\ 3 & 0 & -3 \\ 1 & 0 & -1 \end{bmatrix}$. **Julgue as afirmativas:**

(0) A matriz A tem 3 autovalores distintos.
(1) A matriz A tem um autovalor de multiplicidade algébrica 2.
(2) A matriz A não é diagonalizável porque o número de autovalores é menor do que a sua ordem.
(3) A matriz A é diagonalizável.
(4) Os autovalores da matriz A produzem três autovetores linearmente independentes.

Resolução:

(0) Falso. Calculando os autovalores usando o polinômio característico,

$$\begin{vmatrix} (-1-\lambda) & 0 & 1 \\ 3 & -\lambda & -3 \\ 1 & 0 & (-1-\lambda) \end{vmatrix} = (-1-\lambda)^2(-\lambda) + \lambda = -\lambda^2(\lambda+2) = 0$$

tem-se $\lambda_1 = \lambda_2 = 0$ e $\lambda_3 = -2$.

(1) Verdadeiro. Pelo item (0) $\lambda_1 = \lambda_2 = 0$.

(2) Falso. Pelo item (3) a matriz é diagonalizável. Esta questão mostra que para ser diagonalizável não é necessário ter todos os autovalores distintos entre si.

(3) Verdadeiro. É possível encontrar três autovetores e, portanto, uma matriz de passagem da forma canônica de A para a forma diagonalizada.

Calculando os autovetores associados ao autovalor nulo,

$$\begin{bmatrix} -1 & 0 & 1 \\ 3 & 0 & -3 \\ 1 & 0 & -1 \end{bmatrix} \begin{bmatrix} x \\ y \\ z \end{bmatrix} = \begin{bmatrix} 0 \\ 0 \\ 0 \end{bmatrix} \Rightarrow x = z \Rightarrow v_1 = \begin{bmatrix} 1 \\ 1 \\ 1 \end{bmatrix} \; e \; v_2 = \begin{bmatrix} 1 \\ 0 \\ 1 \end{bmatrix}.$$

Agora os autovetores associados ao autovalor −2,

$$\begin{bmatrix} 1 & 0 & 1 \\ 3 & 2 & -3 \\ 1 & 0 & 1 \end{bmatrix} \begin{bmatrix} x \\ y \\ z \end{bmatrix} = \begin{bmatrix} 0 \\ 0 \\ 0 \end{bmatrix} \Rightarrow x = -z \quad e \quad y = -3x \Rightarrow v_3 = \begin{bmatrix} 1 \\ -3 \\ -1 \end{bmatrix}.$$

Uma possível matriz de passagem é $P = \begin{bmatrix} 1 & 1 & 1 \\ 1 & 0 & -3 \\ 1 & 1 & -1 \end{bmatrix}$, ou seja, vale que P $AP^{-1} = \Lambda$, em que Λ é a matriz diagonal de autovalores.

(4) Verdadeiro. Os autovalores foram calculados no item (3). Verificando independência linear por escalonamento,

$$\begin{bmatrix} 1 & 1 & 1 \\ 1 & 0 & -3 \\ 1 & 1 & -1 \end{bmatrix} \rightarrow \begin{bmatrix} 1 & 1 & 1 \\ 0 & -1 & -4 \\ 0 & 0 & -2 \end{bmatrix}$$

conclui-se que os autovetores são LI.

PROVA DE 2013

Questão 4

Considere $\beta = \{v_1, ..., v_m\}$ um conjunto de vetores de $\Re^n$. Julgue as seguintes afirmativas:
- ⓪ Se $m > n$, então os vetores do conjunto β são linearmente dependentes.
- ① Se $m < n$, então os vetores do conjunto β são linearmente independentes.
- ② Se $m = n$, então a matriz, cujas colunas são os elementos de β, é não singular.
- ③ Se todos os vetores do conjunto β forem linearmente independentes, então o núcleo da matriz, cujas colunas são os elementos de β, é o subespaço nulo.
- ④ Se todos os vetores do conjunto β forem linearmente independentes, então o posto da matriz, cujas colunas são os elementos de β, é m.

Resolução:

(0) Verdadeiro. Os vetores do conjunto β serão linearmente independentes (LI) se, e somente se, não existir $\alpha = (\alpha_1, ..., \alpha_m)^t$ com pelo menos uma coordenada não nula tal que

$$\sum \alpha_i v_i = V\alpha = 0.$$
em que $V = [v_1, ..., v_m]$ é a matriz cujas colunas são dadas pelos vetores de β. Observe, no entanto, que o sistema linear acima possui menos equações do que incógnitas. Portanto, é um sistema com infinitas soluções, não só a solução trivial (nula).

(1) Falso. Como contraexemplo simples considere $\beta = \{v_1, v_2\} = \{(1,1,1), (2,2,2)\}$. Neste caso $m = 2 < 3 = n$ e v_2 pode ser escrito como uma combinação linear de v_1, $v_2 = 2v_1$.

(2) Falso. Este item se refere à matriz V definida no item (0), para o caso $m = n$. Da definição de independência linear enunciada no item (0), o sistema $V\alpha = 0$ possui solução única se, e somente se, as colunas de V são linearmente independentes. Equivalentemente, existe inversa de V (V é não singular) se, e somente se, as colunas de V são linearmente independentes. Condição $m = n$ não garante que V possui inversa.

(3) Verdadeiro. Seja V a matriz definida no item (0). Por definição, o núcleo de V é dado por
$$N(V) = \{\alpha \in \Re^n : V\alpha = 0\}.$$
Como o subespaço nulo é dado por $\{0\}$, então $N(V) = \{0\}$ se, e somente se, V possui inversa (não singular). Dessa forma, usando o resultado do item anterior, $N(V) = \{0\}$ se, e somente se, os vetores do conjunto β forem linearmente independentes.

(4) Verdadeiro. Por definição, o posto (*rank*) da matriz V é dado pelo número máximo de colunas linearmente independentes. Como, por hipótese, os vetores de β são LI, então $posto(V) = m$.

Questão 7

Considere a transformação linear $T: \Re^2 \to \Re^2$ definida por $T(x, y) = (x + y, x - ay)$, $a \in \Re$. Denote por A a matriz que representa T na base canônica de $\Re^2$. Julgue as seguintes afirmativas:

◎ A matriz associada à transformação T é não singular para a = –1.
① Se a = –1, o núcleo de T é um subespaço de dimensão 1.
② O sistema Ax = c sempre tem solução para a = 1 e c qualquer vetor de $\Re^2$.
③ O núcleo e a imagem de T são subespaços cujas dimensões são maiores do que 2.
④ Para qualquer valor de a o sistema homogêneo Ax = 0 tem solução nula.

Resolução:

(0) Falso. Observe inicialmente que a matriz A é dada por

$$A = \begin{bmatrix} 1 & 1 \\ 1 & -a \end{bmatrix}$$

visto que ela mapeia vetores $(x, y) \in \Re^2$ em vetores $(x + y, x - ay)$ por meio de multiplicação matricial. Portanto, o determinante de A é $det(A) = -(1 + a)$. Dessa forma, A é não singular (determinante não nulo) se, e somente se, $a \neq -1$.

(1) Verdadeiro. Lembre-se de que o núcleo da matriz é o conjunto de vetores que, quando multiplicados por esta, resulta no vetor nulo:
$N(A) = \{v \in \Re^2 : Av = 0\}$.

Do item (0), tem-se $det(A) = 0$ se, e somente se, $a = -1$. Portanto, sabe-se que $dim(N(A)) > 0$ quando $a = -1$, já que neste caso A não possui inversa e, portanto, o sistema $Av = 0$ tem infinitas soluções além da trivial (vetor nulo). Substituindo a em A,

$$Av = \begin{bmatrix} 1 & 1 \\ 1 & 1 \end{bmatrix} \begin{bmatrix} v_1 \\ v_2 \end{bmatrix} = \begin{bmatrix} 0 \\ 0 \end{bmatrix} = \begin{bmatrix} v_1 + v_2 \\ v_1 + v_2 \end{bmatrix}.$$

Portanto, o núcleo de A é composto por todos os vetores v tais que $v_2 = -v_1$:
$N(A) = \{t(1, -1) \in \Re^2 : t \in \Re\}$.

e, com isso, possui dimensão 1.

(2) Verdadeiro. Do item (0), sabe-se que $det(A) = -(1 + a)$. Se $a = 1$, então A possui inversa, já que $det(A) = -2 \neq 0$. Portanto, o sistema $Ax = c$ possui solução única dada por $x = A^{-1}c$ para qualquer $c \in \Re^2$.

(3) Falso. Do item (1), sabe-se que a dimensão de $N(A)$ é 1 e, portanto, menor do que 2. Isso já contradiz o item, mas uma observação mais geral seria suficiente para estabelecer a falsidade do item. Pelo Teorema do Núcleo e da Imagem,
$$dim[N(A)] + dim[\text{Im}(A)] = dim[\Re^2] = 2$$

Como o Núcleo e a Imagem de A possuem dimensão não negativa, então $dim[N(A)] \leq 2$ e $dim[\text{Im}(A)] \leq 2$.

(4) Verdadeiro. O sistema homogêneo $Ax = 0$ sempre possui pelo menos uma solução, independentemente da matriz A. Esta solução é dada pelo vetor nulo, $x = 0$.

Questão 10

Considere a matriz $A = \begin{bmatrix} -1 & 0 & 1 \\ 3 & 0 & -3 \\ 1 & 0 & -1 \end{bmatrix}$. **Julgue as afirmativas:**

⓪ O número de autovalores distintos da matriz A é igual à ordem da matriz A.
① A dimensão do subespaço associado ao maior autovalor é 1.
② A dimensão do subespaço associado ao menor autovalor é 1.
③ Os autovetores de A, $v_1 = (0, 1, 0)$, $v_2 = (1, 0, 1)$, e $v_3 = (-1, 3, 1)$, formam uma base de $\Re^3$.
④ A matriz A é diagonalizável.

Resolução:
(0) Falso. Os autovalores de A são os escalares $\lambda \in \Re$ tais que $Av = \lambda v$. Equivalentemente, os autovalores são as soluções do sistema homogêneo $(A - \lambda I)v = 0$ e, portanto, satisfazem o polinômio característico $det(A - \lambda I) = 0$. O determinante precisa ser nulo para que o sistema acima tenha como solução não somente o vetor nulo (solução trivial).

O presente item é falso, pois a ordem da matriz é 3 e há dois autovalores distintos, já que os autovalores são $\lambda_1 = \lambda_2 = 0$ e $\lambda_3 = -2$. De fato,

$$0 = det(A - \lambda I) = det\begin{pmatrix} -(1+\lambda) & 0 & 1 \\ 3 & -\lambda & -3 \\ 1 & 0 & -(1+\lambda) \end{pmatrix} = -\lambda^2(2+\lambda)$$

tem como soluções λ_1, λ_2 e λ_3.

(1) Falso. O autoespaço associado a um autovalor é o conjunto de autovetores associados a este autovalor. Ou seja, o autoespaço associado ao autovalor λ é $\{v\colon Av = \lambda v\}$. Do item anterior, o maior autovalor é $\lambda_1 = 0$. Os elementos do seu autoespaço resolvem

$$0 = (A - \lambda_1 I)v = \begin{pmatrix} -1 & 0 & 1 \\ 3 & 0 & -3 \\ 1 & 0 & -1 \end{pmatrix} \begin{pmatrix} v_1 \\ v_2 \\ v_3 \end{pmatrix}$$

e, portanto, são definidos por $v_3 = v_1$. Precisamente, o autoespaço é $\{t.(1, s, 1)\colon (s, t) \in \Re^2\}$ e, com isso, possui dimensão 2.

(2) Verdadeiro. Da definição de autoespaço enunciada no item anterior, os elementos do autoespaço do menor autovalor, $\lambda_3 = -2$, resolve

$$0 = (A - \lambda_1 I)v = \begin{pmatrix} 1 & 0 & 1 \\ 3 & 2 & -3 \\ 1 & 0 & 1 \end{pmatrix} \begin{pmatrix} v_1 \\ v_2 \\ v_3 \end{pmatrix}$$

e, portanto, $v_3 = -v_1$ e $v_2 = 3v_1$. Precisamente, o autoespaço é $\{t.(1, -3, -1)\colon t \in \Re\}$ e, com isso, possui dimensão 1.

(3) Verdadeiro. Dos itens (1) e (2), é possível concluir que $\{v_1, v_2, v_3\}$ são de fato autovetores, já que v_1 e v_2 são elementos do autoespaço de λ_1 e v_3 é elemento do autoespaço de λ_3. Como v_1 e v_2 são ortogonais, então eles são linearmente independentes. Como consequência, $\{v_1, v_2, v_3\}$ são linearmente independentes.

Por se constituir de três vetores linearmente independentes, o conjunto $\{v_1, v_2, v_3\}$ forma uma base para o $\Re^3$.

(4) Verdadeiro. Apesar de não ser simétrica, a matriz A possui três autovetores linearmente independentes. Portanto, A é diagonalizável. Tal resultado é demonstrado no Resumo Teórico.

PROVA DE 2014

Questão 2

Considere a transformação linear $T: R^2 \to R^3$, definida por $T(x,y) = (2x+2y, x, y-x)$.
Julgue as seguintes afirmativas:

- (0) A matriz que representa T em quaisquer bases tem 3 colunas.
- (1) A transformação linear não é sobrejetora.
- (2) Existe um vetor não nulo que é levado ao vetor zero.
- (3) O sistema $Tx = v$ sempre tem solução para v na imagem da T.
- (4) A imagem de T é um plano que passa pela origem e tem vetor normal $(0,4,2)$.

Resolução:

(0) Falso. A transformação linear T pode ser escrita matricialmente como

$$T(x,y) = (2x+2y, x, y-x) = \begin{pmatrix} 2 & 2 \\ 1 & 0 \\ -1 & 1 \end{pmatrix} \begin{pmatrix} x \\ y \end{pmatrix}.$$

Ou seja, a matriz $A = \begin{pmatrix} 2 & 2 \\ 1 & 0 \\ -1 & 1 \end{pmatrix}$ representa T na base canônica e não possui três colunas. De forma geral, uma transformação linear $T: \mathbb{R}^m \to \mathbb{R}^n$ é representada por uma matriz de dimensão $m \times n$.

(1) Verdadeiro. Basta notar que não existe $(x,y) \in \mathbb{R}^2$ tal que $T(x,y) = (a,0,0)$ para $a \neq 0$. (Teremos $(x, y-x) = (0,0) \Rightarrow x = y = 0 \Rightarrow 2x+2y = 0$)

Mais formalmente, ela será sobrejetora se a Imagem de T for igual ao seu contradomínio, $\mathbb{R}^3$. Considere o vetor de constantes $d' = (d_1, d_2, d_3) \in \text{Im}(T)$. Então existe $(x,y)' \in \mathbb{R}^2$ tal que

$$A\begin{bmatrix} x \\ y \end{bmatrix} = d \quad \Rightarrow \quad \begin{cases} d_1 = 2(x+y) \\ d_2 = x \\ d_3 = y-x \end{cases} \quad \Rightarrow \quad \begin{cases} d_1 = 2(d_2+y) \\ d_3 = y-d_2 \end{cases}$$

e, portanto, $d_1 = 4d_2 + 2d_3$. Ou seja, o conjunto Imagem de T é
$$\text{Im}(T) = \left\{ z \in \mathbb{R}^3 : z_1 = 4z_2 + 2z_3 \right\}.$$

Como $\text{Im}(T) \neq \mathbb{R}^3$, então a transformação linear T não é sobrejetora.

(2) Falso. O enunciado diz que existe $v \in \mathbb{R}^2$ tal que $v \neq (0,0)'$ e
$$T(v) = Av = \begin{pmatrix} 0 \\ 0 \\ 0 \end{pmatrix}. \tag{1.1}$$

Se isso for verdade, então
$$\begin{cases} 2(v_1 + v_2) = 0 \\ v_1 = 0 \\ v_2 - v_1 = 0 \end{cases}$$

ou seja, $v_1 = v_2 = 0$. Uma contradição com o enunciado. Somente o vetor nulo $(0,0)'$ é levado no vetor nulo $(0,0,0)'$ via a transformação T.

(3) Verdadeiro. Esta é a própria definição de Imagem de T:
$$\text{Im}(T) = \left\{ v \in \mathbb{R}^3 : \exists x \in \mathbb{R}^2 \, tal \, que \, Tx = v \right\}.$$

(4) Falso. Conforme calculado no item (1), a imagem de T é
$$\text{Im}(T) = \left\{ z \in \mathbb{R}^3 : z_1 = 4z_2 + 2z_3 \right\},$$

ou seja, um conjunto de elementos em $\mathbb{R}^3$ sujeito a uma restrição linear, um plano. Adicionalmente, o plano passa pela origem, pois $(0,0,0)' \in \text{Im}(T)$.

No entanto, o vetor $(0,4,2)'$ não é normal (perpendicular) ao plano. De fato, ele seria normal ao plano se fosse ortogonal a todos os vetores do plano, ou, ainda, se seu produto interno com os vetores do plano fosse sempre nulo. Para verificar que este não é o caso, note que os vetores no plano têm a forma $(4z_2 + 2z_3, z_2, z_3)'$, o que implica o produto interno
$$\langle (4z_2 + 2z_3, z_2, z_3), (0,4,2) \rangle = 0(4z_2 + 2z_3) + 4z_2 + 2z_3 = 4z_2 + 2z_3.$$

Este produto será não nulo para qualquer vetor no plano diferente de $(0,0,0)'$. Observe que o item seria verdadeiro se afirmasse que o vetor normal é $(-1,4,2)'$, pois

$$\langle (4z_2+2z_3, z_2, z_3), (-1,4,2) \rangle = -(4z_2+2z_3) + 4z_2 + 2z_3 = 0.$$

Questão 6

Considere a matriz cujas colunas são: (0,5,1,0); (5,0,5,0); (1,5,0,5); (0,0,5,0).
Julgue as seguintes afirmativas:

- ⓪ A matriz tem pelo menos um autovalor que não é real.
- ① A soma dos autovalores é zero.
- ② A matriz tem inversa.
- ③ A matriz tem 4 autovalores positivos.
- ④ A matriz tem um autovalor zero.

Resolução:

(0) Falso. Seja A a matriz considerada na questão, ou seja,

$$A = \begin{bmatrix} 0 & 5 & 1 & 0 \\ 5 & 0 & 5 & 0 \\ 1 & 5 & 0 & 5 \\ 0 & 0 & 5 & 0 \end{bmatrix}.$$

Note que A é uma matriz simétrica de números Reais e, portanto, todos os seus autovalores são Reais (ver página 621 de Simon & Blume (1994)).

(1) Verdadeiro. Lembrando que a soma dos autovalores de A é igual ao Traço de A, tem-se

$$\sum_{i=1}^{4} \lambda_i = Tr(A) = 0.$$

Para tal propriedade, ver página 599 de Simon & Blume (1994).

(2) Verdadeiro. Pela expansão de Laplace na última coluna,

$$\begin{vmatrix} 0 & 5 & 1 & 0 \\ 5 & 0 & 5 & 0 \\ 1 & 5 & 0 & 5 \\ 0 & 0 & 5 & 0 \end{vmatrix} = 5 \cdot (-1)^{3+4} \cdot \begin{vmatrix} 0 & 5 & 1 \\ 5 & 0 & 5 \\ 0 & 0 & 5 \end{vmatrix} = -5 \cdot (-125) = 625,$$

logo a matriz tem inversa.

(3) Falso. Do item (0), sabe-se que os autovalores de A são Reais. Do item (1), sabe-se que eles somam zero. Portanto, há dois casos possíveis: (i) todos os autovalores são nulos; ou (ii) há autovalores positivos e autovalores negativos. Como no item (4), conclui-se que $\lambda_i \neq 0$ para todo $i = 1, 2, 3, 4$, então somente o caso (ii) se verifica.

(4) Falso. O produto dos autovalores de uma matriz é igual ao seu determinante. Sabe-se do item (2) que $\det(A)$ 625, de onde decorre que
$$\det(A) = 625 = \lambda_1 \lambda_2 \lambda_3 \lambda_4 > 0 \quad \Rightarrow \quad \lambda_i \neq 0, \ \forall i.$$

Tal propriedade pode ser encontrada na página 599 de Simon & Blume (1994).

PROVA DE 2015

Questão 04

Uma matriz de Markov é uma matriz quadrada, que em cada entrada tem um número não negativo e a soma das entradas de qualquer coluna é igual a 1. A ordem de uma matriz de Markov é o número de linhas (ou colunas) dela. Afirmamos:

⓪ A soma de duas matrizes de Markov da mesma ordem é uma matriz de Markov.
① O produto de duas matrizes de Markov da mesma ordem é uma matriz de Markov.
② A inversa de uma matriz de Markov (quando ela exista) é também uma matriz de Markov.
③ Se $M \in R^{n \times n}$ é uma matriz de Markov e $v \in R^{n \times 1}$ é um vetor de componentes não negativos que somam 1, então $Mv \in R^{n \times 1}$ também é um vetor de componentes não negativos que somam 1.
④ Se $\alpha \in [0,1]$ e $M, N \in R^{n \times n}$ são matrizes de Markov, então $\alpha M + (1 - \alpha)N$ também é uma matriz de Markov.

Resolução:

(0) Falso. Essa afirmativa pode ser refutada com um contraexemplo. Mais geralmente, seja $A = \begin{pmatrix} a_{11} & \cdots & a_{1n} \\ \vdots & \ddots & \vdots \\ a_{n1} & \cdots & a_{nn} \end{pmatrix}$ e $B = \begin{pmatrix} b_{11} & \cdots & b_{1n} \\ \vdots & \ddots & \vdots \\ b_{n1} & \cdots & b_{nn} \end{pmatrix}$ duas matrizes de Markov.

A soma dos elementos de cada coluna j da matriz A será dada por $\sum_{i} a_{ij} = 1$. A soma de cada coluna j da matriz B será dada por $\sum_{i} b_{ij} = 1$. Portanto, podemos usar o mesmo raciocínio para notar que a soma dos elementos de cada coluna j da matriz $A + B = \begin{pmatrix} a_{11} & \cdots & a_{1n} \\ \vdots & \ddots & \vdots \\ a_{n1} & \cdots & a_{nn} \end{pmatrix} + \begin{pmatrix} b_{11} & \cdots & b_{1n} \\ \vdots & \ddots & \vdots \\ b_{n1} & \cdots & b_{nn} \end{pmatrix} = \begin{pmatrix} a_{11}+b_{11} & \cdots & a_{1n}+b_{1n} \\ \vdots & \ddots & \vdots \\ a_{n1}+b_{n1} & \cdots & a_{nn}+b_{nn} \end{pmatrix}$

é $\sum_{i}(a_{ij} + b_{ij}) = \sum_{i} a_{ij} + \sum_{i} b_{ij} = 1+1 = 2$, o que faz com que a soma de A e B não seja uma matriz de Markov.

(1) Verdadeiro.

Sejam $A = \begin{pmatrix} a_{11} & \cdots & a_{1n} \\ \vdots & \ddots & \vdots \\ a_{n1} & \cdots & a_{nn} \end{pmatrix}$ e $B = \begin{pmatrix} b_{11} & \cdots & b_{1n} \\ \vdots & \ddots & \vdots \\ b_{n1} & \cdots & b_{nn} \end{pmatrix}$ duas matrizes de Markov de ordem n quaisquer. Se efetuarmos a multiplicação, veremos que a matriz resultante será:

$$M = \begin{pmatrix} a_{11} & \cdots & a_{1n} \\ \vdots & \ddots & \vdots \\ a_{n1} & \cdots & a_{nn} \end{pmatrix} \begin{pmatrix} b_{11} & \cdots & b_{1n} \\ \vdots & \ddots & \vdots \\ b_{n1} & \cdots & b_{nn} \end{pmatrix} = \begin{pmatrix} a_{11}b_{11}+\ldots+a_{1n}b_{n1} & \cdots & a_{11}b_{1n}+a_{1n}b_{nn} \\ \vdots & \ddots & \vdots \\ a_{n1}b_{11}+\ldots+a_{nn}b_{n1} & \cdots & a_{n1}b_{1n}+a_{nn}b_{nn} \end{pmatrix}$$

Ou seja, a soma dos elementos da primeira coluna é a soma dos produtos escalares da primeira coluna da matriz B com cada uma das linhas da matriz A, podendo ser escrito como:

$(a_{11}b_{11}+\ldots+a_{1n}b_{n1}) + (a_{21}b_{11}+\ldots+a_{2n}b_{n1}) + (a_{31}b_{11}+\ldots+a_{3n}b_{n1}) + \ldots + (a_{n1}b_{11}+\ldots+a_{nn}b_{n1}) =$

$\sum_{i=1}^{n}(a_{11}+a_{21}+\ldots+a_{n1})b_{i1}$

Como A e B são matrizes de Markov, temos que $a_{11}+a_{21}+...+a_{n1}=1$ e $b_{11}+b_{21}+...+b_{n1}=1$. Por isso $\sum_{i=1}^{n}(a_{11}+a_{21}+...+a_{n1})b_{i1} = \sum_{i=1}^{n}b_{i1}=1$. Esse resultado pode ser provado de forma totalmente análoga para as demais colunas, mostrando assim que a matriz M é uma matriz de Markov.

(2) Falso.

Um contraexemplo é suficiente para mostrar que o item é falso. Considere a seguinte matriz de Markov:

$$A = \begin{pmatrix} 2/3 & 1/3 \\ 1/3 & 2/3 \end{pmatrix},$$

cujo determinante, $|A|=1/3$. Como seu determinante é não nulo, a matriz A possui inversa. Ela é dada por $A^{-1} = \dfrac{1}{1/3}\begin{pmatrix} 2/3 & -1/3 \\ -1/3 & 2/3 \end{pmatrix} = \begin{pmatrix} 2 & -1 \\ -1 & 2 \end{pmatrix}$, a qual não é uma matriz de Markov, já que possui entradas negativas.

(3) Verdadeiro.

Como M é uma matriz $n \times n$ e v é um vetor $n \times 1$, então $Mv \in R^{n \times 1}$ é um vetor $n \times 1$. Seja u_i a i-ésima entrada do vetor Mv. Então, $u_i = \sum_{k=1}^{n} m_{ik}v_k \geq 0$, pois u_i é uma soma de produtos cujos termos são positivos. Adicionalmente, a soma das entradas do vetor Mv é dada por,

$$\sum_{i=1}^{n}u_i = \sum_{i=1}^{n}\left(\sum_{k=1}^{n}m_{ik}v_k\right) = \sum_{k=1}^{n}\left(\sum_{i=1}^{n}m_{ik}v_k\right) = \sum_{k=1}^{n}v_k\left(\sum_{i=1}^{n}m_{ik}\right) = \sum_{k=1}^{n}v_k \cdot 1 = 1.$$

(4) Verdadeiro.

Se efetuarmos a conta, veremos que, para $M = \begin{pmatrix} a_{11} & \cdots & a_{1n} \\ \vdots & \ddots & \vdots \\ a_{n1} & \cdots & a_{nn} \end{pmatrix}$ e

$N = \begin{pmatrix} b_{11} & \cdots & b_{1n} \\ \vdots & \ddots & \vdots \\ b_{n1} & \cdots & b_{nn} \end{pmatrix}$ matrizes de Markov, tem-se

$$\alpha \begin{pmatrix} a_{11} & \cdots & a_{1n} \\ \vdots & \ddots & \vdots \\ a_{n1} & \cdots & a_{nn} \end{pmatrix} + (1-\alpha) \begin{pmatrix} b_{11} & \cdots & b_{1n} \\ \vdots & \ddots & \vdots \\ b_{n1} & \cdots & b_{nn} \end{pmatrix} = \begin{pmatrix} \alpha a_{11} + (1-\alpha)b_{11} & \cdots & \alpha a_{1n} + (1-\alpha)b_{1n} \\ \vdots & \ddots & \vdots \\ \alpha a_{n1} + (1-\alpha)b_{n1} & \cdots & \alpha a_{nn} + (1-\alpha)b_{nn} \end{pmatrix}.$$

Logo, a soma dos elementos de cada coluna i da nova matriz será uma combinação convexa das somas das colunas de M e N:

$$\alpha(a_{1i} + a_{2i} + \ldots + a_{ni}) + (1-\alpha)(a_{1i} + a_{2i} + \ldots + a_{ni}) = \alpha.1 + (1-\alpha).1 = 1.$$

Questão 15

Analise a veracidade das seguintes afirmações:

⓪ Se $\lambda_1 \neq 0$ é autovalor de $A \in R^{n \times n}$, então A é invertível (possui inversa) e um autovalor da inversa é λ_1^{-1}.

① Os autovetores da matriz $\begin{pmatrix} 5 & 2 \\ -2 & 10 \end{pmatrix}$ não são ortogonais.

② Uma matriz positiva é aquela cujas entradas são todas positivas. Portanto toda matriz positiva tem determinante não nulo.

③ Seja V um espaço vetorial de dimensão n, com n inteiro positivo. Então, um conjunto de $n + 1$ vetores é mais do que suficiente para gerar todo o subespaço V.

④ O núcleo da transformação definida por uma matriz $A \in R^{3 \times 3}$ é $2x_1 + x_2 - 3x_3 = 0$, então essa matriz tem somente um autovalor não nulo.

Resolução:

(0) Falso.

Para que a matriz A seja invertível é preciso que todos os seus autovalores sejam diferentes de zero, não apenas um. Com efeito, a matriz A possui inversa se, e somente se, $|A| \neq 0$. Sabe-se que $|A| = \prod_{i=1}^{n} \lambda_i$, em que para todo i, λ_i é autovalor de A. Logo, se há pelo menos um autovalor nulo, A não possui inversa.

(1) Verdadeiro.

Para resolver o item basta notar que somente uma matriz simétrica pode ser diagonalizada em uma base de autovetores ortogonal[1]. Afinal,

---

[1] Ou ortonormal, se escolhermos os autovetores de forma que sua norma seja 1 para que a matriz diagonal seja composta por seus autovalores.

se uma matriz M puder ser diagonalizada por autovetores ortonormais $V = \{v_1, v_2, v_3, \ldots, v_n\}$, sua matriz de passagem P é tal que $P^T = P^{-1}$, pois

$$P^T P = \begin{pmatrix} \langle v_1, v_1 \rangle & \cdots & \langle v_1, v_n \rangle \\ \vdots & \ddots & \vdots \\ \langle v_n, v_1 \rangle & \cdots & \langle v_n, v_n \rangle \end{pmatrix} = I_n.$$ Então, se $M = P^T D P$, $M^T = M$. Dessa forma, ao se verificar que a matriz não é simétrica, percebe-se imediatamente que seus autovetores não são ortogonais[2].

Neste caso, porém, é bem simples verificar que os autovetores não são ortogonais:

Primeiro calculam-se os autovalores a partir da equação característica:

$$\left| \begin{pmatrix} 5 & 2 \\ -2 & 10 \end{pmatrix} - \lambda I_2 \right| = 0$$

$(5-\lambda)(10-\lambda) + 4 = 0 \quad \Rightarrow \quad \lambda^2 - 15\lambda + 54 = 0 \quad \Rightarrow \quad \lambda_1 = 6 \text{ e } \lambda_2 = 9$

Em seguida usamos os autovalores para encontrar os autovetores

- Autovalor 6:

$$\left[\begin{pmatrix} 5 & 2 \\ -2 & 10 \end{pmatrix} - 6 \begin{pmatrix} 1 & 0 \\ 0 & 1 \end{pmatrix} \right] \begin{bmatrix} x \\ y \end{bmatrix} = \begin{bmatrix} 0 \\ 0 \end{bmatrix} \Rightarrow \begin{pmatrix} -1 & 2 \\ -2 & 4 \end{pmatrix} \begin{bmatrix} x \\ y \end{bmatrix} = \begin{bmatrix} 0 \\ 0 \end{bmatrix}$$

$-x + 2y = 0 \Rightarrow x = 2y$.

Portanto, qualquer vetor $(t, 2t)$, $t > 0$, é autovetor associado ao autovalor 6. Em particular, $v_1 = (1,2)$ é um autovetor associado ao autovalor 6.

- Autovalor 9:

$$\left[\begin{pmatrix} 5 & 2 \\ -2 & 10 \end{pmatrix} - 9 \begin{pmatrix} 1 & 0 \\ 0 & 1 \end{pmatrix} \right] \begin{bmatrix} x \\ y \end{bmatrix} = \begin{bmatrix} 0 \\ 0 \end{bmatrix} \Rightarrow \begin{pmatrix} -4 & 2 \\ -2 & 1 \end{pmatrix} \begin{bmatrix} x \\ y \end{bmatrix} = \begin{bmatrix} 0 \\ 0 \end{bmatrix}$$

$-4x + 2y = 0 \Rightarrow x = \dfrac{1}{2} y$.

---

[2] Isso pode ser útil caso a matriz seja muito grande e a conta, muito trabalhosa.

Portanto, qualquer vetor $(s, s/2)$, $s > 0$, é autovetor associado ao autovalor 9. Em particular, $v_2 = \left(1, \dfrac{1}{2}\right)$ é um autovetor associado ao autovalor 9.

Ao se fazer o produto escalar entre qualquer par de autovetores, obtém-se
$\langle v_1, v_2 \rangle = (t, 2t) \cdot \left(s, \dfrac{s}{2}\right) = ts + ts = 2ts > 0$. Logo, os autovetores não são ortogonais.

(2) Falso.

Nem toda matriz positiva, aquela que possui todas as entradas positivas[3], possui determinante não nulo. Considere a matriz positiva a seguir

$$B = \begin{pmatrix} 1 & 1 \\ 1 & 1 \end{pmatrix}.$$

Seu determinante é nulo, $|B| = 1 - 1 = 0$.

(3) Falso. É preciso que haja n vetores linearmente independentes para gerar um subespaço de dimensão n. O fato de ter $n + 1$ vetores não garante isso. Pode-se ter, por exemplo, um conjunto de $n + 1$ vetores do tipo $\underbrace{\left\{ \begin{pmatrix} 1 \\ 1 \\ \vdots \\ 1 \end{pmatrix}, \begin{pmatrix} 1 \\ 1 \\ \vdots \\ 1 \end{pmatrix}, \begin{pmatrix} 1 \\ 1 \\ \vdots \\ 1 \end{pmatrix}, \ldots, \begin{pmatrix} 1 \\ 1 \\ \vdots \\ 1 \end{pmatrix} \right\}}_{n+1 \text{ vetores com } n \text{ coordenadas}}$, que não descreve nem sequer o R^2, pois todos são iguais, ou seja, múltiplos um do outro e, portanto, são linearmente dependentes, para qualquer par de vetores.

(4) Falso.

Uma matriz A pode definir uma transformação linear com núcleo $N(A) = \{x \in R^3 : Ax = 0\} = \{x \in R^3 : 2x_1 + x_2 - 3x_3 = 0\}$ e possuir todos os autovalores nulos. Com efeito, considere a matriz A a seguir:

---

[3] Ver a definição de matriz positiva em Simon e Blume (1994), associada ao Teorema 23.15.

$$A = \begin{pmatrix} 0 & 0 & 0 \\ 2 & 1 & -3 \\ 2/3 & 1/3 & -1 \end{pmatrix}.$$

O núcleo de A é definido pelas soluções de $Ax = 0$. Ou seja,

$$\begin{pmatrix} 0 \\ 2x_1 + x_2 - 3x_3 \\ \frac{2}{3}x_1 + \frac{1}{3}x_2 - x_3 \end{pmatrix} = \begin{pmatrix} 0 \\ 0 \\ 0 \end{pmatrix} \quad \Rightarrow \quad 2x_1 + x_2 - 3x_3 = 0.$$

Os autovalores de A são os valores de λ que resolvem o polinômio característico $|A - \lambda I| = 0$, ou seja,

$$0 = \begin{vmatrix} -\lambda & 0 & 0 \\ 2 & 1-\lambda & -3 \\ 2/3 & 1/3 & -1-\lambda \end{vmatrix} = -\lambda(1-\lambda)(-1-\lambda) - (-\lambda)(-3)(1/3) = \lambda\left[(1-\lambda)(1+\lambda) - 1\right]$$

$$0 = \lambda\left[1 - \lambda^2 - 1\right] = \lambda^3.$$

Logo, todos os autovalores de A são nulos.

4 Funções, Funções de Uma ou Mais Variáveis

REVISÃO DE CONCEITOS

Apresentamos a seguir uma breve Revisão de Conceitos deste tópico. É importante ressaltar que o resumo aqui apresentado não é exaustivo, mas tem a função apenas de servir de suporte para a demonstração de algumas soluções. Por isso, recomendamos, antes da resolução, o estudo das referências citadas no fim do livro.

Funções

Definição. Uma função é injetiva se:
$$x_1 \neq x_2 \Rightarrow f(x_1) \neq f(x_2)$$
ou
$$f(x_1) = f(x_2) \Rightarrow x_1 = x_2$$

Definição. Uma função é sobrejetiva se:
Im = $\mathbb{R}$

Definição. Uma função é bijetiva se for injetiva e sobrejetiva.

Continuidade e Diferenciabilidade

Definição. Uma função é contínua em um ponto x_0 se:
$$f \text{ é contínua em } x_0 \Leftrightarrow \lim_{x \to x_0} f(x) = f(x_0)$$

Teorema: Se $f(x, y)$ for contínua em (x_0, y_0), então $f(x, y)$ será contínua em x e y separadamente, ou seja:

$$\lim_{x \to x_0} f(x, y_0) = \lim_{y \to y_0} f(x_0, y) = f(x_0, y_0)$$

Teorema (adaptado de Guidorizzi, 2001, v. 1, p. 77-78): Se f, g contínuas então: $f + g, kf, f \cdot g, \frac{f}{g}$ também são contínuas, para $k \in \mathbb{R}$, e $g(x) \neq 0$ para o último caso.

Definição de Função Diferenciável e Continuamente Diferenciável.

Uma função é continuamente diferenciável se ela for diferenciável e sua derivada contínua. Sabemos que uma função é sempre diferenciável se:

$$\lim_{x \to x_0^+} \frac{f(x) - f(x_0)}{x - x_0} = \lim_{x \to x_0^-} \frac{f(x) - f(x_0)}{x - x_0}$$

ou seja, a derivada à esquerda e à direita são iguais, para todo x_0 do domínio de $f(x)$.

Limites

Alguns limites importantes seguem abaixo:

$$= \lim_{t \to \infty} \left[\left(1 + \frac{1}{t}\right)^t \right] = e$$

$$\lim_{x \to 0} \frac{\operatorname{sen} x}{x} = 1$$

Teorema (Teorema do Confronto ou do Sanduíche, Guidorizzi, 2001, v. 1, p. 90): Sejam f, g, h funções e suponha que exista $r > 0$ tal que:

$$f(x) \leq g(x) \leq h(x)$$

para $0 < |x - p| < r$. Se:

$$\lim_{x \to p} f(x) = \lim_{x \to p} h(x) = L$$

Então:
$$\lim_{x \to p} g(x) = L.$$

Observação: O teorema vale tanto para uma vizinhança de p como para qualquer $x \in \mathbb{R}$, se a primeira desigualdade se mantiver.

Definição (adaptado de Guidorizzi, 2001, v. 1, p. 262-65): Uma assíntota oblíqua ou horizontal de uma função $f(x)$ é definida como:
$$\lim_{x \to \infty} f(x) - (mx + n) = 0,$$

onde $y = mx + n$ é a assíntota de $f(x)$. Além disso:

(i) Se $m \neq 0$, a assíntota é oblíquoa
(ii) Se $m = 0$, a assíntota é horizontal.

Observação: Para obtermos a assíntota, devemos proceder da seguinte forma:

(i) Calcule $\lim_{x \to \infty} \dfrac{f(x)}{x} = m$

(ii) Calcule $\lim_{x \to \infty} f(x) - mx = n$

Se $m, n < \infty$ então $y = mx + n$ é assíntota.
(iii) Refaça os itens tomando o limite de $x \to -\infty$.

Derivada

Definição.
Revisando expansão de Taylor de $f(x)$ em torno de x_0:
$$f(x) = f(x_0) + (x - x_0) f'(x_0) + \frac{(x - x_0)^2}{2!} f''(x_0) + \frac{(x - x_0)^3}{3!} f'''(x_0) + \ldots$$

Teorema (Teorema do Valor Médio – TVM – Guidorizzi, 2001, v. 1, p. 225): Se f for contínua em $[a, b]$ e derivável em (a, b), então existe $c \in (a, b)$ tal que:
$$f'(c) = \frac{f(b) - f(a)}{b - a}.$$

Função Inversa

Definição (Adaptado de Guidorizzi, 2001, v. 1, p. 215): Seja $f: A \to B$ uma função injetora. Então sua função inversa $g: B \to A$ é definida por:

$$g(y) = x \Leftrightarrow f(x) = y$$

Homogeneidade de Funções

Teorema. Seja uma função $f:R^n \to R$ homogênea de grau k:

$$f(\lambda x) = \lambda^k f(x), x = (x_1,..., x_i,..., x_n).$$

Então sua derivada será homogênea de grau k-1.

Prova: Derivando em relação a x_i, onde aplicamos a regra da cadeia do lado esquerdo:

$$\frac{\partial f(\lambda x)}{\partial x_i} \frac{\partial (\lambda x)}{\partial x_i} = \lambda^k \frac{\partial f(x)}{\partial x_i}$$

$$\frac{\partial f(\lambda x)}{\partial x_i} \lambda = \lambda^k \frac{\partial f(x)}{\partial x_i}$$

$$\frac{\partial f(\lambda x)}{\partial x_i} = \lambda^{k-1} \frac{\partial f(x)}{\partial x_i}, \forall i.$$

Logo, a função primeira derivada ($\frac{\partial f(x)}{\partial x} = \left(\frac{\partial f(x)}{\partial x_1},...,\frac{\partial f(x)}{\partial x_n}\right)$) tem grau $k-1$.

Teorema (Teorema de Euller): Seja $f: R_+^n \to R$, continuamente diferenciável (C^1), uma função homogênea de grau k, então:

$$\sum_{i=1}^{n} x_i \frac{\partial f(\mathbf{x})}{\partial x_i} = kf(\mathbf{x})$$

onde $x = (x_1,..., x_n)$. Além disso, vale também a volta do teorema, ou seja, se vale a expressão acima, então $f(x)$ é homogênea de grau k (veja Simon & Blume, 1994, Teoremas 20.4 e 20.5, p. 491-92).

Observação: Apesar de o enunciado no Simon & Blume restringir as funções no R_+^n, não é necessária tal restrição. Veja, por exemplo, a formulação desse teorema em Mas-Colell, Whinston e Green (1995, p. 929) e ainda em Simon & Blume (1994, p. 672, Teorema 24.7).

Funções Côncavas

Todas as definições a seguir são para funções (estritamente) côncavas. As mesmas definições se aplicam para funções (estritamente) convexas, bastando apenas inverter as desigualdades (estritas).

Definição (adaptado de Guidorizzi, 2001, v. 1, p. 239-40): Uma função f diferenciável é côncava quando:

$$f'(x) \geq \frac{f(y)-f(x)}{(y-x)}$$

para qualquer x, y, tal que $x \neq y$. Sendo estritamente côncava com desigualdade estrita.

Definição: Uma função f é dita estritamente quase côncava quando:
$f(tx + (1 - t)y) > \min\{f(x), f(y)\}, t \in [0, 1]$

Uma segunda forma de dizer que a função é côncava é:
$f''(x) \leq 0$,
sendo com desigualdade estrita para função estritamente côncava.

Uma terceira forma de definir função estritamente côncava é:
Definição: Uma função f é estritamente côncava quando:
$f(tx + (1 - t)y) > tf(x) + (1 - t)f(y)$
para $\forall t \in (0, 1)$. Para função côncava (mas não estrita) vale a expressão acima, mas com desigualdade fraca.

Outro teorema útil, relacionado à função côncava, é o que segue:
Proposição (Desigualdade de Jensen): Para qualquer variável aleatória X, se $f(x)$ é estritamente côncava, então:
$f(E[X]) > E[f(X)]$

Para função côncava (mas não estrita), vale a expressão acima, mas com desigualdade fraca.

Uma das definições de função côncava para funções de mais de uma variável é a que segue:

Definição: Uma função $F(x, y, z)$ diferenciável é estritamente côncava quando:

$$F(x,y,z) < F(x_0,y_0,z_0) + \nabla F(x_0,y_0,z_0) \cdot \left[(x,y,z) - (x_0,y_0,z_0)\right]$$

$$F(x,y,z) < F(x_0,y_0,z_0) + \left(F_x(x_0,y_0,z_0), F_y(x_0,y_0,z_0), F_z(x_0,y_0,z_0)\right)(x-x_0, y-y_0, z-z_0)$$

$$F(x,y,z) < F(x_0,y_0,z_0) + F_x(x_0,y_0,z_0)(x-x_0) + F_y(x_0,y_0,z_0)(y-y_0) + F_z(x_0,y_0,z_0)(z-z_0)$$

para todo (x_0, y_0, z_0). A expressão do lado direito é o plano tangente à $F(.)$ no ponto (x_0, y_0, z_0), que está sempre acima da função para qualquer outro ponto $(x, y, z) \neq (x_0, y_0, z_0)$.

Teorema do Envelope

Teorema (Teorema do Envelope, adaptado de Simon & Blume, 1994, p. 456): Sejam f, h_i, funções contínuas. Seja $x^*(a)$ o vetor de solução do problema de maximizar $f(\mathbf{x}; a)$, sujeito às restrições, $h_1(\mathbf{x}; a) = 0, ..., h_k(\mathbf{x}; a) = 0$. Além disso, suponha que $\mathbf{x}^*(a)$ e os multiplicadores de Lagrange $\mu_1(a), ..., \mu_k(a)$ são funções contínuas de a e as restrições sejam ativas.

Então:

$$\frac{df(x^*(a);a)}{da} = \frac{\partial L}{\partial a}(x^*(a), \mu(a); a)$$

onde $L(.)$ é o lagrangeano.

Teorema de Young

O Teorema de Young (teorema 14.5 de Simon & Blume, 1994, p. 330) mostra que as derivadas cruzadas devem ser iguais, ou seja:

$$f_{xy}(x,y) = f_{yx}(x,y)$$

mas supondo que $f(x,y)$ seja da classe C^2.

Derivada Direcional

Definição: A derivada direcional de f diferenciável e avaliada em (x_0, y_0) na direção do vetor $\vec{v}$ será:

$$\frac{\partial f}{\partial \vec{u}}(x_0, y_0) = \nabla f(x_0, y_0) \cdot \vec{u} = \langle \nabla f(x_0, y_0), \vec{u} \rangle$$

em que $\vec{u}$ é o versor (vetor normalizado para ter norma unitária) de $\vec{v}$.

Vale destacar neste item que a derivada direcional é interpretada também como a taxa de variação (crescimento ou decrescimento) de f no ponto (x_0, y_0) na direção do vetor $\vec{u}$.

Teorema: Seja $f : \mathbb{R}_+^2 \to \mathbb{R}$, diferenciável em (x_0, y_0) e tal que $\nabla f(x_0, y_0) \neq 0$. Então a derivada direcional $\frac{\partial f}{\partial \vec{u}}(x_0, y_0)$ atinge seu valor máximo quando $\vec{u}$ for o versor de $\nabla f(x_0, y_0)$, ou seja, quando estivermos calculando a derivada direcional de f na direção do vetor gradiente $\nabla f(x_0, y_0)$. E o valor máximo de $\frac{\partial f}{\partial \vec{u}}(x_0, y_0)$ será $\|\nabla f(x_0, y_0)\|$.

Prova: Pela definição de derivada direcional na direção do vetor $\vec{v}$:

$$\frac{\partial f}{\partial \vec{u}}(x_0, y_0) = \nabla f(x_0, y_0) \cdot \vec{u}$$

onde $\vec{u}$ é o versor de $\vec{v}$.

Além disso, se θ é o ângulo formado pelos vetores $\nabla f(x_0, y_0)$ e $\vec{u}$, então:

$$\cos \theta = \frac{\nabla f(x_0, y_0) \cdot \vec{u}}{\|\nabla f(x_0, y_0)\|\|\vec{u}\|}$$

Substituindo de volta na expressão anterior:

$$\frac{\partial f}{\partial \vec{u}}(x_0, y_0) = \nabla f(x_0, y_0) \cdot \vec{u} = \|\nabla f(x_0, y_0)\|\|\vec{u}\|\cos \theta$$

Como $\|\vec{u}\|$ tem norma unitária por ser um versor de $\vec{v}$, então:

$$\frac{\partial f}{\partial \vec{u}}(x_0, y_0) = \|\nabla f(x_0, y_0)\|\cos \theta$$

Como $-1 \leq \cos \theta \leq 1$, então $\frac{\partial f}{\partial \vec{u}}(x_0, y_0)$ terá valor máximo quando $\cos \theta = 1$, ou seja:

$$\frac{\partial f}{\partial \vec{u}}(x_0, y_0) = \|\nabla f(x_0, y_0)\|,$$

quando $\theta = 0$. Ou seja, $\nabla f(x_0, y_0)$ é múltiplo de $\vec{u}$. Mas podemos dizer que $\vec{u}$ é versor de $\nabla f(x_0, y_0)$? Ou seja, $v = \nabla f(x_0, y_0)$? Notemos que, se $\vec{u}$ é versor de $\nabla f(x_0, y_0)$, então:

$$\vec{u} = \frac{\nabla f(x_0, y_0)}{\|\nabla f(x_0, y_0)\|}$$

Substituindo na definição de derivada direcional:

$$\frac{\partial f}{\partial \vec{u}}(x_0, y_0) = \nabla f(x_0, y_0) \cdot \vec{u} = \left\langle \nabla f(x_0, y_0), \frac{\nabla f(x_0, y_0)}{\|\nabla f(x_0, y_0)\|} \right\rangle$$

$$\frac{\partial f}{\partial \vec{u}}(x_0, y_0) = \frac{1}{\|\nabla f(x_0, y_0)\|} \langle \nabla f(x_0, y_0), \nabla f(x_0, y_0) \rangle = \frac{1}{\|\nabla f(x_0, y_0)\|} \|\nabla f(x_0, y_0)\|^2$$

$$\frac{\partial f}{\partial \vec{u}}(x_0, y_0) = \|\nabla f(x_0, y_0)\|$$

que é justamente o valor máximo de $\frac{\partial f}{\partial \vec{u}}(x_0, y_0)$. Então, a derivada direcional $\frac{\partial f}{\partial \vec{u}}(x_0, y_0)$ atinge seu valor máximo quando $\vec{u}$ for o versor de $\nabla f(x_0, y_0)$, ou seja, quando estivermos calculando a derivada direcional de f na direção do vetor gradiente $\vec{v} = \nabla f(x_0, y_0)$.

PROVA DE 2006

Questão 4

Considere a função $f(x) = x^3 - 2x^2 + x - 1$. Julgue as afirmativas abaixo:

- (0) O ponto $x = 1$ é ponto de máximo local.
- (1) Existe uma vizinhança do ponto $x = 1$ dentro da qual o menor valor que a função $g(x) = f(x) + 1$ assume é 0.
- (2) $f(x)$ possui uma inflexão em $x = 2/3$.
- (3) $f(x)$ é convexa apenas na região $(-\infty, 1/3)$ e côncava apenas na região $(1, \infty)$.
- (4) A expansão de Taylor de ordem 3 de $f(x)$ em torno de um ponto qualquer é a própria função f.

Resolução:

(0) Falso. Devemos resolver o problema de maximização:

$$\max_x x^3 - 2x^2 + x - 1$$

As CPOs serão:
$$f'(x) = 3x^2 - 4x + 1 = 0$$
$$soma = \frac{4}{3}$$
$$produto = \frac{1}{3}$$
$$x = 1, x = \frac{1}{3}$$

Avaliando a segunda derivada (CSO):
$f''(x) = 6x - 4$
$f''(1) = 2 > 0 \rightarrow$ mínimo local

pois, ao avaliarmos o ponto x = 1, na segunda derivada, esta deu valor positivo. Ou seja, a função é convexa em tal ponto.

(1) Verdadeiro. O que o item está pedindo é para avaliar se $x = 1$ é mínimo local:
$$\min_x g(x) = \min_x f(x) + 1$$
$$CPO:$$
$$g'(x) = f'(x) = 0$$
$$g''(x) = f''(x) = 0$$

ou seja, a CPO e a CSO de $g(x)$ são as mesmas de $f(x)$, obtida no item (0). Assim:
$x = 1 \rightarrow$ mínimo local, pois $g''(1) = f''(1) = 2 > 0$. Assim:
$g(1) = f(1) + 1$
$g(1) = 1 - 2 + 1 - 1 + 1 = 0$.

(2) Verdadeiro. Da primeira derivada obtida no item (0), obtemos a segunda derivada:
$$f'(x) = 3x^2 - 4x + 1$$
$$f''(x) = 6x - 4 = 0$$
$$x = \frac{2}{3}$$

Logo, $f(x)$ tem ponto de inflexão, que é o ponto no qual $f''(x) = 0$.

(3) Falso.
$$f''(x) = 6x - 4 = 0$$
$$f''(x) < 0 \text{ se } x < 2/3$$
$$f''(x) > 0 \text{ se } x > 2/3$$

(4) Verdadeiro. Usando a fórmula da expansão de Taylor de ordem 3 e usando as derivadas já obtidas nos itens anteriores:

$$f(x) = f(p) + f'(p)(x-p) + \frac{f''(p)}{2!}(x-p)^2 + \frac{f'''(p)}{3!}(x-p)^3$$

$$f(x) = (p^3 - 2p^2 + p - 1) + (3p^2 - 4p + 1)(x-p) + \frac{(6p-4)}{2}(x-p)^2 + \frac{6}{6}(x-p)^3$$

$$f(x) = (p^3 - 2p^2 + p - 1) + (3p^2 x - 4px + x - 3p^3 + 4p^2 - p)$$
$$+ (x^2 - 2px + p^2)(3p - 2) + (x^3 - 3px^2 + 3p^2 x - p^3)$$

$$= (p^3 - 2p^2 + p - 1) + (3p^2 x - 4px + x - 3p^3 + 4p^2 - p)$$
$$(+3px^2 - 2x^2 - 6p^2 x + 4px + 3p^3 - 2p^2) + (x^3 - 3px^2 + 3p^2 x - p^3)$$

$$= x^3 - 2x^2 + x - 1$$

Assim, uma expansão de Taylor de ordem $k \geq n$, para um polinômio de ordem n, será igual ao próprio polinômio.

Questão 6

Avalie as opções:

⓪ Seja $f : [0, \pi] \to R$, $f(x) = cos(x)$, então f é injetora.
① O conjunto $\{x \in R; x^2 - x - 2 > 0\}$ é um intervalo aberto de R.
② Defina a imagem de D sob f como $\{f(x); x \in D\}$ com notação $f(D)$. Então, para dois conjuntos D e D', quaisquer $f(D \cap D') = f(D) \cap f(D')$.
③ Defina a imagem de D sob f como $\{f(x); x \in D\}$ com notação f(D). Então, para dois conjuntos D e D' quaisquer, $f(D \cap D')$ é um subconjunto de $f(D) \cap f(D')$.
④ Defina a imagem inversa de D sob f como $\{x \in dom(f); f(x) \in D\}$ com notação $f^{-1}(D)$. Então, tem-se $f^{-1}(D \cap D') = f^{-1}(D) \cap f^{-1}(D')$.

Resolução:

(0) Verdadeiro.

$f(x) = f(y) \Rightarrow x = y$

$\cos x = \cos y \Rightarrow x = y$

pois $x, y \in [0, \pi]$.

(1) Falso.
$$x^2 - x - 2 > 0$$
$$soma = 1$$
$$produto = -2$$
$$x = 2, x = -1$$
$$\{x \in \mathbb{R}; x^2 - x - 2 > 0\} = \{x \in \mathbb{R}; x < -1 \text{ ou } x > 2\}.$$

(2) Falso. Um contraexemplo simples é:

$D = a \in \mathbb{R}$

$D' = b \in \mathbb{R}$

$a \neq b$

tal que:

$f(D) = f(D') \neq \varnothing$

ou seja, os domínios D e D' têm a mesma imagem em comum.

Mas notemos que:

$D \cap D' = \{a\} \cap \{b\} = \varnothing$

$f(\varnothing) = \varnothing$

Logo, $f(D \cap D') \neq f(D) \cap f(D')$.

(3) Verdadeiro. Notemos que sempre é válido:

$D \cap D' \subseteq D$ e $D \cap D' \subseteq D'$

Assim, podemos afirmar que:

$\{f(x), x \in (D \cap D')\} \subseteq \{f(x), x \in D\}$ e
$\{f(x), x \in (D \cap D')\} \subseteq \{f(x), x \in D'\}$

pois as restrições dos conjuntos da esquerda estão contidas nas restrições dos conjuntos da direita. Ou seja, pela definição de imagem de um conjunto sob f dada no item, podemos afirmar que:

$f(D \cap D') \subseteq f(D)$ e
$f(D \cap D') \subseteq f(D')$

Logo:
$f(D \cap D') \subseteq f(D') \cap f(D)$

(4) Verdadeiro. Vamos provar esta propriedade. Tome $x \in f^{-1}(D \cap D') = \{x \in dom(f); f(x) \in (D \cap D')\}$. Assim, de acordo com a restrição deste conjunto, podemos afirmar que:

$f(x) \in (D \cap D') \Rightarrow f(x) \in D$ e $f(x) \in D'$
$\Rightarrow x \in f^{-1}(D)$ e $x \in f^{-1}(D') \Rightarrow x \in f^{-1}(D) \cap f^{-1}(D')$

Assim, provamos que ao tomarmos um ponto qualquer $x \in f^{-1}(D \cap D') \Rightarrow x \in f^{-1}(D) \cap f^{-1}(D')$. Logo:

$f^{-1}(D \cap D') \subseteq f^{-1}(D) \cap f^{-1}(D')$

Agora, tomemos $x \in f^{-1}(D) \cap f^{-1}(D') = \{x \in dom(f); f(x) \in D\} \cap \{x \in dom(f); f(x) \in D'\}$. Assim, de acordo com as restrições destes conjuntos, podemos afirmar que:

$f(x) \in D$ e $f(x) \in D' \Rightarrow f(x) \in (D \cap D') \Rightarrow x \in f^{-1}(D \cap D')$

Assim, provamos que ao tomarmos um ponto qualquer $x \in f^{-1}(D) \cap f^{-1}(D') \Rightarrow x \in f^{-1}(D \cap D')$. Logo:

$f^{-1}(D) \cap f^{-1}(D') \subseteq f^{-1}(D \cap D')$

Assim, provamos que:

$$\left.\begin{array}{c} f^{-1}(D \cap D') \subseteq f^{-1}(D) \cap f^{-1}(D') \\ e \\ f^{-1}(D) \cap f^{-1}(D') \subseteq f^{-1}(D \cap D') \end{array}\right\} \Rightarrow f^{-1}(D \cap D') = f^{-1}(D) \cap f^{-1}(D').$$

Questão 7

Avalie as opções:

⓪ Seja $f: R^n \to R$ uma função homogênea de grau k, então $\partial f/\partial x$ também é homogênea de grau k.
① A função $f: R \to R$, $f(x) = sen(x)$ não possui um máximo.
② Seja $f:[0,1] \to [0,1]$ uma função crescente. Então, se se definir a função $g(x) = f(x) - x$, pode-se garantir que exista x^* tal que $g(x^*) = 0$ só se f for também contínua.
③ Seja H o hessiano da função g. Se H for positivo definido, tem-se que a função é convexa.
④ Seja H o hessiano da função g. Se H for sempre diagonalizável e seus autovalores forem negativos, tem-se que a função é côncava.

Resolução:

(0) Falso. A função primeira derivada é de grau $k - 1$, segundo Teorema já enunciado na Revisão de Conceitos.

(1) Falso. Possui infinitos máximos. Notemos que:
$$-1 \leq sen(x) \leq 1$$

Os valores de $x \in \mathbb{R}$ pelos quais $sen(x) = 1$, seu valor máximo, são infinitos:

$$... = sen\left(-\frac{\pi}{2} - 2\pi\right) = sen\left(-\frac{\pi}{2}\right) = sen\left(\frac{\pi}{2}\right) = sen\left(\frac{\pi}{2} + 2\pi\right) = ... = 1$$

ou seja, são da forma:
$$sen\left(\frac{\pi}{2} + k2\pi\right) = 1$$
$$onde, k \in \mathbb{Z}.$$

(2) Falso. A função $f(x)$ não precisa ser contínua. Um exemplo gráfico seria:

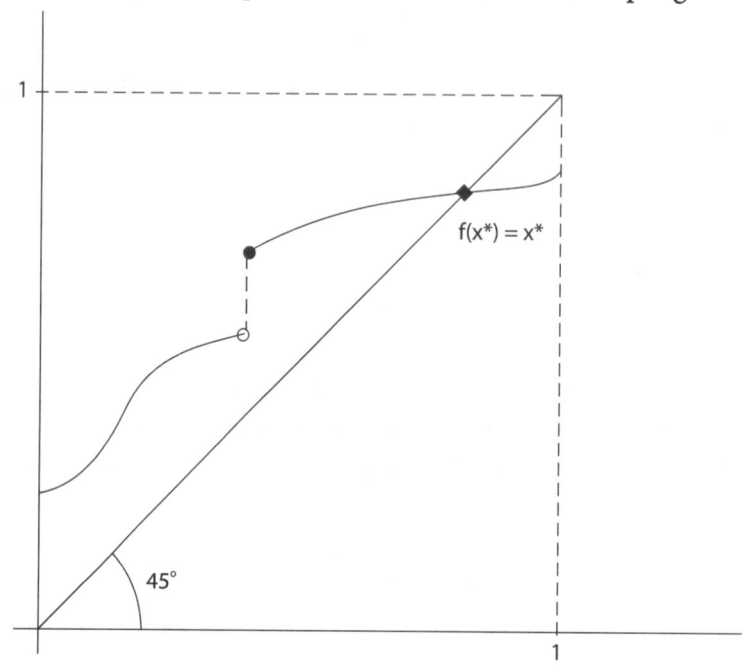

ou seja, ela precisa ser crescente ou contínua, para valer este teorema.

Observação: Tal teorema é uma versão mais simples de um teorema do Ponto Fixo.

(3) Verdadeiro. Se H é Positiva Definida, então $g(x)$ é estritamente convexa e, portanto, é convexa. No sentido contrário, podemos dizer que, se $g(x)$ é (estritamente) convexa, então sua hessiana H é positiva semidefinida (definida).

Observação: Veja Simon & Blume (1994, p. 513-516).

(4) Verdadeiro. Da mesma forma que no item (3), temos um teorema que relaciona a hessiana com a concavidade (estrita) de uma função:

H é $ND \Leftrightarrow g(x)$ é uma função estritamente côncava $\Rightarrow g(x)$ côncava

Como H é simétrica, então sua forma quadrática será:
$v'Hv \leq 0 \Leftrightarrow H$ é $ND \Leftrightarrow \lambda_i < 0, \forall i$

Como o item diz que os autovalores são negativos, então H é ND e, portanto, $g(x)$ é (estritamente) côncava.

Observação: Veja o Apêndice Matemático, de Greene (2008, p. 977), para um enunciado de tal teorema.

Questão 8

Julgue as afirmativas:

(0) Seja $f(x_1, ..., x_n)$ uma função continuamente diferenciável definida em um conjunto A aberto não vazio e $S = \{(x_1, ..., x_n) \in \Re^n : g(x_1, ..., x_n) = b\}$, em que g é uma função continuamente diferenciável definida em A, tal que seu gradiente nunca se anula, $S \neq \varnothing$ e b é uma constante. Se $x^* = (x_1^*, ..., x_n^*)$ é solução, então o gradiente de f em x^* é paralelo ao gradiente de g em x^*.

(1) Seja $f(x_1, ..., x_n)$ duas vezes continuamente diferenciável. Se f é côncava e $f(y_1, ..., y_n) = 0$, então $f(x_1,...,x_n) \leq \sum_{i=1}^{n} \frac{\partial f(y_1,...,y_n)}{\partial x_i}(x_i - y_i)$, para qualquer $(x_1, ..., x_n)$ no domínio de f.

(2) Toda função estritamente quase côncava é estritamente côncava, mas a recíproca não é verdadeira.

(3) Seja $f(x_1, ..., x_n)$ duas vezes continuamente diferenciável. Se f é estritamente quase côncava, então $S = \{(x_1, ..., x_n) : f(x_1, ..., x_n) \geq c\}$ é convexo, para qualquer constante c.

(4) Em um problema de otimização condicionada, se uma restrição não é ativa, o multiplicador de Lagrange associado é sempre não nulo.

Resolução:

(0) Verdadeiro. Seja o lagrangeano:
$$L = f(x) - \lambda[\,g(x) - b\,]$$

Então, a CPO avaliada na solução será:
$$\frac{\partial L}{\partial x^*} = \frac{\partial f\left(x^*, \lambda^*\right)}{\partial x^*} - \lambda \frac{\partial g\left(x^*\right)}{\partial x^*} = 0$$
$$\frac{\partial f\left(x^*, \lambda^*\right)}{\partial x^*} = \lambda \frac{\partial g\left(x^*\right)}{\partial x^*}$$

ou seja, o gradiente de f é múltiplo do gradiente de g em x^*.

Observação: O item foi anulado porque, provavelmente, nada foi mencionado sobre otimizar a função $f(x)$ restrita ao conjunto S.

(1) Verdadeiro. Esta é uma definição de função côncava, enunciada na Revisão de Conceitos:
$$f(x) - f(y) \leq \nabla f(y)(x-y)$$
$$f(x) \leq \nabla f(y)(x-y)$$
$$f(x) \leq \left(\frac{\partial f(y)}{\partial x_1}, \ldots, \frac{\partial f(y)}{\partial x_n} \right)(x_1 - y_1, \ldots, x_n - y_n)$$
$$f(x) \leq \sum_{i=1}^{n} \frac{\partial f(y)}{\partial x_i}(x_i - y_i)$$

onde na segunda linha substituiu-se $f(y) = 0$, dito no enunciado.

(2) Falso. O contrário é verdadeiro, ou seja, toda função côncava é quase côncava. Relembrando as seguintes definições que foram enunciadas na Revisão de Conceitos e são adaptadas de Simon & Blume (1994, p. 505 e 523):

Definição: Uma função f é dita estritamente côncava quando:
$f(tx + (1 - ty)) > tf(x) + (1 - t)f(y), t \in [0, 1]$

Definição: Uma função f é dita estritamente quase côncava quando:
$f(tx + (1 - t)y) > \min\{f(x), f(y)\}, t \in [0, 1]$

Utilizando estas definições, podemos provar a afirmação anterior: se f é estritamente côncava, então:
$f(tx + (1 - t)y) > tf(x) + (1 - t)f(y) > t \min\{f(x), f(y)\} + (1 - t) \min\{f(x), f(y)\}$
$f(tx + (1 - t)y) > \min\{f(x), f(y)\}$,
ou seja, f será estritamente quase côncava.

(3) Verdadeiro. Este conjunto S é o chamado conjunto de contorno superior da função. Podemos ver um exemplo gráfico em que:

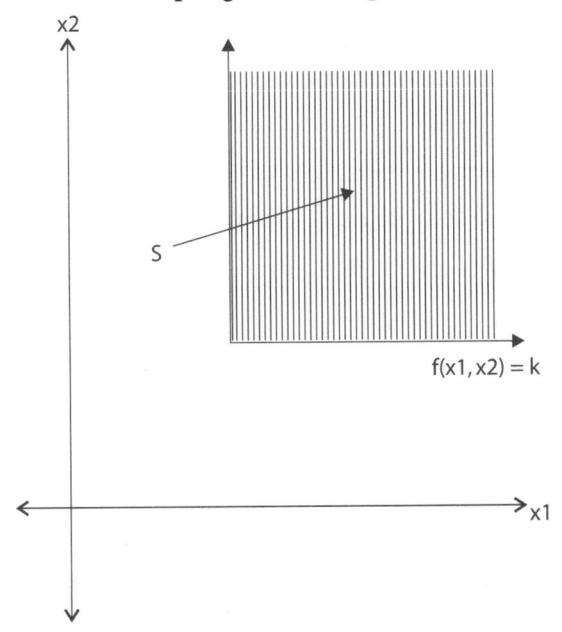

[Gráfico: eixos x_1 e x_2, com a região S acima da curva $f(x_1, x_2) = k$.]

Assim, se a função é estritamente quase côncava, então o conjunto S de contorno superior é estritamente convexo, ou seja:

$f(x) \geq c$ e $f(x') \geq c$ então $f(tx + (1 - t)x') > c$,

onde $x = (x_1,...,x_n)$ e $x' = (x'_1,...,x'_n)$, onde $x \neq x'$, para qualquer $c \in \mathbb{R}$.

Notemos que para função estritamente quase côncava a implicação vale com desigualdade estrita. Mas, se vale com desigualdade estrita, podemos dizer que vale com desigualdade fraca, ou seja:

$f(tx + (1 - t)x') > c \Rightarrow f(tx + (1 - t)x') \geq c$

Se a função fosse quase côncava (mas não estrita), então este conjunto seria também convexo (mas não estrito), ou seja:

$f(x) \geq c$ e $f(x') \geq c$ então $f(tx + (1 - t)x') \geq c$,

onde $x \neq x'$, para qualquer $c \in \mathbb{R}$.

No caso de f ser (estritamente) convexa, então o conjunto $S = \{(x_1,..., x_n) : f(x_1,..., x_n) \leq c\}$, de contorno inferior da função, será (estritamente) convexo.

Observação: Uma definição para funções quase concavas (convexas), em termos do seu conjunto de contorno superior (inferior), pode ser vista no Simon e Blume (1994, p. 523). No entanto, uma definição mais precisa, como a mostrada acima, foi adaptada do Mas-Colell, Whinston e Green (1995, p. 933).

(4) Falso. O contrário que é verdadeiro, ou seja, se uma restrição não é ativa, então o multiplicador é sempre nulo. Ou, no caso de ser ativa, o multiplicador é sempre não nulo.

Questão 11

Avalie as opções:

⓪ A sequência $a_n = (-1)^n$ não possui limite. É, portanto, ilimitada.
① A função diferenciável $f: R \to R$ é estritamente crescente se e somente se $f'(x) > 0$ em todo o domínio.
② Seja a série de $S_n = \sum_n a_n$. Se a série $S_n^* = \sum_n |a_n|$ converge, então S_n também converge.
③ Se a série S_n é convergente, a série $S_n^* = \sum_n |a_n|$ também converge.
④ Seja A uma matriz $n \times n$ que tem n autovalores reais diferentes. Se todos os autovalores de A são menores do que 1 (em módulo), então $A^t \xrightarrow{t \to \infty} 0$.

Resolução:

Os itens (0), (2) e (3) estão resolvidos no capítulo Sequências e Séries.
O item (4) está resolvido no capítulo Álgebra Linear.

(1) Falso. O inverso seria válido, mas a ida é falsa. Uma função é estritamente crescente quando:

$$x_1 > x_0 \Leftrightarrow f(x_1) > f(x_0)$$

Um contraexemplo para a ida seria:
$$f(x) = x^3,$$
uma função que é estritamente crescente, mas:
$$f'(x) = 3x^2$$
$$f'(0) = 0,$$
pois $x = 0$ é um ponto de inflexão.

Questão 13

Resolva o seguinte problema de maximização condicionada:

$$\begin{cases} \max \dfrac{8xyzw}{3} \\ s.a\ x + 2y + 3z + 4w \leq 12 \\ x, y, z, w \geq 0 \end{cases}$$

Resolução:

Resolvendo o problema de maximização condicionada:

$$\max \frac{8xyzw}{3}$$

$$s.t.$$

$$x + 2y + 3z + 4w \leq 12$$

$$x, y, z, w \geq 0$$

Notemos que, como a função-objetivo é crescente em todos os argumentos (variáveis), então a 1ª restrição é ativa. E como queremos maximizar, todas as variáveis serão positivas.

O lagrangeano será:

$$L = \frac{8xyzw}{3} - \lambda(x + 2y + 3z + 4w - 12)$$

Assim, as CPOs serão:

$$x : \frac{8}{3}yzw - \lambda = 0$$

$$y : \frac{8}{3}xzw - 2\lambda = 0$$

$$z : \frac{8}{3}xyw - 3\lambda = 0$$

$$w : \frac{8}{3}xyz - 4\lambda = 0$$

$$\lambda = \frac{8}{3}yzw = \frac{8}{6}xzw = \frac{8}{9}xyw = \frac{8}{12}xyz$$

Destas relações, obtemos, ao igualar a primeira com a segunda, a primeira com a terceira e a primeira com a quarta, respectivamente:

$2y = x$

$3z = x$

$4w = x$

Substituindo na restrição:
$x + 2y + 3z + 4w = 12$
$x + x + x + x = 12$

$$x^* = 3, y^* = \frac{3}{2}, z^* = 1, w^* = \frac{3}{4}$$

Substituindo a solução (x^*, y^*, z^*, w^*) na função-objetivo, obtemos:

$$f^*\left(x^*, y^*, z^*\right) = \frac{8}{3} \cdot 3 \cdot \frac{3}{2} \cdot 1 \cdot \frac{3}{4} = 9$$

PROVA DE 2007

Questão 4

Considere as funções:

$f(x) = \begin{cases} x^2, \text{ se } x \geq 0 \\ -x^2, \text{ se } x < 0 \end{cases}$ $g(x) = \begin{cases} x, \text{ se } x > 1 \\ x^3, \text{ se } x \leq 1 \end{cases}$

Com relação aos conceitos de continuidade e diferenciabilidade, julgue os itens abaixo:

⓪ A função f é contínua em $x = 0$.
① A derivada de f não é contínua em $x = 0$.
② A função g é diferenciável em $x = 1$.
③ A segunda derivada de f é diferenciável em $x = 0$.
④ A função h, definida por $h(x) = |f(x)|$, não é diferenciável em $x = 0$.

Resolução:

(0) Verdadeiro. Usando a definição de continuidade, enunciada no Resumo Teórico:

f é contínua em $0 \Leftrightarrow \lim_{x \to 0} f(x) = f(0)$.

$$\lim_{x \to 0^+} x^2 = \lim_{x \to 0^-} -x^2 = 0 = f(0)$$

Logo, $f(x)$ é contínua em $x = 0$.

(1) Falso. Primeiro, precisamos saber se a função $f(x)$ é diferenciável. Usando a definição enunciada na Revisão de Conceitos:

$$\lim_{x \to x_0^+} \frac{f(x) - f(x_0)}{x - x_0} = \lim_{x \to x_0^-} \frac{f(x) - f(x_0)}{x - x_0}$$

É fácil verificarmos se as funções são diferenciáveis quando $x > 0$ e $x < 0$, pois trata-se de funções quadráticas. No entanto, em $x = 0$ elas mudam de formato. Assim, verifiquemos o limite acima para $x_0 = 0$:

$$\lim_{x \to 0^+} \frac{f(x) - f(0)}{x - 0} = \lim_{x \to 0^+} \frac{x^2}{x} = \lim_{x \to 0^+} x = 0$$

$$\lim_{x \to 0^-} \frac{f(x) - f(0)}{x - 0} = \lim_{x \to 0^+} -\frac{x^2}{x} = \lim_{x \to 0^+} -x = 0$$

onde usamos o fato de que $f(0) = 0$, obtido no item (0). Assim, a função $f(x)$ é diferenciável em todo o seu domínio e o seu valor será:

$$f'(x) = \begin{cases} 2x, x \geq 0 \\ -2x, x \leq 0 \end{cases}$$

Para verificarmos se a derivada é contínua em $x = 0$, usamos a definição do item (0):

f é contínua em $0 \Leftrightarrow \lim_{x \to 0} f'(x) = f'(0)$.

$$\lim_{x \to 0^+} 2x = \lim_{x \to 0^-} -2x = 0 = f'(0)$$

Logo, $f'(x)$ é contínua em $x = 0$.

(2) Falso. Usando a definição do item (1), $g(x)$ será diferenciável, em x_0, se:

$$\lim_{x \to x_0^+} \frac{g(x) - g(x_0)}{x - x_0} = \lim_{x \to x_0^-} \frac{g(x) - g(x_0)}{x - x_0}$$

$$\lim_{x \to 1^+} \frac{g(x) - g(1)}{x - 1} = \lim_{x \to 1^+} \frac{x - 1}{x - 1} = 1$$

$$\lim_{x \to 1^-} \frac{g(x) - g(1)}{x - 1} = \lim_{x \to 1^-} \frac{x^3 - 1}{x - 1} \overset{L'Hopital}{=} \lim_{x \to 1^-} 3x^2 = 3$$

(3) Falso. Pelo item (1), vimos que f era diferenciável, tal que:
$$f'(x) = \begin{cases} 2x, x \geq 0 \\ -2x, x \leq 0 \end{cases}$$

Assim, usando a definição de diferenciabilidade do item (1), para que f' seja diferenciável, em $x = 0$, temos que mostrar:
$$\lim_{x \to 0^+} \frac{f'(x) - f'(x_0)}{x - x_0} = \lim_{x \to 0^-} \frac{f'(x) - f'(x_0)}{x - x_0}$$

Assim:
$$\lim_{x \to 0^+} \frac{f'(x) - f'(x_0)}{x - x_0} = \lim_{x \to 0^+} \frac{2x}{x} = \lim_{x \to 0^+} 2 = 2$$
$$\lim_{x \to 0^-} \frac{f(x) - f(0)}{x - 0} = \lim_{x \to 0^-} \frac{-2x}{x} = \lim_{x \to 0^-} -2 = -2$$
$$\lim_{x \to 0^+} \frac{f'(x) - f'(x_0)}{x - x_0} \neq \lim_{x \to 0^-} \frac{f(x) - f(0)}{x - 0}$$

Logo, $f'(x)$ não é diferenciável em $x = 0$. Assim, não existe $f''(x)$, em $x = 0$.

Portanto, $f''(x)$ não é diferenciável em $x = 0$, ou seja, se não existe $f''(0)$, também não existirá $f'''(0)$.

(4) Falso. Notemos que:
$$h(x) = |f(x)| = x^2, \forall x \in \mathbb{R}$$

ou seja, $h(x)$ é uma função quadrática, com o mesmo formato em todo o seu domínio. Logo, $h(x)$ é uma função diferenciável.

Questão 5

Seja $f : U \to \mathbb{R}$ uma função duas vezes diferenciável, definida em $U = \{(x,y): x,y > 0\}$ e $H_f(x,y)$ a matriz Hessiana de f no ponto $(x,y) \in U$. Avalie as afirmativas:
- (0) A função f é convexa se e somente se $H_f(x,y)$ é semidefinida positiva em todos os pontos de U.
- (1) Se $f(x,y) = -x^{1/3}y^{1/4}$, então f é convexa.
- (2) Se f é convexa, então $H_f(x,y)$ é positiva definida em todos os pontos de U.

(3) Se $f(x,y) = x^2y^2$, então f é convexa.

(4) Se f é convexa e (x_0, y_0) é um ponto crítico de f, então $f(x,y) \geq f(x_0, y_0)$, para todo $(x,y) \in U$.

Resolução:

(0) Falso. O Teorema 17.8 do Simon & Blume (1994, p. 403), levemente modificado para o contexto da questão, afirma que:

Teorema: Seja $f: U \to R$, $f \in C^2$ (ou seja, duas vezes continuamente diferenciável), cujo domínio é um subconjunto aberto convexo U do R^2. Então, f é convexa em U se, e somente se, $D^2f(x)$ (ou H, de hessiana) é semidefinida positiva (SDP) para todo $x \in U$.

Aparentemente, o item afirma isso. Mas o gabarito da ANPEC mudou de V para F. Provavelmente, a intenção do formulador da questão era que o item fosse realmente verdadeiro. Mas, provavelmente, alguém entrou com recurso por causa de algum(ns) dos seguinte(s) motivo(s):

(i) a função f deve ser convexa em U. Assim, a volta do teorema afirmaria que: se H é SDP para todo $x \in U$, então $f(x)$ é convexa em U. Mas o item não diz que f é convexa em U, mesmo que no enunciado o seu domínio tenha sido U; ou

(ii) o enunciado diz que a função f é duas vezes diferenciável ($\in D^2$), mas o teorema se aplica a funções do tipo C^2, ou seja, além de ter de ser duas vezes diferenciável, precisaríamos que $f''(x)$ fosse contínua em todo $x \in U$, e não apenas que exista.

(1) Verdadeiro. Devemos calcular a hessiana:

$$\frac{\partial f}{\partial x} = f_x = -\frac{1}{3}x^{-2/3}y^{1/4}$$

$$\frac{\partial f}{\partial y} = f_y = -\frac{1}{4}x^{1/3}y^{-3/4}$$

$$H = \begin{bmatrix} f_{xx} & f_{xy} \\ f_{yx} & f_{yy} \end{bmatrix} = \begin{bmatrix} \frac{2}{9}x^{-5/3}y^{1/4} & -\frac{1}{12}x^{-2/3}y^{-3/4} \\ -\frac{1}{12}x^{-2/3}y^{-3/4} & \frac{3}{16}x^{1/3}y^{-7/4} \end{bmatrix}$$

Analisando os menores principais líderes:

$$H_1 = |f_{xx}| = \frac{2}{9}x^{-5/3}y^{1/4} > 0$$

$$H_2 = |H| = \frac{6}{9\cdot 16}x^{-4/3}y^{-6/4} + \frac{1}{12\cdot 12}x^{-4/3}y^{-6/4} > 0$$

Como os sinais são sempre positivos, H é positiva definida e f é estritamente convexa. Se é estritamente convexa, então é convexa.

Observação: Notemos que H_1 e H_2 são estritamente maiores que zero, pois $(x,y) > 0$, como dado no enunciado.

(2) Falso. Se f é convexa (em U), então H é **semidefinida positiva** em todos os pontos de U.

Observação: Veja item (0).

(3) Falso. Calculando a hessiana:

$$\frac{\partial f}{\partial x} = f_x = 2xy^2$$

$$\frac{\partial f}{\partial y} = f_y = 2x^2 y$$

$$H = \begin{bmatrix} f_{xx} & f_{xy} \\ f_{yx} & f_{yy} \end{bmatrix} = \begin{bmatrix} 2y^2 & 4xy \\ 4xy & 2x^2 \end{bmatrix}$$

Analisando os menores principais líderes:

$$H_1 = f_{xx} = 2y^2 > 0$$

$$H_2 = |H| = 4x^2 y^2 - 16x^2 y^2 = -12x^2 y^2 < 0$$

Assim, os menores principais líderes não são sempre positivos, logo $f(x)$ não é convexa.

Observação: Pelo padrão dos sinais, $f(x)$ não será nem côncava nem convexa globalmente.

(4) Verdadeiro. O que a afirmação diz é que (x_0, y_0) gera o menor valor possível para $f(x,y)$. Logo, tal ponto será um ponto de mínimo (global) de f.

Questão 7

Seja $f : \mathbb{R} \to \mathbb{R}$ a função dada implicitamente por $\operatorname{tg}[f(x)] = x$. Sabendo-se que $f(\mathbb{R}) = (-\pi/2, \pi/2)$, julgue os itens abaixo:

- ⓪ f não é uma função diferenciável.
- ① O Teorema da Função Implícita nos garante que f é uma função diferenciável e $f'(x) = 1/(1 + x^2)$.
- ② $\int_0^1 \frac{x^2}{1+x^2} dx = 1 - \int_0^1 \frac{1}{1+x^2} dx = 1 - f(1) + f(0)$.
- ③ $\int_0^1 \ln(1+x^2) dx = \ln(2) + \pi/2$.
- ④ $\int_{-\infty}^{\infty} \frac{1}{1+x^2} dx = 2\pi$.

Resolução:

Os itens (2), (3) e (4) estão resolvidos no capítulo Integrais.

(0) Falso. Notemos que:
$$\operatorname{tg}[f(x)] = x$$
$$f(x) = \operatorname{tg}^{-1}(x) = \operatorname{arctg}(x)$$

Existe a inversa $\operatorname{tg}^{-1}(x)$, pois:
$$[\operatorname{tg}(x)]' > 0$$

ou seja, é uma função estritamente crescente para qualquer $x \in (-\pi/2, \pi/2)$, isto é, é uma função injetiva. Além disso, notemos que:
$$-\infty < \operatorname{tg}(x) < \infty$$

onde $\lim_{x \to \pi/2} \operatorname{tg}(x) = \infty$, $\lim_{x \to -\pi/2} \operatorname{tg}(x) = -\infty$, ou seja, a função percorre todo o contradomínio. Assim, imagem = contradomínio. Logo $\operatorname{tg}(x)$ é sobrejetiva. Assim, $\operatorname{tg}(x)$ é bijetiva e, portanto, existe tal inversa.

Como se trata de uma função contínua, sem apresentar bicos no intervalo $(-\pi/2, \pi/2)$, então a função é diferenciável. Graficamente, podemos facilmente verificar que a função é diferenciável:

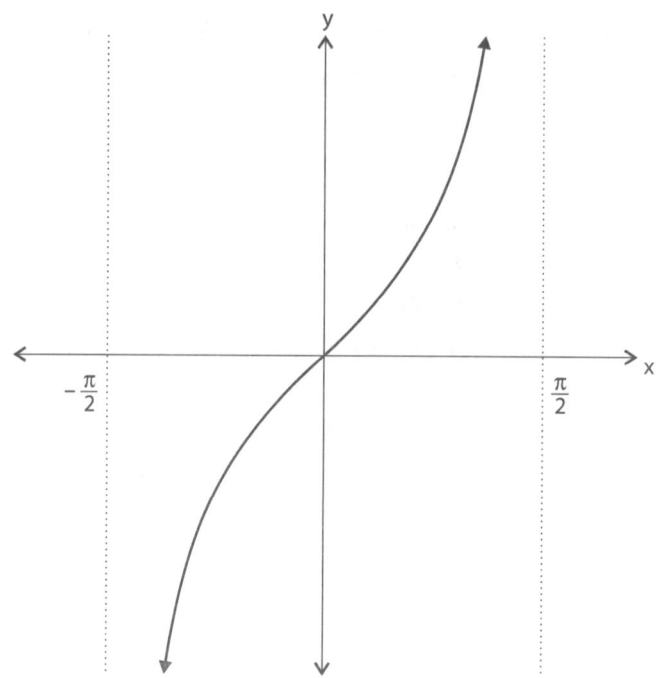

(1) Verdadeiro. Uma das condições do teorema da função implícita é que as funções sejam continuamente diferenciáveis em relação a todos os argumentos.

Logo, f(x) deve ser diferenciável e sua derivada contínua. Notemos que:

$$tg(f(x)) = x \to f(x) = tg^{-1}(x) = arctg(x)$$
$$f'(x) = \frac{1}{1+x^2}$$

Observação 1: Uma prova mais formal deste resultado segue:
$tg(f(x)) = x$

Diferenciando ambos os lados em relação a x:

$$tg'(f(x))f'(x) = 1$$

$$f'(x) = \frac{1}{tg'(f(x))}$$

A derivada de tg(.) é calculada da seguinte forma:

$$(tg\theta)' = \left(\frac{sen\theta}{\cos\theta}\right)' = \frac{\cos\theta\cos\theta - sen\theta(-sen\theta)}{\cos^2\theta} = \frac{\cos^2\theta + sen^2\theta}{\cos^2\theta}$$

$$= \frac{1}{\cos^2\theta} = \sec^2\theta$$

Assim:

$$f'(x) = \frac{1}{tg'(f(x))} = \frac{1}{\sec^2(f(x))} = \frac{1}{\frac{1}{\cos^2(f(x))}}$$

$$f'(x) = \frac{1}{\frac{sen^2(f(x)) + \cos^2(f(x))}{\cos^2(f(x))}} = \frac{1}{\frac{sen^2(f(x))}{\cos^2(f(x))} + \frac{\cos^2(f(x))}{\cos^2(f(x))}}$$

$$f'(x) = \frac{1}{tg^2(f(x)) + 1} = \frac{1}{x^2 + 1} = \frac{1}{1 + x^2}$$

$$f'(x) = \left[tg^{-1}(x)\right]' = \left[arctg(x)\right]' = \frac{1}{1 + x^2}$$

onde, na última igualdade, usamos o fato de que $tg(f(x)) = x \Rightarrow tg^2(f(x)) = x^2$.

Observação 2: Para um enunciado mais formal do TFI, veja teoremas 15.1 e 15.2 no Simon e Blume (1994, p. 339-41).

Questão 9

A expressão ln(x) denota o logaritmo natural de x. Julgue os itens abaixo:

◎ $\lim_{x \to \infty}(1 + \frac{\ln(2)}{x})^x = 2$.

① $\sum_{n=0}^{\infty} \frac{[\ln(2)]^n}{n!} = 2$.

② $\lim_{x \to \infty} \ln\{\sqrt[4]{(1 + \frac{4}{x})^x}\} = 2\ln(2)$.

③ $\sum_{k=0}^{\infty}\sum_{n=0}^{\infty} \frac{[k\ln(1/2)]^n}{n!} = 2$.

④ $\frac{d}{dy}\{\lim_{x \to \infty}(1 + \frac{y\ln(2)}{x})^{-x}\} = -[\ln(2)]\exp\{-y\ln(2)\}$.

Resolução:

(0) Verdadeiro. Denotando $\dfrac{\ln 2}{x} = \dfrac{1}{t}$, tal que se $x \to \infty$, então $t \to \infty$, teremos:

$$\lim_{x \to \infty}\left(1+\dfrac{\ln 2}{x}\right)^x = \lim_{t \to \infty}\left(1+\dfrac{1}{t}\right)^{t\ln 2} = \lim_{t \to \infty}\left[\left(1+\dfrac{1}{t}\right)^t\right]^{\ln 2} = e^{\ln 2} = 2$$

(1) Verdadeiro. Recordemos de expansão de Taylor (em torno de zero) que:

$$e^r = 1 + \dfrac{r}{1!} + \dfrac{r^2}{2!} + \ldots = \sum_{n=0}^{\infty}\dfrac{r^n}{n!}$$

Logo:

$$\sum_{n=0}^{\infty}\dfrac{r^n}{n!} \stackrel{r=\ln 2}{=} \sum_{n=0}^{\infty}\dfrac{(\ln 2)^n}{n!} = e^{\ln 2} = 2.$$

(2) Falso.

$$\lim_{x \to \infty}\ln\sqrt[4]{\left(1+\dfrac{4}{x}\right)^x} = \ln\sqrt[4]{e^4} = \ln|e| = 1$$

(3) Verdadeiro. Aplicando a mesma fórmula do item (1):

$$\sum_{k=0}^{\infty}\sum_{n=0}^{\infty}\dfrac{\left[k\ln\left(\tfrac{1}{2}\right)\right]^n}{n!} = \sum_{k=0}^{\infty}e^{k\ln\left(\tfrac{1}{2}\right)} = \sum_{k=0}^{\infty}e^{\ln\left(\tfrac{1}{2}\right)^k}$$

$$= \sum_{k=0}^{\infty}\left(\dfrac{1}{2}\right)^k = \dfrac{1}{1-\tfrac{1}{2}} = 2.$$

(4) Verdadeiro. Denotando $\dfrac{y\ln 2}{x} = \dfrac{1}{t}$, tal que se $x \to \infty$, então $t \to \infty$, teremos:

$$\dfrac{d}{dy}\left\{\lim_{x \to \infty}\left(1+\dfrac{y\ln 2}{x}\right)^{-x}\right\} = \dfrac{d}{dy}\left\{\lim_{t \to \infty}\left(1+\dfrac{1}{t}\right)^{-ty\ln 2}\right\} = \dfrac{d}{dy}\left\{\left[\lim_{t \to \infty}\left(1+\dfrac{1}{t}\right)^{-t}\right]^{y\ln 2}\right\} =$$

$$= \dfrac{d}{dy}\left\{\left[e^{-1}\right]^{y\ln 2}\right\} = \dfrac{d}{dy}\left\{e^{-y\ln 2}\right\} = (-\ln 2)e^{-y\ln 2}.$$

Questão 10

Sejam $Q \subset R$ o conjunto dos números racionais e $g : R \to R$ a função definida por:
$$g(x) = \begin{cases} f(x), \text{ se } x \in Q \\ 81, \text{ se } x \notin Q \end{cases}$$

em que $f : R \to R$ é a função dada por $f(x) = (x^2 - 9)^2$. Julgue os itens abaixo:

- ⓪ g é contínua em apenas três pontos: $-3\sqrt{2}, 0, 3\sqrt{2}$.
- ① g é descontínua em todos os pontos $x \in R$.
- ② f é convexa no intervalo $(0, \infty)$.
- ③ $f(x) \geq f(3) = f(-3)$, para todo $x \in R$.
- ④ f é uma função crescente no intervalo $[0, 3]$ e no ponto $x = 0$, f possui um máximo local.

Resolução:

(0) Verdadeiro. Usando a definição de continuidade, enunciada no Resumo Teórico:

$$\lim_{x \to -3\sqrt{2}} g(x) = \lim_{x \to 3\sqrt{2}} g(x) = \lim_{x \to 0} g(x) = g(0) = g(3\sqrt{2}) = g(-3\sqrt{2}) = 81$$

ou seja, os limites à direita e à esquerda destes pontos são sempre iguais a 81.

(1) Falso. Por exemplo, nos pontos do item (0) são contínuas.

(2) Falso. Para avaliarmos se f é convexa devemos calcular sua segunda derivada:
$$f(x) = (x^2 - 9)^2 = x^4 - 18x^2 + 81$$
$$f'(x) = 4x^3 - 36x$$
$$f''(x) = 12x^2 - 36$$

que será menor do que zero (ou seja, côncava), quando $0 < x < 3^{1/2}$. Ou seja, f não é convexa para todo o intervalo $(0, \infty)$.

(3) Verdadeiro. Notemos que:
$$(x^2 - 9)^2 \geq 0$$

Tal função atingirá o menor valor (0) quando $x = 3$ ou $x = -3$, ou seja:
$f(x) = (x^2 - 9)^2 \geq 0 = f(3) = f(-3)$

(4) Falso. Apesar de f possuir um máximo local, ela não é crescente neste intervalo. Observemos apenas que, tomando $x_1 = 0 < x_2 = 3$:
$f(x_1) = f(0) = 81 > 0 = f(3) = f(x_2)$.

Questão 11

Julgue os itens abaixo:

⓪ Se $f(x,y)$ é uma função homogênea de grau 2, então a função $h(x,y) = \dfrac{\partial f(x,y)}{\partial x} / \dfrac{\partial f(x,y)}{\partial y}$ é homogênea de grau 1.

① Se $f(x,y)$ é uma função homogênea de grau 1 e duas vezes continuamente diferenciável tal que $\dfrac{\partial^2 f(x,y)}{\partial x \partial y} = 0$ em todo ponto do domínio, então $\dfrac{\partial^2 f(x,y)}{\partial x^2} = 0$ sempre que $x \neq 0$.

② Se $f(x,y)$ é uma função homogênea de grau 0, então ela é constante.

③ Se $f(x,y)$ é uma função linear, então ela é homogênea de grau 1.

④ Se $f(x,y)$ é homogênea de grau zero, então o gradiente de f em qualquer ponto (x,y) é ortogonal ao vetor (x,y).

Resolução:

(0) Falso. $h(x,y)$ é a razão de duas funções $HG1$, logo será $HG0$. Podemos ver isso através de:

$$f(\lambda x, \lambda y) = \lambda^2 f(x,y)$$
$$\frac{\partial f(\lambda x, \lambda y)}{\partial x} \lambda = \lambda^2 \frac{\partial f(x,y)}{\partial x}$$
$$\frac{\partial f(\lambda x, \lambda y)}{\partial x} = \lambda \frac{\partial f(x,y)}{\partial x}$$

onde usamos a Regra da Cadeia na derivação do termo do lado esquerdo, na segunda linha.

De forma análoga, teremos:

$$\frac{\partial f(\lambda x, \lambda y)}{\partial y} = \lambda \frac{\partial f(x,y)}{\partial y}$$

Logo, $\dfrac{\partial f}{\partial x}$ e $\dfrac{\partial f}{\partial y}$ são $HG1$.

Assim:

$$h(\lambda x, \lambda y) = \dfrac{\partial f(\lambda x, \lambda y)}{\partial x} \Big/ \dfrac{\partial f(\lambda x, \lambda y)}{\partial y}$$

$$h(\lambda x, \lambda y) = \lambda \dfrac{\partial f(x, y)}{\partial x} \Big/ \lambda \dfrac{\partial f(x, y)}{\partial y}$$

$$h(\lambda x, \lambda y) = \dfrac{\partial f(x, y)}{\partial x} \Big/ \dfrac{\partial f(x, y)}{\partial y} = h(x, y), \text{ ou seja, h(.) é } HG0.$$

(1) Verdadeiro. Como $f(x,y)$ é homogênea de grau 1, pelo Teorema de Euller, enunciado na Revisão de Conceitos, temos:

$xf_x(x, y) + yf_y(x, y) = f(x, y)$

Diferenciando em relação x:

$$f_x(x, y) + xf_{xx}(x, y) + y \underbrace{f_{yx}(x, y)}_{=0} = f_x(x, y)$$

$$xf_{xx}(x, y) = 0$$

$$f_{xx}(x, y) = 0, \text{ se } x \neq 0.$$

Observação: Utilizamos o fato de que $f_{xy}(x,y) = f_{yx}(x,y)$, ou seja, as derivadas cruzadas são iguais, resultado do Teorema de Young, enunciado na Revisão de Conceitos.

(2) Falso. Um contraexemplo é:

$$f(x, y) = \dfrac{x}{y}$$

$$f(\lambda x, \lambda y) = \dfrac{\lambda x}{\lambda y} = \dfrac{x}{y} = f(x, y)$$

que é homogênea de grau 0, mas não é uma função constante.

(3) Falso. Uma função linear seria do tipo:

$f(x,y) = a + bx + cy$

Logo:

$f(\lambda x, \lambda y) = a + b\lambda x + c\lambda y \neq \lambda(a + bx + cy) = \lambda f(x, y)$

ou seja, uma função linear não é homogênea de qualquer grau. A afirmativa seria verdadeira apenas se $a = 0$.

Observação: O item era Verdadeiro, mas mudou para Anulado, pois, provavelmente, quem elaborou a questão esqueceu de considerar o intercepto.

(4) Verdadeiro. Pelo Teorema de Euler, enunciado na Revisão de Conceitos:

$$\frac{\partial f}{\partial x}x + \frac{\partial f}{\partial y}y = 0$$

$$\left\langle \left(\frac{\partial f}{\partial x}, \frac{\partial f}{\partial y}\right), (x,y) \right\rangle = 0$$

onde $\left(\dfrac{\partial f}{\partial x}, \dfrac{\partial f}{\partial y}\right) = \nabla f(x,y)$ é o gradiente de f e $\langle .,. \rangle$ é o operador produto interno.

A condição de produto interno nulo é a condição de ortogonalidade entre dois vetores. Logo, $\nabla f(x, y)$ é ortogonal a (x, y) para $\forall\, (x, y)$.

Questão 12

Sejam $f_1, f_2, f_3 : \mathbb{R} \to \mathbb{R}$ funções diferenciáveis tais que $f_1(0) = -\sqrt{3}$, $f_2(0) = 0$ e $f_3(0) = \sqrt{3}$. Suponha ainda que para todo $x \in \mathbb{R}$, $F(x, f_1(x)) = F(x, f_2(x)) = F(x, f_3(x)) = 0$, em que $F: \mathbb{R}^2 \to \mathbb{R}$ é a função dada por $F(x,y) = y^3 - 3y - sen(x)$. Se $\alpha = f'_1(0)\, f'_2(0)\, f'_3(0)$, calcule o valor de $m = |18 + 1/\alpha|$.

Resolução:

Notemos que, diferenciando em relação a x:

$F(x, f_i(x)) = 0$, $i = 1, 2, 3$

obtemos:

$$\frac{\partial F}{\partial x} + \frac{\partial F}{\partial f_i}\frac{\partial f_i}{\partial x} = 0$$

$$\frac{\partial f_i}{\partial x} = -\frac{\frac{\partial F}{\partial x}}{\frac{\partial F}{\partial f_i}}$$

Assim, aplicando o TFI:

$$f_i'(x) = \frac{\partial f_i}{\partial x} = -\frac{\frac{\partial F}{\partial x}}{\frac{\partial F}{\partial f_i}} = -\frac{-\cos x}{3y_i^2 - 3} = \frac{\cos x}{3y_i^2 - 3}, \text{ onde, } y_i = f_i(x)$$

$$f_1'(0) = \frac{1}{6}$$

$$f_2'(0) = -\frac{1}{3}$$

$$f_3'(0) = \frac{1}{6}$$

$$\alpha = f_1'(0) f_2'(0) f_3'(0) = \frac{1}{6}\left(-\frac{1}{3}\right)\frac{1}{6} = -\frac{1}{108}$$

$$m = |18 + 1/\alpha| = |18 - 108| = |-90| = 90$$

Questão 13

Seja $f: R \to R$ uma função três vezes diferenciável tal que $f(0) = 2$ e $f'(x) = x^2 f(x) - 3x^2$, para todo $x \in R$. Calcule $\alpha = 5 - f'''(0)$.

Derivando e avaliando em $x = 0$, obtemos:

$$f(0) = 2$$
$$f'(x) = x^2 f(x) - 3x^2$$
$$f'(0) = 0^2 f(0) - 3 \cdot 0^2 = 0$$
$$f''(x) = 2x f(x) + x^2 f'(x) - 6x$$
$$f''(0) = 2 \cdot 0 \cdot f(0) + 0^2 \cdot 0 - 6 \cdot 0 = 0$$
$$f'''(x) = 2f(x) + 2x f'(x) + 2x f'(x) + x^2 f''(x) - 6$$
$$f'''(0) = 2 f(0) + 2 \cdot 0 f'(0) + 2 \cdot 0 f'(0) + 0^2 f''(0) - 6 = -2$$
$$\alpha = 5 - f'''(x) = 5 + 2 = 7$$

Questão 14

Neste problema, todas as variáveis são não negativas. Considere o problema de maximização:

max $\{x^2 y^2 z^4\}$ sujeito a $2x + y + 5z = 40$

Se (x^*, y^*, z^*) é a solução, calcule $x^* + y^* + z^*$.

Resolução:

Façamos uma transformação monotônica sobre a função-objetivo para facilitar a maximização:

$$\max \ln x^2 + \ln y^2 + \ln z^4 \Leftrightarrow \max 2\ln x + 2\ln y + 4\ln z \overset{\div 2}{\Leftrightarrow}$$

$$\max_{x,y,z} \ln x + \ln y + 2\ln z$$

s.t. $2x + y + 5z = 40$

O lagrangeano será:

$L = \ln x + \ln y + 2\ln z - \lambda(2x + y + 5z - 40)$

As CPOs serão:

$$x : \frac{1}{x} - 2\lambda = 0$$

$$y : \frac{1}{y} - \lambda = 0$$

$$z : \frac{1}{z} - 5\lambda = 0$$

$$\lambda = \frac{1}{2x} = \frac{1}{y} = \frac{1}{5z}$$

$2x = y$

$5z = y$

Substituindo na restrição:

$2x + y + 5z = 40$

$y + y + 2y = 40$

$\qquad y^* = 10, x^* = 5, z^* = 4$

$x^* + y^* + z^* = 19.$

Observação: Observe que qualquer (x, y, z) tal que $x = 0$ ou $y = 0$ ou $z = 0$, a função-objetivo será nula, que será menor do que:

$f(x^\star, y^\star, z^\star) = 5^2 10^2 4^4 > 0 = f(0, 0, 0)$

Assim, tal ponto de canto não é a solução deste problema.

Questão 15

Seja $\langle,\rangle$ o produto escalar usual de R^n e $f : R_{++}^n \to R^n$ a função diferenciável dada por $f(x_1,...,x_n) = x_1^{\alpha_1} x_2^{\alpha_2} ... x_n^{\alpha_n}$. Calcule $\alpha_1 + ... + \alpha_n$ sabendo que para todo $X \in R_{++}^n$, $\langle \nabla f(X), X \rangle = 2^3 f(X)$.

Resolução:

Pela volta do Teorema de Euller, enunciado na Revisão de Conceitos:

$$\langle \nabla f(X), X \rangle = x_1 \frac{\partial f(\mathbf{x})}{\partial x_1} + ... + x_n \frac{\partial f(\mathbf{x})}{\partial x_n} = kf(\mathbf{x})$$

Segundo o enunciado:
$\langle \nabla f(X), X \rangle = 8f(x)$

Logo, $k = 8$, ou seja, $f(x)$ é homogênea de grau 8. Portanto:

$$f(\lambda x_1,...,\lambda x_n) = (\lambda x_1)^{\alpha_1} \cdot ... \cdot (\lambda x_n)^{\alpha_n}$$
$$= \lambda^{\alpha_1+...+\alpha_n} x_1^{\alpha_1} \cdot ... \cdot x_n^{\alpha_n}$$
$$= \lambda^{\alpha_1+...+\alpha_n} f(x_1,...,x_n)$$

Logo, como $f(x)$ é homogênea de grau 8, então:

$$f(\lambda x_1,...,\lambda x_n) = \lambda^8 f(x_1,...,x_n) = \lambda^{\alpha_1+...+\alpha_n} f(x_1,...,x_n)$$
$$\lambda^8 = \lambda^{\alpha_1+...+\alpha_n}$$
$$\alpha_1 + ... + \alpha_n = 8.$$

PROVA DE 2008

Questão 1

Sejam $a = \sqrt[3]{\sqrt{5}+2}$, $b = \sqrt[3]{\sqrt{5}-2}$ e $f : R \to R$ a função dada por $f(x) = x^3 + 3x - 4$. Julgue as afirmativas:

- ⓪ f não é uma função injetora.
- ① $ab = 1$, $b^3 - a^3 = 4$ e $f(a-b) \neq 0$.
- ② $f(a-b) = a^3 - 3a^2b + 3ab^2 - b^3 + 3(a-b) - 4 = 0$.
- ③ f é uma função injetora e $a - b = 1$.
- ④ f é convexa no intervalo $I = [-2,2]$.

Resolução:

(0) Falso. Seja:
$$f(x) = x^3 + 3x - 4$$
$$f'(x) = 3x^2 + 3 > 0$$

Logo, $f(x)$ é estritamente crescente. Assim, para:
$$x_1 < x_2 \Rightarrow f(x_1) < f(x_2).$$

Ou seja, como $x_1 < x_2$, então $x_1 \neq x_2$, e, também, como $f(x_1) < f(x_2)$, então $f(x_1) \neq f(x_2)$. Assim:
$$x_1 \neq x_2 \Rightarrow f(x_1) \neq f(x_2)$$

Logo, $f(x)$ é injetora.

(1) Falso.
$$ab = \sqrt[3]{\sqrt{5}+2}\sqrt[3]{\sqrt{5}-2} = \sqrt[3]{\left(\sqrt{5}+2\right)\left(\sqrt{5}-2\right)} = \sqrt[3]{5-4} = 1$$
$$b^3 - a^3 = \left(\sqrt[3]{\sqrt{5}-2}\right)^3 - \left(\sqrt[3]{\sqrt{5}+2}\right)^3 = \sqrt{5}-2-\left(\sqrt{5}+2\right) = -4 \neq 4.$$

(2) Verdadeiro. Primeiro notemos que a primeira igualdade é válida, ou seja:
$$f(a-b) = (a-b)^3 + 3(a-b) - 4$$
$$= (a-b)(a-b)^2 + 3(a-b) - 4$$
$$= (a-b)(a^2 - 2ab + b^2) + 3(a-b) - 4$$
$$= a^3 - 2a^2b + ab^2 - a^2b + 2ab^2 - b^3 + 3(a-b) - 4$$
$$= a^3 - 3a^2b + 3ab^2 - b^3 + 3(a-b) - 4$$

Para avalliar a segunda igualdade do enunciado, vamos computar cada termo:
$$a^3 = \sqrt{5}+2$$
$$-3a^2b = -3\left(\sqrt{5}+2\right)^{2/3}\left(\sqrt{5}-2\right)^{1/3}$$
$$3ab^2 = 3\left(\sqrt{5}+2\right)^{1/3}\left(\sqrt{5}-2\right)^{2/3}$$
$$-b^3 = -\sqrt{5}+2$$
$$3(a-b) = 3\left(\sqrt{5}+2\right)^{1/3} - 3\left(\sqrt{5}-2\right)^{1/3}$$
$$-4 = -4$$

Assim, somando tudo:

$$\left(a^3-b^3\right)+\left(-3a^2b+3ab^2\right)+3(a-b)-4=$$

$$=\begin{bmatrix}\left(\sqrt{5}+2-\sqrt{5}+2\right)\\+\left(-3\left(\sqrt{5}+2\right)^{2/3}\left(\sqrt{5}-2\right)^{1/3}+3\left(\sqrt{5}+2\right)^{1/3}\left(\sqrt{5}-2\right)^{2/3}\right)\\+\left(3\left(\sqrt{5}+2\right)^{1/3}-3\left(\sqrt{5}-2\right)^{1/3}\right)-4\end{bmatrix}$$

$$=\begin{bmatrix}\left(\sqrt{5}+2-\sqrt{5}+2\right)\\+\left(-3\underbrace{\left(\sqrt{5}+2\right)^{1/3}\left(\sqrt{5}-2\right)^{1/3}}_{1}\left[\left(\sqrt{5}+2\right)^{1/3}-\left(\sqrt{5}-2\right)^{1/3}\right]\right)\\+\left(3\left(\sqrt{5}+2\right)^{1/3}-3\left(\sqrt{5}-2\right)^{1/3}\right)-4\end{bmatrix}$$

$$=\begin{bmatrix}\left(\sqrt{5}+2-\sqrt{5}+2\right)-3\left[\left(\sqrt{5}+2\right)^{1/3}-\left(\sqrt{5}-2\right)^{1/3}\right]\\+3\left(\left(\sqrt{5}+2\right)^{1/3}-3\left(\sqrt{5}-2\right)^{1/3}\right)-4\end{bmatrix}$$

$$=0$$

Logo:
$f(a - b) = a^3 - 3a^2b + 3ab^2 + b^3 + 3(a - b) - 4 = 0$

(3) Verdadeiro. Já vimos no item (1) que $f(x)$ é uma função injetora. Vimos no item anterior que $f(a - b) = 0$. Então $(a - b)$ é raiz, tal que $(a - b) = 1$, pois:
$f(1) = 1^3 + 3 \cdot 1 - 4 = 0.$

E como $f(x)$ é injetora (estritamente crescente), logo corta o eixo x apenas uma vez. Portanto, $f(x)$ tem apenas uma raiz, sendo $(a - b) = 1$.

(4) Falso. Avaliando a segunda derivada:

$$f'(x) = 3x^2 + 3 > 0$$
$$f''(x) = 6x$$
$$x \leq 0 \to f''(x) \leq 0 \, (côncava)$$
$$x \geq 0 \to f''(x) \geq 0 \, (convexa)$$

Logo, depende do sinal de x.

Questão 3

Seja $f : X \to Y$ uma função qualquer. Para cada subconjunto $H \subset Y$, seja $f^{-1}(H) = \{x \in X : f(x) \in H\}$ a imagem inversa de H por f. Se $A, B \subset Y$ são subconjuntos quaisquer de Y, então julgue as afirmativas:

⓪ $f^{-1}(A \cup B) = f^{-1}(A) \cup f^{-1}(B)$.
① $f^{-1}(A \cap B) = f^{-1}(A) \cap f^{-1}(B)$.
② se $A \subset B$, então $f^{-1}(B) \subset f^{-1}(A)$.
③ $f^{-1}(A^c) \neq [f^{-1}(A)]^c$, em que o superescrito c denota o complementar do conjunto subjacente.
④ $f^{-1}(\emptyset) = \emptyset$.

Resolução:

Revisando:

Pontos importantes não encontrados em livro de cálculo, apenas em livros de análise na reta:

Teorema: Seja $f: X \to Y$ e $H \subseteq X$, $B \subseteq X$, $A \subseteq X$, tal que $f(H) = \{f(x) : x \in F\}$, ou seja, é a imagem direta de F por f. Então:

$$f(A \cup B) = f(A) \cup f(B)$$

Além disso, seja $G \subseteq X$, $B \subseteq X$, $A \subseteq X$, tal que $f^{-1}(G) = \{x \in A : f(x) \in G\}$, que é a imagem inversa de G por f.

Então:
$$f^{-1}(A \cap B) = f^{-1}(A) \cap f^{-1}(B)$$
$$f^{-1}(A \cup B) = f^{-1}(A) \cup f^{-1}(B)$$

E seja uma outra função $g: X \to Y$, com $H \subseteq Y$. Então:
$$(g \circ f)^{-1}(H) = f^{-1}(g^{-1}(H))$$

Sabendo disso, podemos responder a alguns itens:

(0) Verdadeiro. Provando a terceira propriedade acima, ou seja:
$$f^{-1}(A \cup B) = f^{-1}(A) \cup f^{-1}(B)$$

Tome um $x \in f^{-1}(A \cup B)$ qualquer. Então, invertendo f:
$x \in f^{-1}(A \cup B) \Rightarrow f(x) \in (A \cup B) \Rightarrow f(x) \in A$ ou $f(x) \in B$

Invertendo novamente f:
$f(x) \in A$ ou $f(x) \in B \Rightarrow x \in f^{-1}(A)$ ou $x \in f^{-1}(B) \Rightarrow x \in f^{-1}(A) \cup f^{-1}(B)$

Como tomamos um $x \in f^{-1}(A \cup B)$ qualquer, então vale para qualquer $x \in f^{-1}(A \cup B)$, ou seja:
$$f^{-1}(A \cup B) \subseteq f^{-1}(A) \cup f^{-1}(B)$$

Tome um $x \in f^{-1}(A) \cup f^{-1}(B)$ qualquer. Então:
$x \in f^{-1}(A) \cup f^{-1}(B) \Rightarrow x \in f^{-1}(A)$ ou $x \in f^{-1}(B)$

Invertendo f:
$x \in f^{-1}(A)$ ou $x \in f^{-1}(B) \Rightarrow f(x) \in A$ ou $f(x) \in B \Rightarrow f(x) \in (A \cup B)$

Invertendo novamente f:
$f(x) \in (A \cup B) \Rightarrow x \in f^{-1}(A \cup B)$

Como tomamos um $x \in f^{-1}(A) \cup f^{-1}(B)$ qualquer, então vale para qualquer $x \in f^{-1}(A) \cup f^{-1}(B)$, ou seja:
$$f^{-1}(A) \cup f^{-1}(B) \subseteq f^{-1}(A \cup B)$$

Juntando as duas conclusões:

$$\left.\begin{array}{l}f^{-1}(A\cup B)\subseteq f^{-1}(A)\cup f^{-1}(B)\\ f^{-1}(A)\cup f^{-1}(B)\subseteq f^{-1}(A\cup B)\end{array}\right\} f^{-1}(A\cup B) = f^{-1}(A)\cup f^{-1}(B)$$

(1) Verdadeiro. Esta é a segunda propriedade do teorema acima, e a prova é similar à do item (0), trocando apenas $\cup$ por $\cap$ e trocando "ou" por "e".

(2) Falso. Um contraexemplo é o seguinte. Seja $A = \{1\}$ e $B = \{1,2\}$, tal que $f(x) = x$, tal que $f^{-1}(x) = x$.

Assim, $f(A) = \{1\}$. $f(B) = \{1,2\}$, mas:

$$f^{-1}(A) = \{1\} \subset f^{-1}(B) = \{1,2\}$$

ou seja:

$$f^{-1}(B) \not\subseteq f^{-1}(A)$$

(3) Falso. Um contraexemplo é o seguinte: seja o domínio definido por apenas dois elementos, $\Omega = \{1,2\}$. Seja $A = \{1\}$ e $A^c = \{2\}$. E seja $f(x) = x$. Assim:

$f^{-1}(A^c) = \{2\}$

$[f^{-1}(A)]^c = [\{1\}]^c = \{2\}$

Logo, $f^{-1}(A^c) = [f^{-1}(A)]^c$.

(4) Verdadeiro. $f^{-1}(\emptyset) = \emptyset$ é sempre válido para o conjunto vazio, ou seja:

$f^{-1}(\emptyset) = \{x \in X : f(x) \in \emptyset\} = \emptyset$

Questão 6

Seja $f: I \to$ R uma função definida em um intervalo aberto $I \subset$ R. Sejam $a, b \in I$ e (x_n) a sequência definida por $x_n = (1 - \lambda_n)a + \lambda_n b$, em que $\lambda_n = 1/n$. Julgue as afirmativas:

⓪ Se $f(b) < f(a)$, $f(x_n) \leq (1 - \lambda_n)f(a) + \lambda_n f(b) < (1 - \lambda_n)f(a) + \lambda_n f(a) = f(a)$.

① Se $f(b) < f(a)$ e f é convexa, então $f(x_n) < f(a)$.

② Se f é contínua, todo mínimo local de f é um mínimo global.

③ Se *f* é convexa, todo mínimo local de *f* é um mínimo global.
④ A sequência (x_n) não é convergente.

Resolução:

O item (4) está resolvido no capítulo Sequências e Séries.

(0) Falso. Notemos, primeiramente, que x_n é uma média ponderada (ou combinação convexa) entre *a* e *b*, cujo peso é dado por $\lambda_n = \frac{1}{n}$ e $(1 - \lambda_n)$. E observemos que *f*(.) não foi definida como uma função côncava ou convexa. Assim, supondo que *f*(.) seja estritamente côncava, segundo a definição dada na Revisão de Conceitos, temos:

$$f(x_n) = f(\lambda_n b + (1 - \lambda_n)a) > \lambda_n f(b) + (1 - \lambda_n) f(a), \lambda_n \in (0, 1)$$

Portanto, se f é estritamente côncava, então a primeira desigualdade do item não é válida, apesar de a condição $f(b) < f(a)$ garantir que a segunda desigualdade seja válida.

(1) Verdadeiro. Uma definição de função convexa é similar à definição dada no item anterior, mas com a desigualdade invertida. Ou seja, se *f*(.) é convexa, então:

$$f(x_n) = f(\lambda_n b + (1 - \lambda_n)a) \leq \lambda_n f(b) + (1 - \lambda_n) f(a), \lambda_n \in (0, 1)$$

Como $f(b) < f(a)$, condição do item, e $\lambda_n > 0$, então:
$$f(x_n) \leq \lambda_n f(b) + (1 - \lambda_n) f(a) < \lambda_n f(a) + (1 - \lambda_n) f(a) = f(a) = \max \{f(b), f(a)\}$$
$$f(x_n) < f(a)$$

que é a expressão do item. Provamos, ainda, que, quando *f*(.) for convexa e $f(b) < f(a)$, então *f*(.) é estritamente quase convexa.

(2) Falso. A função *f* pode apresentar um mínimo local e mesmo assim valer:

$$\lim_{x \to x_0} f(x) = -\infty, x_0 \notin dom\acute{\imath}nio\,(f)$$

ou

$$\lim_{x \to \pm\infty} f(x) = -\infty$$

ou seja, a função pode explodir para menos infinito e, mesmo assim, ter um mínimo local. No primeiro limite, x_0 seria uma assíntota vertical da função.

Um contraexemplo seria:
$$f(x) = \begin{cases} x^2, x \geq -1 \\ -x^2 - 2x, x < -1 \end{cases}$$

Notemos que $f(x)$ é uma função contínua em todo o seu domínio, pois é uma função quadrática tanto à direita como à esquerda de $x = -1$, e neste ponto:
$$\lim_{x \to -1^-} f(x) = \lim_{x \to -1^+} f(x) = 1 = f(-1)$$

O mínimo local de $f(x)$ será $x = 0$, mas não será global, pois:
$$\lim_{x \to -\infty} f(x) = \lim_{x \to -\infty} -x^2 - 2x = -\infty$$

Graficamente, podemos ver facilmente que:

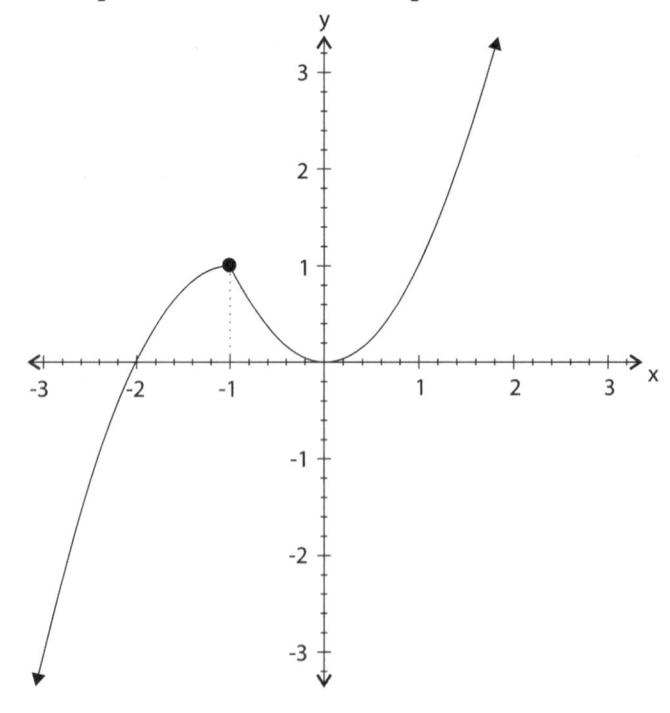

(3) Verdadeiro. Se f é convexa, ou seja, convexa em todos os seus pontos (ou, ainda, globalmente convexa), então todo mínimo local de $f(x)$ é um mínimo global. Convexidade global é uma condição suficiente para que todo ponto de mínimo local seja global.

Observação: Segue uma prova desta afirmação: Seja x^*, que será um mínimo local de f quando existir uma vizinhança (intervalo) $V_r(x^*) = (x^* - r, x^* + r)$ (de amplitude $2r$) em torno de x^* tal que:
$$f(x^*) \leq f(x)$$

para todo $x \in V_r(x^*) \cap I$. Ou seja, esta definição diz que x^* é um mínimo local se os pontos do domínio próximos dele não gerarem valores de f menores. Esta definição foi levemente modificada da p. 396 de Simon e Blume (1994).

Da definição do item (1), uma função é convexa quando:
$$f(x) = f(\lambda b + (1 - \lambda)a) \leq \lambda f(b) + (1 - \lambda)f(a), \forall \lambda \in [0, 1]$$

para qualquer $a, b \in I$. Como x é uma combinação convexa de a e b, então x também pertence ao domínio, visto que este é um intervalo aberto.

Denotemos $b = x^* + r$ e $a = x^* - r$. Notemos que existe $\lambda \in [0,1]$, tal que:
$$x^* = \lambda(x^* + r) + (1 - \lambda)(x^* - r) = \lambda b + (1 - \lambda)a$$

ou seja, x^* pode ser visto como uma combinação convexa de b e a, **para qualquer r**, visto que o domínio (intervalo aberto I) é um conjunto convexo.

Assim, pela definição de $f(.)$ convexa teremos:
$$f(x^*) = f(\lambda b + (1 - \lambda)a) \leq \lambda f(b) + (1 - \lambda)f(a)$$

Como vale para qualquer r (e, portanto, para qualquer $a, b \in I$, pois a e b foram definidos em função de x^* e r), então x^* levará a função f a seu menor valor possível, ou seja, x^* é mínimo global.

Questão 7

Sejam $f, g : \mathbb{R}^2 \to \mathbb{R}$ funções diferenciáveis definidas por $f(x,y) = 2x + y$ e $g(x,y) = x^2 - 4x + y$. Sejam:
$U = \{(x, y) \in \mathbb{R}^2 : g(x, y) \geq 0, x \geq 0, y \geq 0\}$,
$V = \{(x, y) \in \mathbb{R}^2 : g(x, y) \leq 0, x \geq 0, y \geq 0\}$.

Julgue as afirmativas:

- ⓪ $U \cap V$ é parte do gráfico de uma parábola.
- ① $U \cap V$ é o gráfico de uma função convexa.
- ② A restrição de f ao conjunto V atinge um máximo em um ponto da fronteira da região V.
- ③ $\iint_V f = \int_0^4 \int_0^{4x-x^2} f(x, y) dy dx$.
- ④ $(9 - \max_v f) \iint_v f(x, y) dx dy = 5$.

Resolução:

Os itens (3) e (4) estão resolvidos no capítulo Integrais.

(0) Verdadeiro.
$U \cap V = \{(x, y) \in \mathbb{R}^2 : g(x, y) = 0, x \geq 0, y \geq 0\}$

Ou seja, deve valer:
$x^2 - 4x + y = 0$
$$y = -x^2 + 4x = -x(x - 4) = 0$$
$$x = 0 \text{ ou } x = 4$$

que é uma parábola côncava para baixo, com raízes em 0 e 4 (esta informação também será útil no item (2)). Como o conjunto requer $x \geq 0$, $y \geq 0$, então $U \cap V$ é a parte do gráfico de uma parábola no ortante positivo.

(1) Falso. E esta parábola é côncava, pois: $y''(x) = -2 < 0$.

(2) Verdadeiro.
$$\max 2x + y$$
$$\text{s.t.}$$
$$x^2 - 4x + y \leq 0$$
$$x \geq 0$$
$$y \geq 0$$

Notemos que, devido à restrição:

$x^2 - 4x + y \leq 0 \Rightarrow y \leq -x^2 + 4x$

ou seja, y deve estar abaixo da parábola $-x^2 + 4x$, sendo $y \geq 0$, $x \geq 0$, isto é, no ortante positivo. Como as raízes desta parábola são $x = 0$ e $x = 4$ (obtidas no item (0)), então $0 \leq x \leq 4$, conforme gráfico abaixo:

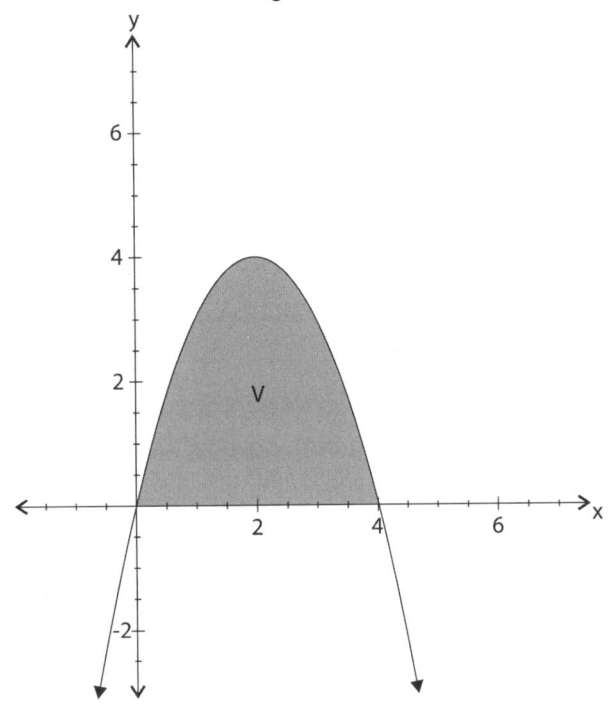

Além disso, a restrição analisada acima é ativa (*binding*), porque, usando o mesmo argumento de provas anteriores, a função-objetivo é crescente em ambos os argumentos. Montando o lagrangeano:

$L = 2x + y - \lambda(x^2 - 4x + y)$

As CPOs serão:

$x : 2 - \lambda(2x - 4) = 0$
$y : 1 - \lambda = 0 \rightarrow \lambda = 1$

Substituindo $\lambda = 1$, na primeira:
$$2 - \lambda(2x - 4) = 0$$
$$2 - (2x - 4) = 0$$
$$2 - 2x + 4 = 0$$
$$x^* = 3$$

Substituindo x^* na restrição:
$$x^{*2} - 4x^* + y^* = 0$$
$$3^2 - 4 \cdot 3 + y^* = 0$$
$$y^* = 3$$

Substituindo x^* e y^* na função objetiva, obtemos o máximo de f:
$$f(x^*, y^*) = 2x^* + y^* = 2 \cdot 3 + 3 = 9$$

Como a restrição é *binding*, então o máximo está em um ponto da fronteira.

Observação: Não temos uma solução de canto, pois se $x = y = 0$, então a função-objetivo, neste valor, será 0, menor do que 9, obtido pela solução ótima $(x^*, y^*) = (3, 9)$.

Assim, no ótimo, x é positivo, ou seja, $x^* > 0$ e y também, pois se $y = 0$, então, pela restrição $x = 0$, levando ao mesmo argumento de não termos solução de canto.

Questão 9

Para cada subconjunto $A \subset \mathbb{R}$ a função característica $\chi_A : \mathbb{R} \to \mathbb{R}$ é definida por $\chi_A(x) = 1$, se $x \in A$ e $\chi_A(x) = 0$, se $x \notin A$. Sejam $f, g : \mathbb{R} \to \mathbb{R}$ funções definidas por:
$$\begin{cases} f(x) = h(x)\chi_Q(x) \\ g(x) = h(x)\chi_{R-Q}(x), \end{cases}$$
em que $Q \subset \mathbb{R}$ é o conjunto dos números racionais e $h : \mathbb{R} \to \mathbb{R}$ é a função definida por $h(x) = x^2$. Julgue as afirmativas:

- ⓪ f não é diferenciável em $x = 0$.
- ① g não é contínua em $x = 0$.
- ② $f + g$ é diferenciável em $\mathbb{R}$.
- ③ $(fg)'(x) = f(x)g'(x) + g(x)f'(x)$, para todo x real.
- ④ $\int_0^1 (f + g) = 1/3$.

Resolução:

O item (4) está resolvido no capítulo Integrais.

(0) Falso. Pois:
$$\lim_{x \to 0} \frac{f(x) - f(0)}{x - 0} = \lim_{x \to 0} \frac{h(x)\chi_Q(x) - h(0)\chi_Q(0)}{x - 0} = \lim_{x \to 0} \frac{x^2 \chi_Q(x) - 0^2 \cdot 1}{x}$$
$$= \lim_{x \to 0} \frac{x^2 \chi_Q(x)}{x} = \lim_{x \to 0} x\chi_Q(x) = 0\chi_Q(0) = 0 \cdot 1 = 0$$

Logo $f(x)$ é diferenciável em $x = 0$, tal que:
$f'(0) = 0$

(1) Falso. Pois:
$$\lim_{x \to 0^+} g(x) = \lim_{x \to 0^-} g(x) = \lim_{x \to 0} g(x) = \lim_{x \to 0} x^2 \chi^2_{R-Q}(x) = 0^2 \chi^2_{R-Q}(0) = 0 \cdot 0 = 0$$
e $g(0) = 0$

Logo:
$$\lim_{x \to 0} g(x) = g(0) = 0$$

ou seja, g é contínua em $x = 0$.

(2) Verdadeiro.
$(f + g)(x) = f(x) + g(x)$
$\qquad\qquad = h(x)[\chi_Q(x) + \chi_{R-Q}(x)] = h(x)$

e $h(x) = x^2$ é diferenciável. Utilizou-se o fato de que:
$$\chi_Q(x) + \chi_{R-Q}(x) = \begin{cases} 1 + 0 = 1, \ x \in Q; \\ 0 + 1 = 1, \ x \in \mathbb{R} - Q. \end{cases}$$

(3) Falso. Para que seja válida a regra do produto da diferenciação, $f(x)$ e $g(x)$ devem ser diferenciáveis. Mas ambas as funções têm infinitos pontos de descontinuidade, pois entre dois números reais existem infinitos irracionais e vice-versa. Assim, como a função não é contínua para todo x real, ela não é diferenciável também para todo x real.

Questão 10

Seja $\langle,\rangle$ o produto escalar usual de $\mathbb{R}^n$, $f: \mathbb{R}^n \to \mathbb{R}$ uma função diferenciável e $\dfrac{\partial f}{\partial v}(a) = \langle \nabla f(a), v \rangle$, a derivada direcional em $a \in \mathbb{R}^n$, segundo o vetor $v \in \mathbb{R}^n$. Se $a, v \in \mathbb{R}^n$ são tais que $|v| = n |\nabla f(a)| \neq 0$, julgue as afirmativas:

- ⓪ Se $f(3a) = 3f(a)$, então f é homogênea de grau 3.
- ① Se f é homogênea de grau 2, então $\dfrac{\partial f}{\partial a}(a) = 2f(a)$.
- ② $\dfrac{\partial f}{\partial v}(a) > n |\nabla f(a)|^2$.
- ③ Se $N = \nabla f(a)$, então $\dfrac{\partial f}{\partial v}(a) \leq n \dfrac{\partial f}{\partial N}(a)$.
- ④ $\dfrac{\partial f}{\partial v}(a) = n|\nabla f(a)|^2 \Leftrightarrow$ existe $\lambda \in \mathbb{R}$, tal que $\nabla f(a) = \lambda v$.

Resolução:

(0) Falso. f é homogênea de grau k quando:
$f(\lambda a) = \lambda^k f(a)$, para λ real.

Quando $\lambda = 3$, temos:
$f(3a) = 3^k f(a)$

No caso do item, temos que $k = 1$, então f é homogênea de grau 1.

(1) Verdadeiro. Seja:
$a = v = (x_1, ..., x_n)$

Assim, aplicando a definição de produto escalar do enunciado para este item:

$$\dfrac{\partial f}{\partial a}(a) = \langle \nabla f(a), a \rangle = \dfrac{\partial f}{\partial x_1} x_1 + ... + \dfrac{\partial f}{\partial x_n} x_n = kf(a) = kf(x_1, ..., x_n)$$

que é a volta do Teorema de Euler, enunciado na Revisão de Conceitos, para uma função homogênea de grau k ($k = 2$ no item).

(2) Falso. Pela informação dada no enunciado, o lado direito da expressão do item pode ser escrito também como:

$$n|\nabla f(a)|^2 = n|\nabla f(a)||\nabla f(a)| \overset{|v|=n\|\nabla f(a)\|}{=} |v||\nabla f(a)|$$

Juntando ambas as expressões:
$$n|\nabla f(a)|^2 = |v||\nabla f(a)|$$

Por outra informação dada no enunciado, o lado esquerdo da expressão do item pode ser escrito também como:
$$\frac{\partial f}{\partial v}(a) = \langle \nabla f(a), v \rangle$$

Dividindo ambas, teremos:
$$\frac{\frac{\partial f}{\partial v}(a)}{n|\nabla f(a)|^2} = \frac{\langle \nabla f(a), v \rangle}{|v||\nabla f(a)|} = \cos\theta \leq 1$$

onde θ é o ângulo formado pelos vetores $\nabla f(a)$ e v. Assim:
$$\frac{\frac{\partial f}{\partial v}(a)}{n|\nabla f(a)|^2} \leq 1 \Rightarrow \frac{\partial f}{\partial v}(a) \leq n|\nabla f(a)|^2$$

(3) Verdadeiro. Notemos que o lado direito da expressão da desigualdade pode ser escrito, pela definição dada no enunciado, como:

$$n\frac{\partial f}{\partial N}(a) = n\langle \nabla f(a), N \rangle \overset{N=\nabla f(a)}{=} n\langle \nabla f(a), \nabla f(a) \rangle$$

Relembre que o produto interno de um vetor $u = (u_1,...,u_n)$ por ele mesmo é igual à norma (comprimento) ao quadrado, ou seja:

$$\langle u, u \rangle = |u|^2$$
$$u_1^2 + ... + u_n^2 = \left(\sqrt{u_1^2 + ... + u_n^2}\right)^2$$

Aplicando isso ao vetor gradiente $\nabla f(a)$, teremos:

$$n\frac{\partial f}{\partial N}(a) = n\langle \nabla f(a), \nabla f(a)\rangle = n|\nabla f(a)|^2 = n|\nabla f(a)||\nabla f(a)| \overset{|v|=n\|\nabla f(a)\|}{=} |v||\nabla f(a)|$$

$$n\frac{\partial f}{\partial N}(a) = |v||\nabla f(a)|$$

No item (2) provamos que:

$$\frac{\langle \nabla f(a), v\rangle}{v|\nabla f(a)|} = \cos\theta \leq 1 \Rightarrow \langle \nabla f(a), v\rangle \leq |v||\nabla f(a)|$$

Assim, escrevendo o lado esquerdo da expressão pela definição dada no enunciado e usando essa prova do item (2):

$$\frac{\partial f}{\partial v}(a) = \langle \nabla f(a), v\rangle \leq |v||\nabla f(a)| = n\frac{\partial f}{\partial N}(a)$$

onde a última desigualdade foi provada acima. Logo:

$$\frac{\partial f}{\partial v}(a) \leq n\frac{\partial f}{\partial N}(a)$$

(4) Verdadeiro. Notemos que o lado esquerdo dividido pelo lado direito pode ser escrito como:

$$\frac{\left|\frac{\partial f}{\partial v}(a)\right|}{n|\nabla f(a)|^2} \overset{\frac{\partial f}{\partial v}(a)=\langle\nabla f(a),v\rangle}{\underset{|v|=n|\nabla f(a)|}{=}} \frac{|\langle \nabla f(a), v\rangle|}{|v||\nabla f(a)|} = \frac{|\langle \nabla f(a), v\rangle|}{|v||\nabla f(a)|} = |\cos\theta|$$

Como o item afirma que:

$$\left|\frac{\partial f}{\partial v}(a)\right| = n|\nabla f(a)|^2 \Leftrightarrow \frac{\left|\frac{\partial f}{\partial v}(a)\right|}{n|\nabla f(a)|^2} = 1$$

então:

$$\frac{\left|\frac{\partial f}{\partial v}(a)\right|}{n|\nabla f(a)|^2} = |\cos\theta| = 1 \Leftrightarrow \theta \in \{0, \pi\} \Leftrightarrow \nabla f(a) \text{ e } v \text{ possuem a mesma direção} \Leftrightarrow$$

$$\Leftrightarrow \text{existe } \lambda \in \mathbb{R} \text{ tal que } \nabla f(a) = \lambda v.$$

Questão 11

Considere a função:

$$f(x,y) = \begin{cases} 0, \text{ se } (x,y) = (0,0) \text{ e} \\ \dfrac{x^3y - xy^3}{x^2 - y^2}, \text{ caso contrário.} \end{cases}$$

Com relação à função acima, julgue as afirmativas:

Ⓞ $\dfrac{\partial f}{\partial x}(0,0) = \dfrac{\partial f}{\partial y}(0,0) = 0.$

① Se $g(x,y) = \dfrac{\partial f}{\partial x}(0,y) + \dfrac{\partial f}{\partial y}(x,0)$, então $g(2,2) = 0.$

② $\dfrac{\partial^2 f}{\partial x \partial y}(0,0) = \dfrac{\partial^2 f}{\partial y \partial x}(0,0).$

③ $\dfrac{\partial^2 f}{\partial x \partial y}(x,y)$ é contínua na origem.

④ $\dfrac{\partial^2 f}{\partial x \partial y}(x,x) = 0$ para $x > 0.$

Resolução:

(0) Verdadeiro. Aqui devemos provar que $f(x,y)$ é diferenciável em relação a x e y no ponto $(x,y) = (0,0)$. Para que $f(x,y)$ seja diferenciável em relação a x, no ponto x_0, deve valer:

$$\lim_{x \to x_0^-} \frac{f(x,y) - f(x_0, y)}{x - x_0} = \lim_{x \to x_0^+} \frac{f(x,y) - f(x_0, y)}{x - x_0}$$

E para ser diferenciável em relação a y, no ponto y_0, deve valer:

$$\lim_{y \to y_0^-} \frac{f(x,y) - f(x, y_0)}{y - y_0} = \lim_{y \to y_0^+} \frac{f(x,y) - f(x, y_0)}{y - y_0}$$

No caso deste item, queremos provar se a função é diferenciável parcialmente, no ponto 0. Em relação a x, teremos:

$$\lim_{x \to 0^-} \frac{f(x,y) - f(0,y)}{x - 0} = \lim_{x \to 0^-} \frac{f(x,y) - \dfrac{0^3 y - 0y^3}{0^2 + y^2}}{x} = \lim_{x \to 0^-} \frac{f(x,y)}{x} = \lim_{x \to 0^-} \frac{x^3 y - xy^3}{x^3 + xy^2}$$

$$\overset{L'Hopital}{=} \lim_{x \to 0^-} \frac{3x^2 y - y^3}{3x^2 + y^2} = \frac{-y^3}{y^2} = -y = \lim_{x \to 0^+} \frac{f(x,y) - f(0,y)}{x - 0}$$

Assim, a derivada parcial em relação a x no ponto 0 existe e vale:

$f_x(0,y) = -y$

Em relação a y, teremos:

$$\lim_{y \to 0^-} \frac{f(x, y) - f(x, 0)}{y - 0} = \lim_{y \to 0^-} \frac{f(x, y) - \frac{x^3 0 - x 0^3}{x^2 + 0^2}}{y} = \lim_{y \to 0^-} \frac{f(x, y)}{y} = \lim_{y \to 0^-} \frac{x^3 y - xy^3}{yx^2 + y^3}$$

$$\stackrel{L'Hopital}{=} \lim_{y \to 0^-} \frac{x^3 - 3xy^2}{x^2 + 3y^2} = \frac{x^3}{x^2} = x = \lim_{y \to 0^+} \frac{f(x, y) - f(x, 0)}{y - 0}$$

Assim, a derivada parcial em relação a y no ponto 0 existe e vale:
$f_y(x, 0) = x$

Portanto, avaliando as duas derivadas parciais em $(x, y) = (0, 0)$, teremos:
$f_x(0, 0) = f_y(0, 0) = 0$

(1) Verdadeiro. Como provado no item (0):
$g(x, y) = f_x(0, y) + f_y(x, 0) = -y + x$

Então:
$g(2,2) = -2 + 2 = 0$

Observação: Outra forma de fazer este item é ver que $f(x,y)$ também é diferenciável para $(x,y) \neq (0,0)$, pois nestes pontos assume um formato de uma razão de polinômios. Assim, calculando as derivadas parciais:

$$f_x(x, y) = \frac{(3x^2 y - y^3)(x^2 + y^2) - (x^3 y - xy^3) 2x}{(x^2 + y^2)^2}$$

$$f_y(x, y) = \frac{(x^3 - 3xy^2)(x^2 + y^2) - (x^3 y - xy^3) 2y}{(x^2 + y^2)^2}$$

Assim:
$f_x(0, 2) = -2$
$f_y(2, 0) = 2$
$g(2, 2) = -2 + 2 = 0$

(2) Falso. Como destacado no comentário do item (1), $f(x,y)$ é diferenciável para qualquer $(x,y) \in \mathbb{R}^2$, ou seja, existe $\nabla f(x, y) = (\partial f / \partial x, \partial f / \partial y)$. O item diz que as derivadas segundas cruzadas são iguais, ou seja, independente se $f(x,y)$ é diferenciável em relação a x e y ou y e x, quando avaliada no ponto (0,0). Vamos verificar se existe tal derivada cruzada na origem, ou seja, se $\nabla f(x,y)$ é diferenciável em (0,0). Devemos verificar se:

$$\lim_{y \to 0} \frac{f_x(0, y) - f_x(0,0)}{y - 0} = \lim_{x \to 0} \frac{f_y(x,0) - f_y(0,0)}{x - 0}$$

onde o lado esquerdo representa a derivada de f_x em relação a y, no ponto (0,0), e o lado direito representa a derivada de f_y em relação a x, no ponto (0,0). Assim, do item (0) vimos que $f_x(0, y) = -y, f_y(x, 0) = x, f_x(0,0) = f_y(0,0) = 0$. Usando isto para avaliar os limites, temos que:

$$\lim_{y \to 0^-} \frac{f_x(0, y) - f_x(0,0)}{y - 0} = \lim_{y \to 0^+} \frac{f_x(0, y) - f_x(0,0)}{y - 0} = \lim_{y \to 0} \frac{-y}{y} = -1 = f_{xy}(0,0)$$

$$\lim_{x \to 0} \frac{f_y(x,0) - f_y(0,0)}{x - 0} = \lim_{x \to 0^+} \frac{f_y(x,0) - f_y(0,0)}{x - 0} = \lim_{x \to 0} \frac{x}{x} = 1 = f_{yx}(0,0)$$

$$f_{xy}(0,0) \neq f_{yx}(0,0)$$

ou seja, apesar de as derivadas cruzadas existirem na origem, isto é, existe $f_{xy}(0,0)$ e $f_{yx}(0,0)$, elas não se igualam, como afirmado no item.

Observação: Outra forma de se fazer é a seguinte: vimos no item (1) que:

$f_x(0,y) = -y$

$f_y(x,0) = x$

Como são funções lineares, então são diferenciáveis. Assim:

$f_{xy}(0,y) = -1$

$f_{yx}(x,0) = 1$

resultado similar ao obtido acima.

(3) Falso. Do comentário do item (0), a primeira derivada será:

$$f_x(x,y) = \frac{(3x^2y - y^3)(x^2 + y^2) - (x^3y - xy^3)2x}{(x^2 + y^2)^2}$$

$$f_x(x,y) = \frac{(3x^2y - y^3)}{(x^2 + y^2)} - \frac{2x(x^3y - xy^3)}{(x^2 + y^2)^2}$$

Como tal derivada é uma razão de polinômios, então a sua derivada em relação a y, ou seja, a derivada segunda cruzada, existe e será:

$$f_{xy}(x,y) = \left\{ \begin{array}{c} \dfrac{(3x^2 - 3y^2)(x^2 + y^2) - 2y(3x^2y - y^3)}{(x^2 + y^2)^2} \\ -\dfrac{2x(x^3 - 3xy^2)(x^2 + y^2)^2 - 2x(x^3y - xy^3)4y(x^2 + y^2)}{(x^2 + y^2)^4} \end{array} \right\}$$

$$f_{xy}(x,y) = \left\{ \frac{(3x^2 - 3y^2)}{(x^2 + y^2)} - \frac{2y(3x^2y - y^3)}{(x^2 + y^2)^2} - \frac{2x(x^3 - 3xy^2)}{(x^2 + y^2)^2} + \frac{8xy(x^3y - xy^3)}{(x^2 + y^2)^3} \right\}$$

Já sabemos, do item (2), que $f_{xy}(0,0) = -1$. Vamos avaliar se:

$$\lim_{(x,y) \to (0,0)} f_{xy}(x,y) = f_{xy}(0,0)$$

Para calcular esse limite, temos que provar que todos os caminhos que levam a (0,0) geram o mesmo limite. Mas, para nós, será necessário avaliar apenas um caminho. Por exemplo, o caminho pela reta y = x (pois será útil no item (4)), ou seja:

$$f_{xy}(x,x) = \left\{ \frac{(3x^2 - 3x^2)}{(x^2 + x^2)} - \frac{2x(3x^2x - x^3)}{(x^2 + x^2)^2} - \frac{2x(x^3 - 3xx^2)}{(x^2 + x^2)^2} + \frac{8xx(x^3x - xx^3)}{(x^2 + x^2)^3} \right\}$$

$$f_{xy}(x,x) = -\frac{4x^4}{4x^4} + \frac{4x^4}{4x^4} = 0$$

Assim:
$$\lim_{x \to 0} f_{xy}(x,x) = 0 \neq -1 = f_{xy}(0,0)$$

Logo, $f_{xy}(x,y)$ não é contínua em (0,0).

Observação 1: Calculamos o limite de $f_{xy}(x,y)$ para a origem, apenas por um caminho. Para provar que o limite é igual a 0 (e, portanto, existe), deveríamos mostrar para todo caminho possível. Mas, ao fazermos para um caminho (reta y = x), nos restringimos a duas possibilidades: (i) o limite é igual a 0; ou (ii) o limite não existe (caso o limite para a origem seja diferente por caminhos diferentes). Em qualquer um dos casos, será diferente do valor da função avaliada em (0,0), que é igual a –1.

Observação 2: O Teorema de Young (teorema 14.5 de Simon & Blume, 1994, p. 330) mostra que as derivadas cruzadas devem ser iguais, ou seja:

$$f_{xy}(x,y) = f_{yx}(x,y)$$

mas supondo que $f(x,y)$ seja da classe C^2. Mas vimos que a segunda derivada (cruzada) de $f(x,y)$ não é contínua na origem e, portanto, tal teorema não é aplicável aqui. Assim, esta função é um exemplo de que as derivadas cruzadas não se igualam (visto no item (2), no ponto (0,0)) quando $f(x,y)$ não é da classe C^2.

(4) Verdadeiro (Discordância do Gabarito da ANPEC). Pelo item (3), vimos que:

$$f_{xy}(x,x) = 0.$$

Questão 13

Dada a função $f(x, y, z) = \min\{2x, y/4, z\}$ definida para $x, y, z \geq 0$, considere o problema:
max $\{f(x,y,z)\}$, sujeito a $2x + y + 5z \leq 210$.
Se (x^*, y^*, z^*) é a solução do problema, calcule $f(x^*, y^*, z^*)$.

Resolução:

No ótimo teremos:

$$2x^* = \frac{y^*}{4} = z^*$$

Da mesma forma que na função mínimo com duas variáveis (por exemplo, $\min\{2x, y/4\}$), no caso de três variáveis, no ótimo, temos que ter igualdade dos três argumentos da função.

Se no ótimo tivéssemos, por exemplo, $2\tilde{x} = \tilde{z} > \tilde{y}/4$, então não geraria o maior valor possível para a função-objetivo. Pois, neste exemplo, min $\{2\tilde{x}, \tilde{y}/4, \tilde{z}\} = \tilde{y}/4$, bastaria aumentar y até igualar com $2x = z$, aumentando, assim, a função-objetivo ainda mais. Um argumento análogo vale para $2\tilde{x} = \tilde{y}/4 > \tilde{z}$, $\tilde{y}/4 = \tilde{z} > 2\tilde{x}$. Para o caso de desigualdade estrita: $\tilde{y}/4 > \tilde{z} > 2\tilde{x}$ (ou qualquer posição trocada entre estes três argumentos), também teríamos uma argumentação parecida. Se estes pontos fossem ótimos, poderíamos aumentar x e z até eles se igualarem com $y/4$, elevando ainda mais a função-objetivo.

Assim, substituindo a expressão anterior na restrição, teremos:

$2x^* + y^* + 5z^* = 210$

$\dfrac{y^*}{4} + \dfrac{4y^*}{4} + \dfrac{5y^*}{4} = 210$

$y^* = \dfrac{4 \cdot 210}{10} = 4 \cdot 21$

$\dfrac{y^*}{4} = 21 = z^* = 2x^*$

$f(x^*, y^*, z^*) = 21$

Questão 15

Seja $r = 1/2$, $I = (-1,1)$ e $f : I \to R$ a função definida por $f(x) = \sum_{n=1}^{\infty} nx^{n-1}$. Sabendo-se que $f(x) = \dfrac{d}{dx}\left(\sum_{n=1}^{\infty} x^n\right)$, calcule o valor de $\alpha = 5\sum_{n=1}^{\infty} nr^{n-1}$.

Resolução:

Notemos que $f(x)$ pode ser escrito como:

$f(x) = \dfrac{d}{dx}(x + x^2 + ...) \underbrace{=}_{\text{PG com razão} = (-1 < x < 1)}^{\text{Soma Infinita de uma}} \dfrac{d}{dx}\left(\dfrac{x}{1-x}\right) = \dfrac{(1-x)+x}{(1-x)^2} = \dfrac{1}{(1-x)^2}$

O termo entre colchetes é uma soma de uma PG infinita com razão x, tal que $-1 < x < 1$. Assim:

$f(x) = \dfrac{d}{dx}(x + x^2 + ...) = \dfrac{d}{dx}\left(\dfrac{x}{1-x}\right) = \dfrac{(1-x)+x}{(1-x)^2} = \dfrac{1}{(1-x)^2}$

ou ainda:

$f(r) = \dfrac{1}{(1-r)^2}$

Assim, α pode ser escrito como:

$$\alpha = 5\sum_{n=1}^{\infty} nr^{n-1} \underset{=}{\overset{\sum_{n=1}^{\infty} nr^{n-1} = f(r)}{}} 5f(r) \underset{=}{\overset{f(r) = \frac{1}{(1-r)^2}}{}} 5\frac{1}{(1-r)^2} \underset{=}{\overset{r=\frac{1}{2}}{}} 5\frac{1}{(1-\frac{1}{2})^2}$$

$$\alpha = 5 \cdot \frac{1}{\left(\frac{1}{2}\right)^2} = 5 \cdot 4 = 20$$

PROVA DE 2009

Questão 1

Seja $f: R \times R \to R$ definida por $f(x,y) = g(x)g(y)$, em que $g: R \to R$ é a função dada por $g(x) = x^2(2-x)$. Seja $a = 4/3$ e $K = [0,2] \times [0,2]$. Julgue os itens abaixo:

- ⓪ g é decrescente no intervalo $[0, a]$.
- ① $\nabla f(x,0) = \nabla f(0,y) = (0,0)$, $\forall x, y \in R$.
- ② p é ponto crítico de $f \Leftrightarrow p = (2,2)$ ou $p = (a,a)$.
- ③ g é convexa no intervalo $(-\infty, a/2)$.
- ④ $0 \le f(x, y) \le f(a, a)$, $\forall (x, y) \in K$.

Resolução:

(0) Falso. Para avaliar se a função é decrescente, devemos obter a primeira derivada:
$g'(x) = -3x^2 + 4x$

Igualando a zero para obter as raízes:
$g'(x) = -3x^2 + 4x = 0$
$x(-3x + 4) = 0$
$x = 0, x = 4/3$

Assim, teremos $g'(x) < 0$ para $x < 0$ e $x > 4/3$. E no intervalo $0 < x < 4/3$, teremos $g'(x) > 0$, ou seja, para este intervalo, a função será crescente.

(1) Verdadeiro. O vetor gradiente da função f será:
$\nabla f(x, y) = (\partial f / \partial x, \partial f / \partial y) = (g'(x)g(y), g(x)g'(y))$

As derivadas $g'(x)$ já foram obtidas no item (0) e $g'(y)$ pode ser obtida de forma análoga. Assim:

$\nabla f(x, y) = ((-3x^2 + 4x)y^2(2 - y), (-3y^2 + 4y)x^2(2 - x))$

Logo:
$\nabla f(x, 0) = ((-3x^2 + 4x)0^2(2 - 0), (-3(0)^2 + 4 \cdot 0)x^2(2 - x)) = (0, 0)$
$\nabla f(0, y) = ((-3(0)^2 + 4 \cdot 0)y^2(2 - y), (-3y^2 + 4y)0^2(2 - 0)) = (0, 0)$

Portanto, a afirmação é correta para qualquer $x, y \in \mathbb{R}$.

(2) Falso. Para obtermos um ponto crítico p para f, tal ponto deve satisfazer a condição de primeira derivada igual a zero, ou seja:

$\nabla f(x,y) = ((-3x^2 + 4x)y^2(2 - y), (-3y^2 + 4y)x^2(2 - x)) = (0,0)$

O item (1) já nos deu uma dica de que o ponto (0,0) é provavelmente um ponto crítico. Assim:

$\nabla f(0,0) = ((-3(0)^2 + 4 \cdot 0)(0)^2(2 - 0), (-3(0)^2 + 4 \cdot 0)0^2 (2 - 0)) = (0,0)$

Então, um ponto crítico possível é $p = (0,0)$. Logo, a afirmativa é falsa, pois, se p é ponto crítico de f, então ($\Rightarrow$) p pode ser (0,0). Ou seja, p não será necessariamente igual a $(2,2)$ ou (a, a), sendo $a = 4/3$.

Observação: Tais pontos, $(2,2)$ e (a, a), são também pontos críticos. Basta verificar que:

$\nabla f(2,2) = \left(\underbrace{(-3(2)^2 + 4 \cdot 2)(2)^2 (2 - 2)}_{=0}, \underbrace{(-3(2)^2 + 4 \cdot 2)(2)^2 (2 - 2)}_{=0} \right) = (0,0)$

$\nabla f(a,a) = \left(\underbrace{(-3(4/3)^2 + 4 \cdot (4/3))}_{=0}(4/3)^2 (2 - 4/3), \underbrace{(-3(4/3)^2 + 4 \cdot (4/3))}_{=0}(4/3)^2(2 - 4/3) \right)$
$= (0,0)$

Assim, a volta da afirmação é válida, ou seja, se $p = (2,2)$ ou $p = (a,a)$, então p é ponto crítico de f. Mas, como visto acima, o problema está na ida da afirmação.

(3) Verdadeiro. Devemos verificar a segunda derivada de g. A primeira foi obtida no item (0):

$g'(x) = -3x^2 + 4x$

$g''(x) = -6x + 4 > 0$

$\Rightarrow x < \dfrac{4}{6} = \dfrac{1}{2}\dfrac{4}{3} = \dfrac{1}{2}a$

Assim, a função é convexa para o intervalo $(-\infty, a/2)$.

(4) Verdadeiro. Notemos que:

$f(x,y) = g(x)g(y) = x^2(2-x)\,y^2(2-y) \geq 0$

pois $(x, y) \in K$, e os termos $(2-x)$ e $(2-y)$ sempre serão não negativos.

Agora, lembremos que vimos no item (2) que existem três pontos críticos possíveis: $(0,0)$, (a,a), $(2,2)$. Avaliando tais pontos na função f, obtemos:

$f(x,y) = g(x)g(y) = x^2(2-x)y^2(2-y)$

$f(0,0) = 0^2(2-0)0^2(2-0) = 0$

$f(a,a) = f\left(\dfrac{4}{3},\dfrac{4}{3}\right) = \left(\dfrac{4}{3}\right)^2\left(2-\dfrac{4}{3}\right)\left(\dfrac{4}{3}\right)^2\left(2-\dfrac{4}{3}\right) = \dfrac{16}{9}\left(\dfrac{2}{3}\right)\dfrac{16}{9}\left(\dfrac{2}{3}\right) = \dfrac{(32)^2}{9^3}$

$f(2,2) = 2^2(2-2)2^2(2-2) = 0$

Assim, o maior valor possível ocorrerá quando $f = f(a,a)$.

Questão 2

Considere as funções $f : R \to R$ e $g : R \to R$, em que:

$f(x) = \begin{cases} ax^2 + 1, \text{ se } x < 0, \\ 1, \text{ se } x \geq 0 \text{ e} \end{cases}$

$g(x) = xe^x$

Julgue as afirmativas:

⓪ f é contínua em 0, para todo $a \in R$.
① Se $a \neq 0$, então f não é derivável em 0.
② g é crescente em $(-1, \infty)$ e possui um máximo local em $x = -1$.
③ g é uma função convexa.
④ $g(x)'' > g(x)'$, para todo $x \in R$.

Resolução:

(0) Verdadeiro. Notemos que:
$$\lim_{x \to 0} f(x) = \lim_{x \to 0^+} f(x) = \lim_{x \to 0^-} f(x) = 1$$

ou seja, primeiro verificamos que o limite à esquerda e à direita de zero são iguais a 1 (e, portanto, o limite de x tendendo para zero existe). Agora, verificamos que:

$f(0) = 1$

Assim:
$$\lim_{x \to 0} f(x) = f(0) = 1$$

Portanto, por esta última equação verificamos que a função f é contínua.

(1) Falso. Avaliando se tal função é diferenciável em $x = 0$:
$$\lim_{x \to 0^-} \frac{f(x) - f(0)}{x - 0} = \lim_{x \to 0^-} \frac{ax^2 + 1 - 1}{x - 0} = \lim_{x \to 0^-} \frac{ax^2}{x} = \lim_{x \to 0^-} ax = 0$$

$$\lim_{x \to 0^+} \frac{f(x) - f(0)}{x - 0} = \lim_{x \to 0^+} \frac{1 - 1}{x - 0} = 0$$

Logo:
$$\lim_{x \to 0^-} \frac{f(x) - f(0)}{x - 0} = \lim_{x \to 0^+} \frac{f(x) - f(0)}{x - 0}$$

ou seja, $f(x)$ é uma função diferenciável em $x = 0$ e seu valor é:

$f'(0) = 0$

(2) Falso. Para avaliar se g é decrescente e possui um máximo local, devemos obter a primeira derivada:

$g'(x) = e^x + xe^x = e^x(1 + x) = 0$

Assim, como $e^x > 0$, $\forall x$, devemos ter:

$(1 + x) = 0$

$\qquad x = -1$

Assim, a função apresenta um ponto crítico em $x = -1$. Além disso, a função apresentará $g'(x) > 0$, ou seja, será crescente no intervalo $(-1, \infty)$. A primeira parte da afirmação está correta. No entanto, devemos também avaliar se o ponto $x = -1$ é máximo. Para isso, devemos obter a segunda derivada da função:

$g''(x) = e^x + e^x(1 + x)$
$g''(x) = e^x(2 + x)$

Avaliando em $x = -1$:
$g''(-1) = e^{-1}(2 - 1) = e^{-1} > 0$

ou seja, a função é convexa em $x = -1$, e, portanto, tal ponto é um mínimo local, e não máximo.

(3) Falso. Usando a segunda derivada do item acima:
$g''(x) = e^x(2 + x) = 0$
$(2 + x) = 0$

Assim, teremos que $g''(x) < 0$, ou seja, côncava, para $x < -2$ e $g''(x) > 0$, ou seja, convexa, para $x > -2$. Assim, a função $g(x)$ não é convexa para todo número real (domínio).

(4) Verdadeiro. Avaliando a segunda e primeira derivadas, obtidas no item (1), vemos que:
$g''(x) = e^x(2 + x) > g'(x) = e^x(1 + x)$

ou seja:
$(2 + x) > (1 + x)$

para todo $x \in \mathbb{R}$. Logo, a afirmativa é válida.

Questão 4

Considere a função $f : \mathbb{R}_+^2 \to \mathbb{R}$ definida por $f(x, y) = x^{3/4} y^{1/4}$, em que $\mathbb{R}_+^2 = \mathbb{R}_+ \times \mathbb{R}_+$. Julgue as afirmativas:

Ⓞ A função f é côncava.
① A função f possui um ponto de máximo absoluto em $\mathbb{R}_+^2$.
② A partir do ponto (1,1), a função cresce mais rapidamente na direção do vetor (3/4, 1/4).
③ Se $u = (\sqrt{2}/2, -\sqrt{2}/2)$, então $\frac{\partial f}{\partial u}(1,1) = \frac{\sqrt{2}}{4}$, em que $\frac{\partial f}{\partial u}(1,1)$ é a derivada direcional de f, no ponto (1,1), na direção do vetor u.
④ A função f é homogênea de grau 3.

Resolução:

(0) Anulada. Para avaliarmos se a função de duas variáveis é côncava, devemos calcular a hessiana. Primeiro, obtendo as primeiras derivadas:

$$f_x = \frac{3}{4} x^{-1/4} y^{1/4}$$

$$f_y = \frac{1}{4} x^{3/4} y^{-3/4}$$

Agora, calculando as segundas derivadas e já montando a hessiana:

$$H = \begin{bmatrix} f_{xx} & f_{xy} \\ f_{yx} & f_{yy} \end{bmatrix} = \begin{bmatrix} -\frac{3}{16} x^{-5/4} y^{1/4} & \frac{3}{16} x^{-1/4} y^{-3/4} \\ \frac{3}{16} x^{-1/4} y^{-3/4} & -\frac{3}{16} x^{3/4} y^{-7/4} \end{bmatrix}$$

Avaliando os menores principais líderes:

$$|H_1| = -\frac{3}{16} x^{-5/4} y^{1/4} \leq 0$$

$$|H_2| = |H| = \frac{9}{16} x^{-2/4} y^{-6/4} - \frac{9}{16} x^{-2/4} y^{-6/4} = 0$$

pois $(x,y) \geq (0,0)$, visto que $(x,y) \in \mathbb{R}_+ \times \mathbb{R}_+$. Assim, devemos avaliar os outros menores principais. O único que falta é o que elimina a primeira linha e coluna:

$$|H_{11}| = -\frac{3}{16} x^{3/4} y^{-7/4} \leq 0$$

Como os menores principais de ordem ímpar ($|H_1|$ e $|H_{11}|$) são não positivos e os menores principais de ordem par ($|H_2|$) são não negativos, então a hessiana é negativa semidefinida. Logo, a função seria côncava e a afirmação, verdadeira.

Mas, provavelmente, a questão foi anulada, pois (x, y) pode ser $(0,0)$. Neste caso, todos os menores principais seriam nulos e, consequentemente, a hessiana seria tanto positiva como negativa semidefinida. Assim, a função seria tanto côncava como convexa.

Observação: Sobre as regras dos sinais dos menores principais da hessiana, veja p. 381-383 do Simon & Blume (1994), além das p. 513-514, que relaciona com a concavidade da função.

(1) Falso. Basta verificar que:

$$\lim_{(x,y)\to(\infty,\infty)} f(x,y) = (\infty)^{3/4}(\infty)^{1/4} = \infty \cdot \infty = \infty$$

Logo, a função explode e não possui um máximo absoluto (global) em $\mathbb{R}^2_+$.

(2) Verdadeiro. Para resolver este item, utilizaremos a seguinte definição:

Definição: A derivada direcional de f diferenciável e avaliada em (x_0, y_0) na direção do vetor $\vec{v}$ será:

$$\frac{\partial f}{\partial \vec{u}}(x_0, y_0) = \nabla f(x_0, y_0) \cdot \vec{u} = \left\langle \nabla f(x_0, y_0), \vec{u} \right\rangle$$

em que, $\vec{u}$ é o versor (vetor normalizado para ter norma unitária) de $\vec{v}$.

Avaliando o gradiente:

$$\nabla f(1,1) = (f_x, f_y)_{(x,y)=(1,1)} = \left(\frac{3}{4}x^{-1/4}y^{1/4}, \frac{1}{4}x^{3/4}y^{-3/4}\right)_{(x,y)=(1,1)}$$

$$= \left(\frac{3}{4}, \frac{1}{4}\right)$$

Assim, a derivada direcional para um vetor $\vec{v} = (a, b)$, com versor $\vec{u} = \left(\dfrac{a}{\sqrt{a^2+b^2}}, \dfrac{b}{\sqrt{a^2+b^2}}\right)$, será:

$$\frac{\partial f}{\partial \vec{u}}(1,1) = \nabla f(1,1) \cdot \vec{u}$$

$$= \left(\frac{3}{4}, \frac{1}{4}\right) \cdot \left(\frac{a}{\sqrt{a^2+b^2}}, \frac{b}{\sqrt{a^2+b^2}}\right)$$

$$= \frac{3}{4}\frac{a}{\sqrt{a^2+b^2}} + \frac{1}{4}\frac{b}{\sqrt{a^2+b^2}}$$

$$= \frac{1}{4\sqrt{a^2+b^2}}(3a+b)$$

O maior valor possível para tal derivada será obtido ao resolver o seguinte problema de maximização:

$$\max_{a,b} \frac{1}{4\sqrt{a^2+b^2}}(3a+b)$$

Fazendo uma transformação logarítmica:

$$\max_{a,b} \ln\frac{1}{4} + \ln(a^2+b^2)^{-1/2} + \ln(3a+b)$$

$$\max_{a,b} \ln\frac{1}{4} + -\frac{1}{2}\ln(a^2+b^2) + \ln(3a+b)$$

As CPOs serão:

$a: \dfrac{-a}{a^2+b^2} + \dfrac{3}{3a+b} = 0 \Rightarrow a(3a+b) = 3(a^2+b^2)$

$\Rightarrow 3a^2 + ab = 3a^2 + 3b^2 \Rightarrow ab = 3b^2 \Rightarrow a = 3b$

$b: \dfrac{-b}{a^2+b^2} + \dfrac{1}{3a+b} = 0 \Rightarrow b(3a+b) = (a^2+b^2)$

$\Rightarrow 3ab + b^2 = a^2 + b^2 \Rightarrow 3ab = a^2 \Rightarrow 3b = a$

Assim, a solução será qualquer vetor $\vec{v} = (3b, b)$. Um possível vetor é justamente o vetor gradiente $\nabla f(1,1) = \left(\dfrac{3}{4}, \dfrac{1}{4}\right)$, visto que a primeira coordenada é o triplo da segunda. Então, a derivada direcional avaliada no ponto (1,1) cresce mais rapidamente quando $\vec{u}$ for o versor de $\nabla f(1,1) = \left(\dfrac{3}{4}, \dfrac{1}{4}\right)$, ou seja, quando calcularmos a derivada direcional na direção do vetor gradiente $\nabla f(1,1) = \left(\dfrac{3}{4}, \dfrac{1}{4}\right)$:

$$\dfrac{\partial f}{\partial \vec{u}}(1,1) = \nabla f(1,1) \cdot \dfrac{\nabla f(1,1)}{\|\nabla f(1,1)\|}, \text{ onde } \vec{u} = \dfrac{\nabla f(1,1)}{\|\nabla f(1,1)\|}.$$

Observação: O resultado obtido neste item é um teorema, levemente modificado, de Guidorizzi (2001, v. 2, p. 264) e que foi enunciado também na Revisão de Conceitos:

Teorema: Seja $f : \mathbb{R}^2_+ \to \mathbb{R}$, diferenciável em (x_0, y_0) e tal que $\nabla f(x_0, y_0) \neq 0$. Então a derivada direcional $\dfrac{\partial f}{\partial \vec{u}}(x_0, y_0)$ atinge seu valor máximo quando $\vec{u}$ for o versor de $\nabla f(x_0, y_0)$, ou seja, quando estivermos calculando a derivada direcional de f na direção do vetor gradiente $\nabla f(x_0, y_0)$. E o valor máximo de $\dfrac{\partial f}{\partial \vec{u}}(x_0, y_0)$ será $\|\nabla f(x_0, y_0)\|$.

(3) Verdadeiro. Pela definição de derivada direcional dada no item (2):

$$\frac{\partial f}{\partial \vec{u}}(x_0, y_0) = \nabla f(x_0, y_0) \cdot \vec{u}$$

onde $\vec{u}$ é um vetor unitário. Notemos que o vetor $\vec{u}$, dado no item, satisfaz:

$$\|\vec{u}\| = \sqrt{\left(\frac{\sqrt{2}}{2}\right)^2 + \left(-\frac{\sqrt{2}}{2}\right)^2} = \sqrt{\frac{2}{4} + \frac{2}{4}} = \sqrt{\frac{4}{4}} = 1$$

ou seja, é um vetor unitário. Logo, o versor de $\vec{u}$ é ele próprio. O vetor gradiente avaliado no ponto (1,1) já foi obtido no item (2): $\nabla f(1,1) = \left(\frac{3}{4}, \frac{1}{4}\right)$. Assim:

$$\frac{\partial f}{\partial \vec{u}}(x_0, y_0) = \left(\frac{3}{4}, \frac{1}{4}\right) \cdot \left(\frac{\sqrt{2}}{2}, -\frac{\sqrt{2}}{2}\right) = \frac{3}{4}\frac{\sqrt{2}}{2} - \frac{1}{4}\frac{\sqrt{2}}{2}$$

$$= \frac{2}{4}\frac{\sqrt{2}}{2} = \frac{\sqrt{2}}{4}$$

(4) Falso. Avaliando a homogeneidade da função:
$$f(\lambda x, \lambda y) = (\lambda x)^{3/4}(\lambda y)^{1/4} = \lambda^{3/4} x^{3/4} \lambda^{1/4} y^{1/4}$$
$$= \lambda^{3/4+1/4} x^{3/4} y^{1/4} = \lambda x^{3/4} y^{1/4}$$
$$= \lambda f(x, y)$$

Logo, a função é homogênea de grau 1.

Questão 5

Sejam $f : \mathbb{R}^2 \to \mathbb{R}$, dada por $f(x,y) = \min\{x + y, 3\}$, e $g : \mathbb{R}^2 \to \mathbb{R}$, dada por:
$g(x,y) = 2x + 2y$
$U = \{(x, y) \in \mathbb{R}_+^2 : x^2 + y^2 \geq 9 - 2xy\}$
Avalie as afirmativas:
- ⓪ A restrição de f a U é uma função constante.
- ① A curva de nível 0 de f é uma reta que passa por (0,3).
- ② $g(1,2) \leq g(x,y)$ para todo $(x,y) \in U$.
- ③ max $f(x,y)$ sujeito a $g(x,y) = 4$ é 3.
- ④ max $g(x,y)$ sujeito a $f(x,y) = -1$ é −2.

Resolução:

(0) Verdadeiro. Notemos que a restrição do conjunto U pode ser escrita como:

$x^2 + y^2 + 2xy \geq 9$

$(x + y)^2 \geq 9$

Logo:

$(x + y) \geq 3$ ou $(x + y) \leq -3$

Mas **notemos** que o conjunto U se restringe apenas ao $\mathbb{R}^2_+$, ou seja, apenas aos números não negativos. Logo, $(x, y) \geq 0$, e a restrição será apenas:

$(x + y) \geq 3$

e $(x, y) \geq 0$. Restringindo a função f a U, teremos que a função será:

$f(x, y) = \min\{x + y, 3\} = 3$

visto que a restrição U acima impõe $(x + y) \geq 3$.

Logo, a função f restrita a U é uma função constante igual a 3.

(1) Falso. A curva de nível 0 de f é dada por:

$f(x, y) = \min\{x + y, 3\} = 0$

A única forma do valor de f ser igual a 0 é:

$x + y = 0 \implies y = -x$

Logo, tal curva de nível é uma reta, mas que não passa por $(0, 3)$, pois quando $x = 0 \implies y = 0$.

(2) Verdadeiro. O que está se pedindo é que se minimize a função $g(x, y)$ sujeita a restrição U e se avalie se o valor mínimo desta função ocorre quando $(x, y) = (1, 2)$. Notemos que a restrição de U, dado $(x, y) \geq 0$, como observada no item (0), será:

$(x^* + y^*) \geq 3$

Como a função é crescente em ambos os argumentos, então o mínimo desta função é obtido para uma restrição ativa, ou seja:
$(x^* + y^*) = 3$

Se o ponto de mínimo, digamos (x^*, y^*), fosse alcançado para uma restrição com desigualdade não ativa, ou seja:
$(x^* + y^*) > 3$

então (x^*, y^*) não seria um ponto de mínimo, pois conseguiríamos diminuir a função-objetivo $2x^* + 2y^*$, reduzindo um pouco x^* e/ou y^*, satisfazendo ainda a restrição de U.

Mas será que estamos obtendo um mínimo ou máximo, quando derivarmos $g(x,y)$ e igualarmos a zero? Um máximo não será, pois com a restrição $(x + y) \geq 3$ podemos aumentar x e y indefinidamente, aumentando sempre a função-objetivo, pois esta é linear. Assim, não teríamos nem um máximo local, muito menos global, pois a função $g(x,y)$ é monótona crescente (sempre cresce quando aumentamos x,y, ou seja, ela não apresenta nenhuma região côncava por ser linear). Assim, $g(x, y) \to \infty$, quando $(x; y) \to (\infty, \infty)$. Então, a derivada igualada a zero indicará um ponto de mínimo e será global, pois não podemos diminuir (x,y), devido às restrições de $U: (x + y) \geq 3$, $(x,y) \geq 0$.

Assim, devemos resolver o seguinte problema de minimização:
$\min_{x,y} 2x + 2y$
s.t.
$(x + y) = 3$

Logo, o lagrangeano será:
$L = 2x + 2y + \lambda[(x + y)^2 - 9]$

As CPOs serão:
$x : 2 + \lambda(2x + 2y) = 0$
$y : 2 + \lambda(2x + 2y) = 0$
$\quad (x + y) = 3$

As CPOs de x e y serão iguais e se resumem a:
$$2 + 2\lambda(x + y) = 0$$

Substituindo a restrição:
$$2 + 2 \cdot \lambda \cdot 3 = 0$$
$$2 + 6\lambda = 0$$

Assim:
$$\lambda = -\frac{1}{3}$$

Substituindo de volta na CPO de x ou y:
$$2 - 2\frac{1}{3}(x + y) = 0$$
$$x^* + y^* = 3$$

Logo, temos infinitas soluções, que devem atender à restrição acima, que é justamente a restrição de U com igualdade. Em especial, o ponto (1,2) a atende, pois:
$$x^* + y^* = 1 + 2 = 3$$

e, portanto, (1,2) é um ponto de mínimo de $g(x,y)$ para todo $(x,y) \in U$. Podemos afirmar isso da forma que está no item, ou seja:
$$g(1,2) \leq g(x,y); \forall (x,y) \in U$$

Observação 1: Uma forma alternativa e mais rápida para se fazer é a seguinte: notemos que x e y têm pesos iguais na função-objetivo (ou seja, o número 2 multiplica ambos) e é uma função linear. Na restrição U, elas também recebem pesos iguais. Assim, com certeza, **um dos pontos de mínimo** ocorrerá quando:
$$x^* = y^*$$

Substituindo na restrição teremos:
$(x^* + y^*)^2 = 9$
$(x^* + x^*)^2 = 9$
$4x^{*2} = 9$
$x^* = \dfrac{3}{2}$
$y^* = \dfrac{3}{2}$

onde devemos lembrar que $(x,y) \geq 0$, como notado no item (1), pois é destacado no enunciado.

Substituindo na função-objetivo, teremos:
$g\left(\dfrac{3}{2}, \dfrac{3}{2}\right) = 2 \cdot \dfrac{3}{2} + 2 \cdot \dfrac{3}{2} = 6$

que é o mesmo valor que $g(.)$ assume quando avaliada em $(x,y) = (1,2)$, ou seja:
$g(1,2) = 2 \cdot 1 + 2 \cdot 2 = 6$

Assim, $(1,2)$ também é um ponto de mínimo, tal como $\left(\dfrac{3}{2}, \dfrac{3}{2}\right)$.

Observação 2: Uma terceira forma de solucionar é notar que, como visto no item (0), a restrição de $(x, y) \in U$ será:
$x + y \geq 3$

Multiplicando por 2 esta igualdade, obtemos do seu lado esquerdo a função $g(x, y)$:
$g(x, y) = 2(x + y) \geq 6$

Ou seja, o menor valor que $g(.)$ assume é 6. Como $g(1, 2) = 2(1 + 2) = 6$, então, $(1, 2)$ é ponto de mínimo, ou seja, vale a desigualdade:
$g(x, y) \geq g(1, 2)$

(3) Falso. No máximo, a função f será:

$x + y = 3$

Impondo a restrição $g(x, y) = 4$, teremos:

$g(x, y) = 2x + 2y = 4$
$\Rightarrow x + y = 2$

ou seja, uma contradição com $x + y = 3$. Logo, não existe solução para esse problema de maximização, pois nenhum ponto atende à restrição.

(4) Verdadeiro. Notemos, primeiramente, que a restrição será:

$f(x, y) = \min\{x + y, 3\} = -1$

Não podemos ter $x + y \geq 3$, pois, neste caso:

$\min\{x + y, 3\} = 3 \neq -1$

ou seja, uma contradição. Assim, necessariamente, tal restrição será:

$\min\{x + y, 3\} = x + y = -1$

quando $x + y < 3$. Assim, devemos resolver o seguinte problema:

$\max_{x,y} 2x + 2y$

s.t.

$x + y = -1$

O máximo da função serão os pontos que satisfazem à restrição:

$x + y = -1$

A função valor, ou seja, o valor máximo que $g(x, y)$ assume sujeito à restrição $f(x,y) = -1$, será no ponto ótimo (x^*, y^*):

$g(x^*, y^*) = 2x^* + 2y^* = 2(x^* + y^*)$

que deve satisfazer a restrição anterior. Substituindo-a:
$$g(x^*, y^*) = 2(x^* + y^*) = 2 \cdot (-1) = -2$$

Logo, a afirmação é verdadeira.

Questão 7

Seja $f: R \to R$ a função definida por $f(x) = -x^2 + 8x - 16$ e L o limite de uma sequência (x_n) de números reais positivos tais que $x_1 = a$ e $x_{n+1}^2 - x_n^2 = f(x_n)$. Avalie se cada afirmação abaixo é verdadeira (V) ou falsa (F):

⓪ $f(L) \neq 0$.
① O gráfico de f é uma parábola com vértice $V = (L, 0)$.
② O gráfico de f é uma parábola com vértice $V = (0, L)$.
③ $f \leq 0$ e $x_1 \geq x_2 \geq x_3 \geq ... \geq 0$.
④ $a \geq x_n \geq L = 4$, para todo $n \geq 1$.

Resolução:

(0) Falso. Tal limite pode ser calculado levando em consideração que:
$$\lim_{n \to \infty} x_n = L = \lim_{n+1 \to \infty} x_{n+1}$$

Isso, pois x_{n+1} e x_n estão na mesma sequência. Tomar $n \to \infty$ implica também que $n + 1 \to \infty$. Ou seja, no limite teremos $x_\infty = L$, seja considerando o limite de x_n ou x_{n+1}. Usando as relações dadas no enunciado, sabemos que:
$$x_{n+1}^2 = x_n^2 + f(x_n) = x_n^2 - x_n^2 + 8x_n - 16 = 8x_n - 16$$

Tomando o limite, teremos:
$$\lim_{n \to \infty} x_{n+1}^2 = \lim_{n \to \infty} 8x_n - 16 = 8L - 16$$

Pelo mesmo raciocínio acima, teremos também:
$$\lim_{n \to \infty} x_{n+1}^2 = \lim_{n \to \infty} x_n^2 = 8L - 16$$

Assim:

$$f\left(\lim_{x_n \to \infty} x_n\right) = \lim_{x_n \to \infty} x_{n+1}^2 - \lim_{x_n \to \infty} x_n^2$$
$$f(L) = \lim_{x_n \to \infty} x_{n+1}^2 - \lim_{x_n \to \infty} x_n^2$$
$$f(L) = (8L - 16) - (8L - 16) = 0$$

(1) Verdadeiro. Notemos que f é uma parábola côncava para baixo:

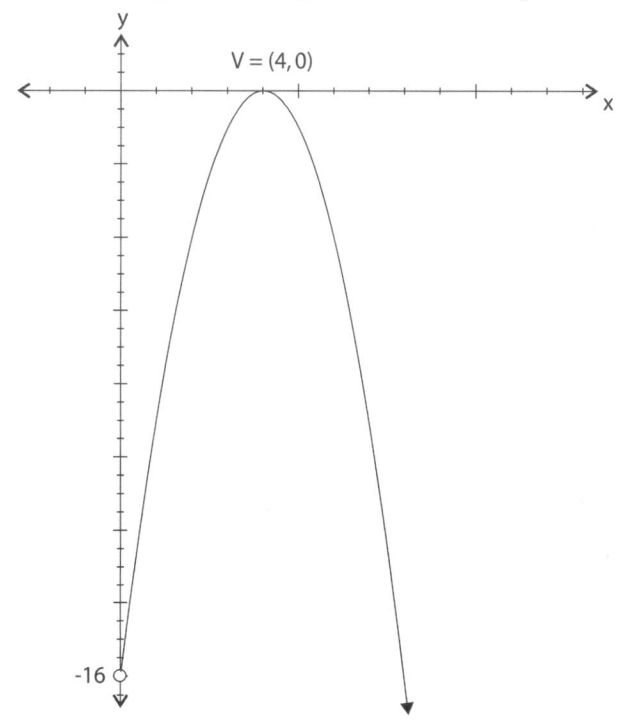

O vértice neste caso será o ponto de máximo da função. Diferenciando e igualando a zero a função, obtemos a CPO:

$-2x + 8 = 0$

$\quad x = 4$

Avaliando a função em $x = 4$, teremos:

$f(4) = -16 + 32 - 16 = 0$

Mas do item (0) sabemos que:
$f(L) = 0$

Assim, L é raiz da função. Vamos obter as raízes de f para saber se temos mais raízes além de $x = 4$:
$$-x^2 + 8x - 16 = 0$$
$$soma = 8$$
$$produto = 16$$
$$x^1 = x^2 = 4$$

Logo, a única raiz da função é $x = 4$, que é o limite da sequência, ou seja, $L = 4$.

Assim, o vértice será:
$V = (L, 0) = (4,0)$

(2) Falso. Ver item (1).

(3) Verdadeiro. Pelo item (1), sabemos que o máximo que a função assume é em $f(4) = 0$, e é um máximo global, pois a função é globalmente côncava (isso pode ser visto pelo gráfico do item (0), ou calculando a segunda derivada $f_{xx} = -2 < 0$).

Portanto:
$f(x) \leq 0, \forall x$

Para averiguar que a sequência é monotonicamente decrescente, vamos partir de:
$$x_{n+1}^2 - x_n^2 = f(x_n)$$

Vimos, na equação acima, que tal função é sempre não positiva para qualquer valor do domínio. Assim:
$$f(x_n) = -x_n^2 + 8x_n - 16 \leq 0$$
$$8x_n - 16 \leq x_n^2$$

Como x_n é um número real positivo (como afirmado no enunciado), então:

$\sqrt{8x_n - 16} \leq x_n$

Do item (0) sabemos que $x_{n+1}^2 = 8x_n - 16$, ou seja, $x_{n+1} = \sqrt{8x_n - 16}$. Assim, substituindo na expressão acima:

$0 \leq x_{n+1} \leq x_n$, $\forall n \in \mathbb{N}$

Logo a sequência é decrescente.

(4) Verdadeiro. O primeiro valor da sequência, conforme dito no enunciado, é:
$x_1 = a$

Como vimos do item (3), a partir de $x_1 = a$, a sequência é monotonicamente decrescente. E converge para L, sendo $L = 4$, conforme afirmado no item (1). Assim:
$a \geq x_n \geq L = 4, \forall n \geq 1$.

Questão 9

Seja $f, g : \mathbb{R}^2 \to \mathbb{R}$ funções diferenciáveis definidas por $f(x,y) = xy$ e $g(x,y) = x^4 + y^4$. Quando restrita ao conjunto não vazio $K_c = \{(x,y) \in \mathbb{R}^2 : g(x,y) = c\}$, a função f assume um valor máximo $V(c)$. Seja $\lambda = \lambda(c)$ o multiplicador de Lagrange introduzido para a determinação do máximo da restrição de f ao conjunto K_c. Julgue os itens abaixo:

⓪ $\nabla g - \lambda \nabla f$, se anula no ponto de máximo de $f \mid K_c : K_c \to \mathbb{R}$.
① $V(2r^2) = r$, para todo $r > 0$.
② $\lambda(c) = V'(c)$.
③ $\lambda(c)V(c) = 1$.
④ Se $c = 8$, então $|f(x, y)| \leq 2$, para todo $(x, y) \in K_c$.

Resolução:

(0) Falso. O que o item afirma é que a derivada do lagrangeano é zero. Mas tem um erro. O lagrangeano será:
$L = f(x,y) - \lambda[g(x,y) - c]$

As CPOs serão:

$$\begin{bmatrix} \dfrac{\partial L}{\partial x} \\ \dfrac{\partial L}{\partial y} \end{bmatrix} = \begin{bmatrix} \dfrac{\partial f}{\partial x} \\ \dfrac{\partial f}{\partial y} \end{bmatrix} - \lambda \begin{bmatrix} \dfrac{\partial g}{\partial x} \\ \dfrac{\partial g}{\partial y} \end{bmatrix} = \nabla f - \lambda \nabla g = 0$$

onde ∇f e ∇g são os vetores gradientes. Ou seja, os termos no item estão trocados.

(1) Verdadeiro. Resolvendo o problema de maximização:

$$\max_{x,y} xy$$

s.t.

$$x^4 + y^4 = c$$

As CPOs serão:

$x : y - \lambda 4x^3 = 0 \Rightarrow y = \lambda 4x^3$

$y : x - \lambda 4y^3 = 0 \Rightarrow x = \lambda 4y^3$

Dividindo a primeira pela segunda:

$$\dfrac{y}{x} = \dfrac{\lambda 4x^3}{\lambda 4y^3}$$

$$\dfrac{y}{x} = \dfrac{x^3}{y^3} \Rightarrow x^4 = y^4$$

Substituindo na restrição, teremos:

$x^4 + y^4 = c$

$x^4 + x^4 = c$

$\quad 2x^4 = c$

O valor máximo da função ocorrerá em:

$x^{*4} = y^{*4}$

que é o mesmo que:
$$x^* = y^*$$
ou
$$x^* = -y^*$$

satisfazendo a restrição:
$$x^{*4} + y^{*4} = 2x^{*4} = c.$$

Substituindo $x^* = y^*$ na função-objetivo, obtemos a função valor V:
$$V(c) = f(x^*, y^*) = x^* y^* = x^{*2}$$

No entanto, sabemos da restrição que o ótimo deve satisfazer $c = 2x^{*4}$. Ou seja:
$$V(2x^{*4}) = x^{*2}$$

Denotando r por x^{*2} e substituindo acima, teremos:
$$V(2r^2) = r$$

Logo a afirmação é válida para todo $r > 0$, pois $r = x^{*2}$.

Observação: Para a solução $x^* = -y^*$, teríamos um ponto de mínimo, pois, neste caso:
$$f(x^*, y^*) = -x^{*2}$$

Assim:
$$-x^{*2} < f(x, y) < x^{*2}$$

para $x^* > 0$.

O raciocínio inverso vale para $x^* < 0$:
$$x^{*2} < f(x, y) < -x^{*2}$$

(2) Verdadeiro. Pelo lagrangeano, sabemos que:
$$L = f(x, y) - \lambda[g(x, y) - c]$$

Usando o Teorema do Envelope (seu enunciado já foi feito na Revisão de Conceitos):
$$V'(c) = \frac{\partial L(x^*, y^*)}{\partial c} = \lambda = \lambda(c)$$

Logo, a afirmação é verdadeira.

(3) Falso. Já sabemos do item (1) que:
$$V(c) = x^2$$

Além disso, chegamos também a:
$$2x^4 = c$$

que pode ser escrito como:
$$x^2 = \sqrt{\frac{c}{2}}$$

Substituindo de volta:
$$V(c) = \sqrt{\frac{c}{2}}$$

Pelo mesmo item (1), podemos obter o valor do λ:
$$y^* - \lambda 4 x^{*3} = 0$$

Substituindo $x = y$:
$$\lambda 4 x^{*3} = x$$
$$\lambda = \frac{1}{4x^{*2}}$$

Substituindo $x^{*2} = \sqrt{c/2}$, obtemos:

$$\lambda(c) = \frac{1}{4}\sqrt{\frac{2}{c}}$$

Assim:

$$\lambda(c)V(c) = \frac{1}{4}\sqrt{\frac{2}{c}}\sqrt{\frac{c}{2}} = \frac{1}{4}$$

(4) Verdadeiro. Substituindo na equação obtida das CPOs:
$2x^4 = c = 8$
$x^4 = 4$
$x^* = \pm\sqrt{2}$

Substituindo na CPO do item 1:
$y^4 = x^4$
$y^* = \pm\sqrt{2}$ ou $y^* = \mp\sqrt{2}$

Ou seja, temos as seguintes combinações de soluções: $(\sqrt{2}, \sqrt{2})$, $(-\sqrt{2}, -\sqrt{2})$, $(\sqrt{2}, -\sqrt{2})$, $(-\sqrt{2}, \sqrt{2})$.

Logo:
$$f(x^*, y^*) = x^* y^* \overset{x^*=y^*}{=} x^{*2} = 2$$
$$f(x^*, y^*) = x^* y^* \overset{x^*=-y^*}{=} -x^{*2} = -2$$

No caso de $x^* = y^*$, teremos um máximo e, no caso de $x^* = -y^*$, teremos um mínimo.

Assim:
$-2 \leq f(x,y) \leq 2$

Questão 10

Sejam $f: \mathbb{R}^2 \to \mathbb{R}$ e $F: \mathbb{R}^2 \times \mathbb{R}^+ \to \mathbb{R}$ funções diferenciáveis tais que $f(1,2) = 1$ e $F(x, y, z) = z^2 f(x/z, y/z)$. Julgue os itens abaixo:

(0) $f(p) = F(p,1)$, para todo $p = (x,y) \in \mathbb{R}^2$.
(1) $2F_x(2,4,2) + 4F_y(2,4,2) + 2F_z(2,4,2) = 4$.
(2) $U = \mathbb{R}^2 \times \mathbb{R}^+$ é um conjunto convexo.
(3) Se $f(x,y) = x^{1/2} y^{1/3}$, então f é convexa.
(4) $\langle \nabla F(X), X \rangle = 2F(X)$, para todo $X \in \mathbb{R}^2 \times \mathbb{R}$.

Resolução:

(0) Verdadeiro. Avaliando a função F no ponto $(p,1)$:
$$F(p, 1) = 1^2 f(x/1, y/1)$$
$$= f(x, y) = f(p)$$

para todo $p = (x,y) \in \mathbb{R}^2$.

(1) Falso. Primeiro, devemos verificar o grau de homogeneidade da função F:
$$F(\lambda x, \lambda y, \lambda z) = (\lambda z)^2 f(\lambda x / \lambda z, \lambda y / \lambda z)$$
$$= \lambda^2 z^2 f(x / z, y / z) = \lambda^2 F(x, y, z)$$

Logo, a função F é homogênea de grau 2. Usando o Teorema de Euller (já enunciado na Revisão de Conceitos):
$$xF_x(x,y,z) + yF_y(x,y,z) + zF_z(x,y,z) = kF(x,y,z)$$

onde k é o grau de homogeneidade da função, sendo, neste caso, $k = 2$. Avaliando para o ponto $(x,y,z) = (2,4,2)$:
$$2F_x(2,4,2) + 4F_y(2,4,2) + 2F_z(2,4,2) = 2F(2,4,2)$$

Calculando $F(2,4,2)$:
$$F(2,4,2) = 2^2 f(2/2, 4/2) = 4f(1,2) = 4$$

onde usamos o fato de que $f(1,2) = 1$, dado no enunciado. Assim, substituindo de volta na expressão logo acima:
$$2F_x(2,4,2) + 4F_y(2,4,2) + 2F_z(2,4,2) = 2 \cdot 4 = 8$$

A afirmação é falsa, pois, no item, iguala a expressão do lado esquerdo a 4 e não a 8, como calculado antes.

(2) Verdadeiro. Podemos ver tal conjunto pelo gráfico abaixo:

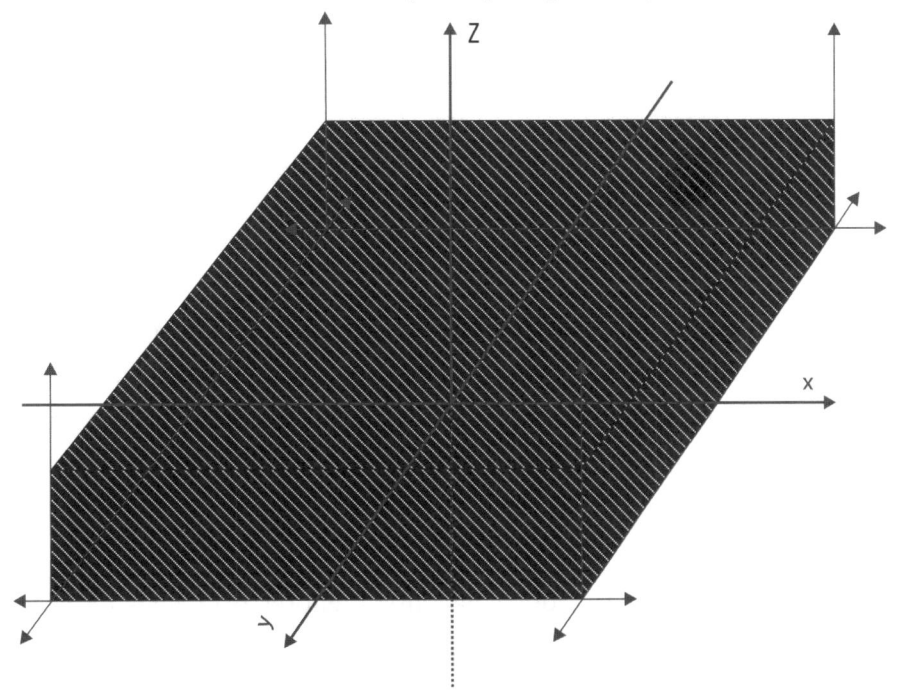

Tal conjunto é convexo, pois, para um ponto qualquer $(x, y, z) \in U$, a combinação convexa $t_x x + t_y y + (1 - t_x - t_y)z \in U$.

(3) Falso. Para avaliarmos isso, temos que calcular a hessiana. Primeiro, obtendo as primeiras derivadas:

$$f_x = \frac{1}{2}x^{-1/2}y^{1/3}$$

$$f_y = \frac{1}{3}x^{1/2}y^{-2/3}$$

Assim, a hessiana será:

$$H = \begin{bmatrix} f_{xx} & f_{xy} \\ f_{yx} & f_{yy} \end{bmatrix} = \begin{bmatrix} -\frac{1}{4}x^{-3/2}y^{1/3} & \frac{1}{6}x^{-1/2}y^{-2/3} \\ \frac{1}{6}x^{-1/2}y^{-2/3} & -\frac{2}{9}x^{1/2}y^{-5/3} \end{bmatrix}$$

Avaliando os menores principais líderes:

$$|H_1| = -\frac{1}{4}x^{-3/2}y^{1/3} \gtreqless 0$$

$$|H_2| = |H| = +\frac{2}{36}x^{-1}y^{-4/3} - \frac{1}{36}x^{-1}y^{-4/3} = \frac{1}{36}x^{-1}y^{-4/3} \gtreqless 0$$

E o outro menor principal:

$$|H_{11}| = -\frac{2}{9}x^{1/2}y^{-5/3} \gtreqless 0$$

obtido da eliminação da primeira linha e coluna. Ou seja, o sinal de todos os menores principais dependerá dos valores que x, y assumem, visto que estes podem ser qualquer número real. Para que $f(x, y)$ seja uma função convexa, o sinal de todos os menores principais deve ser não negativo, o que não é sempre válido para todo $(x,y) \in \mathbb{R}^2$.

Observação: Sobre as regras dos sinais dos menores principais da hessiana, veja p. 381-383 do Simon & Blume (1994), além das p. 513-514, que relacionam com a concavidade da função.

(4) Anulada. Este item está afirmando o Teorema de Euller, já mostrado no item (1):

$$xF_x(x, y, z) + yF_y(x, y, z) + zF_z(x, y, z) = kF(x, y, z)$$

que pode ser escrito como:

$$\langle (F_x, F_y, F_z)(x, y, z) \rangle = 2F(x, y, z)$$

onde $\langle .,. \rangle$ é o operador do produto interno. Denotando $X = (x, y, z)$ e notando que $\nabla F(X) = (F_x, F_y, F_z)$ que é o vetor gradiente, então:

$$\langle \nabla F(X), X \rangle = 2F(X)$$

O problema desta questão é que $X \in \mathbb{R}^2 \times \mathbb{R}^+$ como especificado no enunciado e não $X \in \mathbb{R}^2 \times \mathbb{R}$, como especificado no item, ou seja, contraditório com o enunciado. Provavelmente o formulador desta questão esqueceu o sinal de + como superescrito do R na afirmação do item.

Questão 13

Sejam $f,g : \mathbb{R}^2 \to \mathbb{R}$, dadas por $f(x,y) = xy + 5$ e $g(x,y) = x^2 + y^2$. Encontre o valor máximo de f restrita à $g(x,y) \leq 2$.

A CPO valerá com igualdade, pois a função-objetivo é crescente em ambos os argumentos, ou seja, valerá:
$x^2 + y^2 = 2$

Um argumento similar, mas na obtenção de um mínimo, foi utilizado no item 2, questão 5, da prova da ANPEC deste ano.

Montando o lagrangeano:
$L = xy + 5 + \lambda[2 - x^2 - y^2]$

As CPOs serão:
$x : y - \lambda 2x = 0 \Rightarrow y = \lambda 2x$
$y : x - \lambda 2y = 0 \Rightarrow x = \lambda 2y$
$\quad x^2 + y^2 = 2$

Dividindo a primeira pela segunda:
$\dfrac{y}{x} = \dfrac{x}{y} \Rightarrow x^2 = y^2$

Assim:
$x^* = y^*$
$\quad$ ou
$x^* = -y^*$

No primeiro caso, substituindo na restrição:
$$x^{*2} + y^{*2} = 2$$
$$2x^{*2} = 2$$
$$x^* = \pm 1$$
$$y^* = \pm 1$$

No segundo caso, substituindo na restrição:
$$x^{*2} + y^{*2} = 2$$
$$x^{*2} + (-x^*)^2 = 2$$
$$2x^{*2} = 2$$
$$x^* = \pm 1$$
$$y^* = \mp 1$$

Substituindo de volta na função-objetivo f, obtemos a função valor. No primeiro caso:
$$f(1,1) = f(-1,-1) = 1 + 5 = 6$$

E no segundo caso:
$$f(1,-1) = f(-1,1) = -1 + 5 = 4$$

Assim, os pontos no primeiro caso são máximos e os pontos no segundo caso são mínimos. Logo, o valor máximo de f restrita à $g(x,y) \leq 2$ é igual a 6.

Observação 1: Devemos calcular a hessiana orlada para confirmar se esses pontos são de máximo e de mínimo.

$$\overline{H} = \begin{bmatrix} 0 & \frac{\partial g}{\partial x} & \frac{\partial g}{\partial y} \\ \frac{\partial g}{\partial x} & \frac{\partial^2 L}{\partial x^2} & \frac{\partial^2 L}{\partial x \partial y} \\ \frac{\partial g}{\partial y} & \frac{\partial^2 L}{\partial y \partial x} & \frac{\partial^2 L}{\partial y^2} \end{bmatrix} = \begin{bmatrix} 0 & 2x & 2y \\ 2x & -2y & 1 \\ 2y & 1 & -2\lambda \end{bmatrix}$$

Avaliando os menores principais líderes:
$$\left|\overline{H}_1\right| = \begin{vmatrix} 0 & 2x \\ 2x & -2\lambda \end{vmatrix} = -4x^2$$
$$\left|\overline{H}_2\right| = \left|\overline{H}\right| = 4xy + 4xy + 8y^2\lambda + 8x^2\lambda = 8xy + 8\lambda(y^2 + x^2)$$
$$\left|\overline{H}_2\right| = 8(xy + \lambda(y^2 + x^2))$$

Devemos avaliar esses menores principais nas soluções do problema. Para isso, devemos obter o λ para cada solução. Substituindo as soluções de volta na CPO:

$$x: y^* = \lambda 2x^* \Rightarrow \lambda = \frac{y^*}{2x^*}$$

$$(x^*, y^*) = (1,1) \Rightarrow \lambda = \frac{y^*}{2x^*} = \frac{1}{2}$$

$$(x^*, y^*) = (-1,-1) \Rightarrow \lambda = \frac{y^*}{2x^*} = \frac{1}{2}$$

$$(x^*, y^*) = (-1,1) \Rightarrow \lambda = \frac{y^*}{2x^*} = -\frac{1}{2}$$

$$(x^*, y^*) = (1,-1) \Rightarrow \lambda = \frac{y^*}{2x^*} = -\frac{1}{2}$$

Assim, os menores principais líderes serão:

$$\left|\overline{H}_1\right|_{(x^*, y^*, \lambda^*) = (1,1,\frac{1}{2})} = -4 \cdot 1^2 = -4 < 0$$

$$\left|\overline{H}_2\right|_{(x^*, y^*, \lambda^*) = (1,1,\frac{1}{2})} = 8\left(1 \cdot 1 + \frac{1}{2}(1^2 + 1^2)\right) = 16 > 0$$

$$\left|\overline{H}_1\right|_{(x^*, y^*, \lambda^*) = (-1, -1,\frac{1}{2})} = -4 \cdot (-1)^2 = -4 < 0$$

$$\left|\overline{H}_2\right|_{(x^*, y^*, \lambda^*) = (-1, -1,\frac{1}{2})} = 8\left((-1) \cdot (-1) + \frac{1}{2}\left((-1)^2 + (-1)^2\right)\right) = 16 > 0$$

Assim, para os pontos (1,1) e (-1,1), os menores principais líderes alternam os sinais, começando com negativo, e, portanto, a hessiana orlada é negativa definida. Logo, estes pontos são um máximo global.

Para os outros pontos:

$$\left|\overline{H}_1\right|_{(x^*, y^*, \lambda^*) = (-1,1,-\frac{1}{2})} = -4 \cdot (-1)^2 = -4 < 0$$

$$\left|\overline{H}_2\right|_{(x^*, y^*, \lambda^*) = (-1,1,\frac{1}{2})} = 8\left((-1) \cdot 1 - \frac{1}{2}\left(1^2 + (-1)^2\right)\right) = -16 < 0$$

$$\left|\overline{H}_1\right|_{(x^*, y^*, \lambda^*) = (1, -1,-\frac{1}{2})} = -4 \cdot 1^2 = -4 < 0$$

$$\left|\overline{H}_2\right|_{(x^*, y^*, \lambda^*) = (1, -1,-\frac{1}{2})} = 8\left(1 \cdot (-1) + \frac{1}{2}\left((-1)^2 + 1^2\right)\right) = -16 < 0$$

Assim, para os pontos (1,1) e (-1,1), os menores principais líderes apresentam sinais negativos (mesmo sinal de $(-1)^m$, onde m é o número de restrições lineares, neste caso, $m = 1$), e, portanto, a hessiana orlada é negativa definida. Logo, estes pontos são um mínimo global.

Observação 2: Para averiguar estas regras sobre a hessiana orlada, veja Simon & Blume (1994), teoremas 16.2, p. 389, e p. 459-65.

Questão 15

Seja $f : R^3 \to R$ uma função C^∞ e homogênea de grau 3, tal que $f(1,1,1) = 3$. Se $p = (2,2,2)$, calcule o valor de $\alpha = <\nabla f(p), p>$.

Resolução:

O que está sendo pedido é o produto interno:
$$\alpha = <\nabla f(p), p> = 2f_x(p) + 2f_y(p) + 2f_z(p) = 3f(p)$$
onde, na última igualdade, utilizamos o Teorema de Euler. Assim, precisamos obter f(p). Para isso, vamos utilizar o fato de f ser homogênea de grau 3:
$$f(\lambda x, \lambda y, \lambda z) = \lambda^3 f(x, y, z)$$

Avaliando em $(x,y,z) = (2,2,2) = p$:
$$f(\lambda, \lambda, \lambda) = \lambda^3 f(1,1,1) = 3\lambda^3$$
$$f(p) = f(2,2,2) = 3 \cdot 2^3 = 24$$

Assim, o valor pedido será:
$$\alpha = 3f(p) = 3 \cdot 24 = 72$$

PROVA DE 2010

Questão 2

Seja $f : R^2 \to R$ diferenciável e homogênea de grau 4, tal que $f(1,1) = 2$. Julgue os itens abaixo:

- ⓪ A soma das derivadas parciais de f no ponto (2,2) é igual a 32.
- ① Em um ponto crítico (x_0, y_0) de f temos que $f(x_0, y_0) = 0$.
- ② As derivadas parciais de primeira ordem de f são também funções homogêneas de grau 4.
- ③ As identidades $xf_{xx}(x, y) + yf_{yx}(x, y) = 3f_x(x, y)$ e $xf_{xy}(x, y) + yf_{yy}(x, y) = 3f_y(x, y)$ são válidas para todo ponto $(x,y) \in R^2$.
- ④ se $p = (x_0, y_0)$ e o gradiente de f em p são ortogonais, então $f(p) = 0$.

Resolução:

(0) Falso. Pelo Teorema de Euller, já enunciado na Revisão de Conceitos, podemos afirmar que:

$$xf_x(x, y) + yf_y(x, y) = kf(x, y)$$

onde $k = 4$ é o grau de homogeneidade da função. Avaliando $(x,y) = (2, 2)$, teremos que:

$$2f_x(2, 2) + 2f_y(2, 2) = 4f(2, 2)$$
$$f_x(2, 2) + f_y(2, 2) = 2f(2, 2)$$

Precisamos calcular $f(2, 2)$. Como $f(.)$ é homogênea de grau 4, teremos:
$$f(\lambda x, \lambda y) = \lambda^4 f(x,y)$$

Avaliando em $(x,y) = (1,1)$:
$$f(\lambda, \lambda) = \lambda^4 f(1,1)$$

Pelo enunciado:
$$f(\lambda, \lambda) = 2\lambda^4$$

Agora, avaliando $(x,y) = (\lambda, \lambda) = (2,2)$:
$$f(2,2) = 2^5$$

Substituindo de volta na terceira equação deste item:
$$f_x(2,2) + f_y(2,2) = 2 \cdot 2^5 = 2^6 = 64$$

(1) Verdadeiro. Novamente, pelo Teorema de Euller, e avaliando no ponto crítico (x_0, y_0):

$$x_0 f_x(x_0, y_0) + y_0 f_y(x_0, y_0) = 4f(x_0, y_0)$$

Como (x_0, y_0) é um ponto crítico, as derivadas parciais serão nulas, quando avaliadas neste ponto. Assim:

$$x_0 \cdot 0 + y_0 \cdot 0 = 4f(x_0, y_0)$$
$$0 = 4f(x_0, y_0)$$
$$\Rightarrow f(x_0, y_0) = 0$$

(2) Falso. Na Revisão de Conceitos, já provamos um teorema que afirma que as derivadas parciais de primeira ordem de uma função homogênea de grau k é de grau $k - 1$. Portanto, as derivadas parciais aqui serão de grau 3.

(3) Verdadeiro. Como f_x e f_y são de grau 3, podemos aplicar o Teorema de Euller a estas funções, que serão:

$$xf_{xx}(x, y) + yf_{xy}(x, y) = 3f_x(x, y)$$
$$xf_{yx}(x, y) + yf_{yy}(x, y) = 3f_y(x, y)$$

para todo $(x,y) \in \mathbb{R}^2$. As derivadas cruzadas são iguais sempre (pelo Teorema de Young, desde que $f \in C^2$, como já enunciado no item 2, questão 11, da prova da ANPEC de 2008), ou seja, $f_{yx}(x,y) = f_{xy}(x,y)$. E, assim, obtemos a expressão dada no item.

Observação: Outra forma de mostrar isso é derivando a primeira equação do item (0):

$$xf_x(x, y) + yf_y(x, y) = 4f(x, y)$$

em relação a x:

$$f_x(x, y) + xf_{xx}(x, y) + yf_{yx}(x, y) = 4f_x(x, y)$$
$$xf_{xx}(x, y) + yf_{xy}(x, y) = 3f_x(x, y)$$

e depois em relação a y:

$$xf_{xy}(x, y) + f_y(x, y) + yf_{yy}(x, y) = 4f(x, y)$$
$$xf_{yx}(x, y) + yf_{yy}(x, y) = 3f_y(x, y)$$

(4) Verdadeiro. O gradiente de $f(x,y)$ em p pode ser escrito como:

$$\nabla f(p,p) = (f_x(p), f_y(p))$$

O item diz que p e este gradiente são ortogonais. Ou seja:

$$\langle p, \nabla f(p, p) \rangle = 0$$
$$\langle (x_0, y_0), (f_x(x_0, y_0), f_y(x_0, y_0)) \rangle = 0$$

onde $\langle .,. \rangle$ é o operador do produto interno. Tal produto interno será:

$$x_0 f_x(x_0, y_0) + y_0 f_x(x_0, y_0) = 0.$$

Pelo Teorema de Euller, sabemos que:
$$x_0 f_x(x_0, y_0) + y_0 f_x(x_0, y_0) = 4f(x_0, y_0)$$
$$x_0 f_x(x_0, y_0) + y_0 f_x(x_0, y_0) = 0 = 4f(x_0, y_0)$$
$$\Rightarrow f(x_0, y_0) = 0$$
$$\Rightarrow f(p) = 0.$$

Questão 4

Julgue as afirmativas:

◎ Seja $f : \mathbb{R}^3 \to \mathbb{R}$, tal que $\nabla f(x,y,z) = (2,0,0)$ para todo $(x,y,z) \in \mathbb{R}^3$. Então $f(x,y,z) = 2x$ para todo $(x,y,z) \in \mathbb{R}^3$.

① Se $f(x,t) = e^{-c^2 t} \operatorname{sen}(cx)$, então $\frac{\partial^2 f}{\partial x^2}(x,t) = \frac{\partial f}{\partial t}(x,t)$ para todo real c.

② Se $f(x,y) = \int_x^y e^{\cos(t)} dt$, então $\frac{\partial f}{\partial x}(x,y) = -e^{\cos(x)}$.

③ Se $z = f(x,y) = \ln(\sqrt{x^2 + y^2})$, $x = e^t$ e $y = e^{-t}$, então $\frac{dz}{dt} = 0$, para $t = 0$.

④ $f(x,y) = 5x^{1/2} y^{3/2} - \frac{2x^3}{y}$ é homogênea de grau 2.

Resolução:

O item (2) está resolvido no capítulo Integrais.

(0) Falso. Notemos que uma função do tipo:
$$f(x,y,z) = 2x + c$$
onde $c \in \mathbb{R}$, satisfaz:
$$\nabla f(x,y,z) = (f_x(x,y,z), f_y(x,y,z), f_z(x,y,z)) = (2,0,0)$$

para todo $(x,y,z) \in \mathbb{R}^3$. Assim, não necessariamente teremos $f(x,y,z) = 2x$.

(1) Verdadeiro. Calculando as derivadas:
$$f_x = ce^{-c^2 t} \cos(cx)$$
$$f_{xx} = -c^2 e^{-c^2 t} \operatorname{sen}(cx)$$
$$f_t = -c^2 e^{-c^2 t} \operatorname{sen}(cx)$$

Logo $f_{xx} = f_t$.

(3) Verdadeiro. Calculando a derivada, usando a regra da cadeia:

$$\frac{dz}{dt} = \frac{1}{2} \frac{1}{\sqrt{x^2+y^2}} \frac{1}{\sqrt{x^2+y^2}} \left[2x \frac{dx}{dt} + 2y \frac{dy}{dt} \right]$$

$$\frac{dz}{dt} = \frac{1}{2} \frac{1}{x^2+y^2} \left[2xe^t - 2ye^{-t} \right] \overset{x=e^t}{\underset{y=e^{-t}}{=}} \frac{1}{2} \frac{1}{x^2+y^2} \left[2x^2 - 2y^2 \right]$$

Para $t = 0$, temos que:
$x = e^0 = 1$
$y = e^{-0} = 1$

Substituindo de volta na derivada:
$$\frac{dz}{dt} = \frac{1}{2} \frac{1}{(1^2+1^2)} \underbrace{[2-2]}_{=0} = 0$$

(4) Verdadeiro. Avaliando o grau de homogeneidade da função:

$$f(\lambda x, \lambda y) = 5(\lambda x)^{1/2} (\lambda y)^{3/2} - \frac{2(\lambda x)^3}{\lambda y}$$

$$= 5\lambda^{4/2} x^{1/2} y^{3/2} - \frac{2\lambda^3 x^3}{\lambda y}$$

$$= 5\lambda^2 x^{1/2} y^{3/2} - \frac{2\lambda^2 x^3}{y}$$

$$= \lambda^2 \left[5x^{1/2} y^{3/2} - \frac{2x^3}{y} \right]$$

$$= \lambda^2 f(x,y)$$

Logo, a função é homogênea de grau 2.

Questão 5

Sejam $f: \mathbb{R}^2 \to \mathbb{R}$ definida por $f(x,y) = x + y$, $g: \mathbb{R}^2 \to \mathbb{R}$ definida por $g(x,y) = x^2 + y^2$ e $h: \mathbb{R}^2 \to \mathbb{R}$ definida por $h(x,y) = x^3 y^3 - x - y + 1$. Julgue as afirmativas:

⓪ g possui ponto de máximo absoluto em $\mathbb{R}^2$.
① Os pontos críticos de f na restrição $\{(x,y) \in \mathbb{R}^2 : g(x,y) = 1\}$ são $(\frac{\sqrt{2}}{2}, \frac{\sqrt{2}}{2})$ e $(-\frac{\sqrt{2}}{2}, -\frac{\sqrt{2}}{2})$.
② g é uma função convexa em $\mathbb{R}^2$.
③ A matriz hessiana de h é negativa definida em $(-1,1)$.
④ A equação $h(x,y) = 0$ define implicitamente y como função de x em torno do ponto $(1,1)$, e $y'(1) = -1$.

Resolução:

(0) Falso. Tomando o seguinte limite:
$$\lim_{(x,y)\to(\infty,\infty)} g(x,y) = \lim_{(x,y)\to(\infty,\infty)} x^2 + y^2 = \infty$$

Logo, a função g não possui máximo absoluto (global).

(1) Verdadeiro. Montando o lagrangeano:
$$L = x + y + \lambda(x^2 + y^2 - 1)$$

As CPOs serão:
$$x: 1 + 2\lambda x^* = 0 \Rightarrow 1 = -2\lambda x^*$$
$$y: 1 + 2\lambda y^* = 0 \Rightarrow 1 = -2\lambda y^*$$
$$x^{*2} + y^{*2} - 1 = 0$$

Dividindo a primeira pela segunda:
$$\frac{1}{1} = \frac{x^*}{y^*} \Rightarrow x^* = y^*$$

Substituindo na restrição:
$$x^{*2} + x^{*2} - 1 = 0$$
$$2x^{*2} = 1$$
$$x^* = \pm \frac{1}{\sqrt{2}} = \pm \frac{\sqrt{2}}{2}$$
$$y^* = \pm \frac{\sqrt{2}}{2}$$

Logo, os pontos críticos serão:
$$\left\{ \left(\frac{\sqrt{2}}{2}, \frac{\sqrt{2}}{2} \right), \left(-\frac{\sqrt{2}}{2}, -\frac{\sqrt{2}}{2} \right) \right\}$$

Sendo o primeiro um ponto de máximo e o segundo um ponto de mínimo.

Observação: Para verificar que o primeiro é máximo e o segundo é mínimo, teríamos que avaliar a hessiana orlada em tais pontos. Mas isso não foi pedido neste item.

(2) Verdadeiro. Primeiro, calculando as primeiras derivadas:
$g_x = 2x$
$g_y = 2y$

Agora, calculando a hessiana:
$$H = \begin{bmatrix} g_{xx} & g_{xy} \\ g_{yx} & g_{yy} \end{bmatrix} = \begin{bmatrix} 2 & 0 \\ 0 & 2 \end{bmatrix}$$

O determinante do primeiro menor principal líder é:
$|H_1| = |2| = 2 > 0$

E o determinante do segundo menor principal líder é:
$|H| = 2 \cdot 2 = 4 > 0$

Logo, como o sinal de ambos é positivo, então a função g é estritamente convexa e, portanto, uma função convexa.

Observação: O inverso não é válido, uma função convexa não é necessariamente estritamente convexa.

(3) Falso. Primeiro calculando as primeiras derivadas:
$h_x = 3x^2y^3 - 1$
$h_y = 3y^2x^3 - 1$

Agora, calculando a hessiana:
$$H = \begin{bmatrix} h_{xx} & h_{xy} \\ h_{yx} & h_{yy} \end{bmatrix} = \begin{bmatrix} 6xy^3 & 9x^2y^2 \\ 9x^2y^2 & 6yx^3 \end{bmatrix}$$

$$H_{(x,y)=(-1,1)} = \begin{bmatrix} -6 & 9 \\ 9 & -6 \end{bmatrix}$$

Calculando os determinantes dos menores principais líderes:

$|H_1| = |-6| = -6 < 0$

$|H| = 36 - 81 = -55 < 0$

Logo, h não é negativa definida, pois $|H|$ deveria ser positivo. Neste caso, tal ponto $(-1,1)$ é de sela.

(4) Verdadeiro. Aplicando o teorema da função implícita:

$\varphi = x^3 y^3 - x - y + 1 = 0$

$\dfrac{dy}{dx} = -\dfrac{\partial \varphi / \partial x}{\partial \varphi / \partial y} = -\dfrac{3x^2 y^3 - 1}{3y^2 x^3 - 1}$

$\left. \dfrac{dy}{dx} \right|_{(x,y) = (1,1)} = -\dfrac{3-1}{3-1} = -1$

Questão 6

Considere as funções definidas por $f(x) = \dfrac{2x^2}{x^2 - 1}$ e $g(x) = x^3 - 9x^2 + 24x - 20$. Julgue as afirmativas:

(0) g atinge máximo relativo em $x = 2$ e mínimo relativo em $x = 4$.
(1) g é crescente em $[2,4]$.
(2) $\lim_{x \to \infty} f(x) = \infty$.
(3) f tem 2 assíntotas verticais: $x = 1$ e $x = -1$.
(4) f tem um ponto crítico x que é ponto de máximo global, pois $f''(x) < 0$.

Resolução:

(0) Verdadeiro. Para obtermos os pontos críticos, devemos derivar e igualar a zero a função, ou seja, obter a CPO:

$g'(x) = 3x^2 - 18x + 24 = 0$

$x^2 - 6x + 8 = 0$

soma = 6

produto = 8

$x_1 = 2, x_2 = 4$

Avaliando a segunda derivada, ou seja, a CSO (condição de segunda ordem):

$g''(x) = 6x - 18$

$g''(2) = 12 - 18 = -6 < 0 \overset{g \text{ côncava}}{\Rightarrow} x = 2(máximo)$

$g''(4) = 24 - 18 = 6 > 0 \overset{g \text{ convexa}}{\Rightarrow} x = 4(mínimo)$

(1) Falso. De acordo com o item anterior, $g' \leq 0$, ou seja, g decrescente, para $2 \leq x \leq 4$.

(2) Falso. Calculando:

$\lim_{x \to \infty} \dfrac{2x^2}{x^2 - 1} \overset{L'Hopital}{=} \lim_{x \to \infty} \dfrac{4x}{2x} = \lim_{x \to \infty} \dfrac{4}{2} = 2$

(3) Verdadeiro. Para verificar as assíntotas verticais, devemos tomar o denominador da função para zero, de tal sorte que o numerador seja finito, diferente de zero (caso haja alguma indeterminação do tipo 0/0, devemos aplicar L'Hopital e verificar novamente isso). Para isso, verificamos os valores de x em que isso ocorre, ou seja:

$x^2 - 1 = 0$

$x^2 = 1$

$x = \pm 1$

Tomando o limite da função para estes pontos, notamos que:

$\lim_{x \to \pm 1} \dfrac{2x^2}{x^2 - 1} = \infty$

Logo, $x = \pm 1$ são assíntotas verticais desta função f.

(4) Falso. Pelo item (3), verificamos que a função explode quando $x \to \pm 1$. Logo, não possui máximo global.

Questão 7

Seja Φ(x,y) = xy a função real definida no quadrante A = {(x,y) : x ≥ 0 e y ≥ 0}. Julgue os itens abaixo:

⓪ A declividade da reta tangente à curva $\Phi(x,y) = 1$ no ponto (1,1) é igual a –2.

① O valor absoluto da declividade da reta tangente à curva $\Phi(x,y) = 1$ no ponto $(a, \frac{1}{a})$ cresce à medida que a aumenta.

② O valor máximo do problema de otimização $\max_A \Phi(x,y)$, sujeito à condição $2x + 3y \le 1$, é igual a 1/24.

③ O valor mínimo do problema de otimização $\min_A 4x + 9y$, sujeito à condição $\Phi(x,y) = 1$, é igual a 1/12.

④ Para cada $c > 0$, seja $V(c)$ a solução do problema de otimização $\max_A \Phi(x,y)$, sujeito à condição $2x + 3y \le c$. Então V é derivável e $V(2) = V'(2)$.

Resolução:

(0) Falso. A função que queremos avaliar é:

$xy = 1$

$y = \dfrac{1}{x}$

Vamos obter a reta tangente a essa curva:

$f(x) = f(x_0) + f'(x_0)(x - x_0)$

$f(x) = f(x_0) - \dfrac{1}{x_0^2}(x - x_0)$

Avaliando no ponto (1,1):

$f(x) = 1 - 1(x - 1)$

$f(x) = -x + 2$

Assim, a reta tangente à curva $y = 1/x$ é $y = -x + 2$. Logo, a declividade é igual a -1.

(1) Falso. A partir da fórmula da reta tangente, obtida anteriormente e avaliando em $(a, 1/a)$, obtemos:

$$f(x) = \frac{1}{a} - \frac{1}{a^2}(x - a)$$

$$f(x) = -\frac{1}{a^2}x + \frac{2}{a}$$

A declividade (m) aqui é:

$$m = -\frac{1}{a^2}$$

que vai diminuindo quando a aumenta.

Observação: A declividade diminuir significa que a reta tangente vai ficando menos negativamente inclinada. O mais correto seria escrever o valor da declividade em termos absolutos, ou seja:

$$|m| = \frac{1}{a^2}$$

(2) Verdadeiro. Notemos, primeiro, que a restrição vale com igualdade, pois a função-objetivo é crescente em ambos os argumentos.

Montando o lagrangeano:
$$L = xy - \lambda(2x + 3y - 1)$$

As CPOs serão:
$x : y - 2\lambda = 0 \Rightarrow y = 2\lambda$
$y : x - 3\lambda = 0 \Rightarrow x = 3\lambda$
$2x + 3y = 1$

Dividindo a primeira pela segunda, obtemos:
$$\frac{y}{x} = \frac{2}{3} \Rightarrow 3y = 2x$$

Substituindo de volta na restrição:
$2x + 2x = 1$
$\qquad 4x = 1$
$\qquad x^* = 1/4$
$\qquad y^* = 1/6$

O valor máximo da função, ou seja, sua função valor, será:

$$V = x^* y^* = \frac{1}{4}\frac{1}{6} = \frac{1}{24}$$

Observação: Notemos que a maximização estava sujeita também ao conjunto A. Ou seja, $x \geq 0$ e $y \geq 0$. Mas, caso um dos dois fosse nulo, a função valor seria nula e, portanto, menor do que a obtida acima.

(3) Falso. Montando o lagrangeano:
$L = 4x + 9y + \lambda(xy - 1)$

As CPOs serão:
$x: 4 + \lambda y = 0 \Rightarrow 4 = -\lambda y$
$y: 9 + \lambda x = 0 \Rightarrow 9 = -\lambda x$
$xy - 1 = 0$

Dividindo a primeira pela segunda:
$\dfrac{4}{9} = \dfrac{y}{x} \Rightarrow 4x = 9y \Rightarrow x = \dfrac{9}{4}y$

Substituindo na restrição:
$\dfrac{9}{4} yy = 1$

$y^2 = \dfrac{4}{9}$

$y = \pm \dfrac{2}{3}$

$x = \pm \dfrac{3}{2}$

Mas notemos que devemos ter soluções não negativas (devido à restrição do conjunto A). O valor mínimo que a função assume será:

$$V(x^*, y^*) = +4\frac{3}{2} + 9\frac{2}{3} = 6 + 6 = 12.$$

Observação: Avaliando a solução de canto. Notemos que, quando $x = 0$ ou $y = 0$:

$xy = 0 < 1$

ou seja, não satisfaz à restrição. Logo, não é um ponto de mínimo para o problema de otimização condicionada acima.

(4) Verdadeiro. Este problema foi resolvido de forma bem parecida no item (2). No ótimo, teríamos também:

$$2x = 3y$$
$$2x + 3y = c$$

Substituindo o primeiro no segundo:

$$2x + 2x = c$$

$$x = \frac{c}{4}$$

$$y = \frac{c}{6}$$

A função valor seria:

$$V(c) = \frac{c}{4}\frac{c}{6} = \frac{c^2}{24}$$

$$V(2) = \frac{4}{24} = \frac{1}{6}$$

Sua derivada seria:

$$V'(c) = \frac{c}{12}$$

$$V'(2) = \frac{2}{12} = \frac{1}{6}$$

Logo:
$V(2) = V'(2)$.

PROVA DE 2011

Questão 1

Julgue as afirmativas:

⓪ Se $A = \{x \in \mathbb{R} : 3x^2 + 4x < 4\}$ e $B = \{x \in \mathbb{R}: 2(x^2 + 1) \geq 5x\}$, então $A \cap B \subset \{x \in \mathbb{R}: x^2 \leq 4\}$.

① Se $A \subset B$ são conjuntos finitos não vazios e $f : A \to B$ é sobrejetiva, então $A = B$.

② Seja $h : \mathbb{R} \to \mathbb{R}$ uma função contínua, tal que $(2x - \pi)h(x) = 1 - \text{sen}\,x$, para todo $x \in \mathbb{R}$. Então $h(\pi/2) = 1$.

③ Seja $f : \mathbb{R} \to \mathbb{R}$ dada por $f(x) = |5 - x| + |x - 3|$. A função f não é sobrejetiva e $f(x) \geq 2$, para todo $x \in \mathbb{R}$.

④ Sejam $f, g : \mathbb{R} \to \mathbb{R}$ dadas por $f(x) = |x + 3| - 3$ e $g(x) = x/2$. A função composta $f \circ g : \mathbb{R} \to \mathbb{R}$ é sobrejetiva.

Resolução:

(0) Verdadeiro. A restrição do conjunto A é:

$$3x^2 + 4x - 4 < 0$$

$$\left.\begin{array}{l} Soma = -\dfrac{4}{3} \\ \text{Pr}oduto = -\dfrac{4}{3} \end{array}\right\} x_1 = -2, x_2 = \dfrac{2}{3}$$

Assim, o conjunto A pode ser escrito como:

$$A = \left(-2, \dfrac{2}{3}\right)$$

A restrição do conjunto B é:

$$2x^2 - 5x + 2 \geq 0$$

$$\left.\begin{array}{l} Soma = \dfrac{5}{2} \\ Produto = 1 \end{array}\right\} x_1 = 2, x_2 = \dfrac{1}{2}$$

Assim, o conjunto B pode ser escrito como:
$$B = \left(-\infty, \frac{1}{2}\right] \cup [2, \infty)$$

Assim, o conjunto $A \cap B$ será:
$$A \cap B = \left(-2, \frac{1}{2}\right]$$

A restrição do outro conjunto afirmado no item é:
$x^2 - 4 \leq 0$
$\quad x = \pm 2$

Assim, este conjunto pode ser escrito como:
$[-2, 2]$

Logo:
$$A \cap B = \left(-2, \frac{1}{2}\right] \subset [-2, 2]$$

(1) Verdadeiro. Pela definição de função, todo ponto do domínio (A) deve estar associado a algum ponto do contradomínio (B), mas não a mais de um. Além disso, como f é sobrejetiva, todo o contradomínio (B) é igual à imagem, ou seja, todo ponto do contradomínio está associado a pelo menos um ponto do domínio. E como $A \subset B$, então temos os seguintes casos possíveis:

(i) Dois ou mais pontos de A associados a um ponto de B.

(ii) Cada ponto de A está associado a apenas um ponto de B.

O caso (i) não pode ocorrer, pois faltaria algum ponto de B sem associação, e isso não é possível pois f é sobrejetiva.

O caso (ii) pode ocorrer e é o único que ocorre. Assim, cada ponto de A está associado a um ponto de B, diferente dos demais pontos de A. Assim, $A = B$.

Observação: Pela conclusão acima, poderíamos dizer que f também é injetiva e, assim, seria também bijetiva.

(2) Falso. Isolando $h(x)$:

$$h(x) = \frac{1 - \operatorname{sen} x}{(2x - \pi)}$$

Tomando o limite para $x = \pi/2$:

$$\lim_{x \to \pi/2} \frac{1 - \operatorname{sen} x}{(2x - \pi)} = \lim_{x \to \pi/2} \frac{1 - \operatorname{sen} \pi/2}{\left(2\frac{\pi}{2} - \pi\right)} = \frac{0}{0}$$

Aplicando L'Hopital:

$$\lim_{x \to \pi/2} \frac{-\cos x}{2} = 0$$

(3) Verdadeiro. A função pode ser reescrita expandindo os módulos:

$$f(x) = \begin{cases} 5 - x - x + 3 = 8 - 2x, & x < 3 \\ 2, & 3 \le x \le 5 \\ -5 + x + x - 3 = 2x - 8, & x > 5 \end{cases}$$

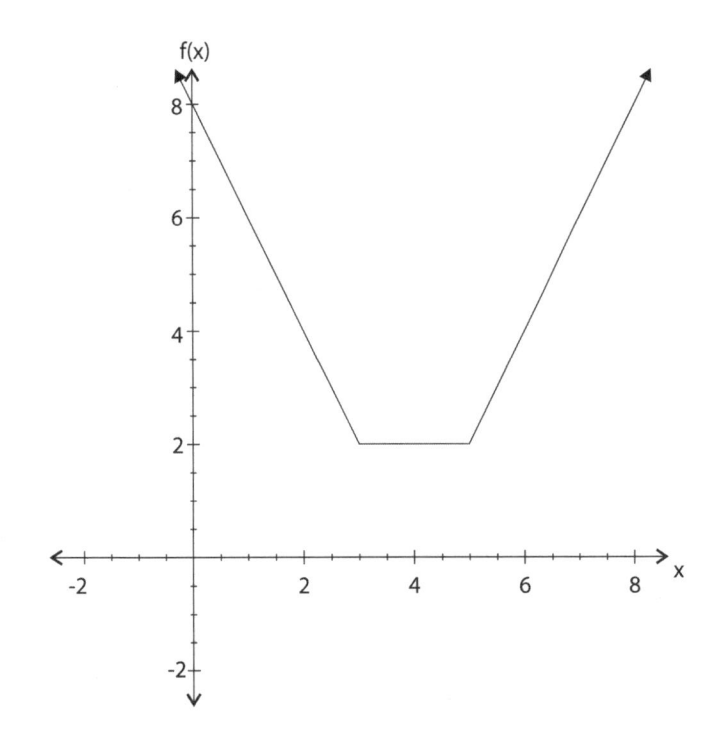

Graficamente, a função à esquerda de $x = 3$ é uma função linear decrescente, entre 3 e 5 é uma função constante igual a 2, e acima de $x = 5$ é uma função linear crescente. Logo:

$f(x) \geq 2, \forall x \in \mathbb{R}$

Além disso, como a função não assume valores abaixo de $x = 2$, então a função não percorre todo o contradomínio e, portanto, ela não é sobrejetiva, ou seja, a imagem não será igual ao contradomínio.

(4) Falso. A função composta será:

$$(f \circ g)(x) = f(g(x)) = f(x/2) = \left|\frac{x}{2} + 3\right| - 3$$

$$(f \circ g)(x) = \begin{cases} \frac{x}{2} + 3 - 3 = \frac{x}{2}, & x \geq -6 \\ -\frac{x}{2} - 3 - 3 = -\frac{x}{2} - 6, & x < -6 \end{cases}$$

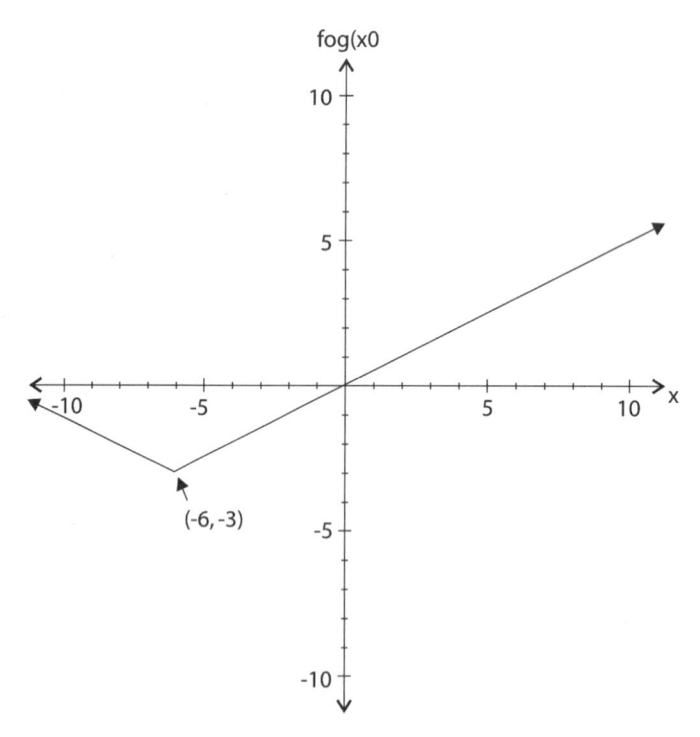

Graficamente, podemos notar que a função é linear crescente à direita de x = −6, e linear decrescente à esquerda de x = −6. Assim $f(x) \geq -3$. Logo, a função não percorre todo o contradomínio e, portanto, ela não é sobrejetiva, ou seja, a imagem não será igual ao contradomínio.

Questão 3

Seja $f: [-2,5] \to \Re$ a função definida como $f(x) = x^2 + 3$, se $x \leq 3$ e $f(x) = 15 - x$, se $x > 3$. Julgue as afirmativas:

- (0) A função f é contínua e seu ponto de máximo ocorre para $x = -2$.
- (1) O ponto de mínimo de f ocorre para $x = 0$.
- (2) A função f é diferenciável em todos os pontos do intervalo $(-2,5)$.
- (3) O valor da segunda derivada de f no ponto de mínimo é 2.
- (4) O valor da segunda derivada de f no ponto de máximo é -1.

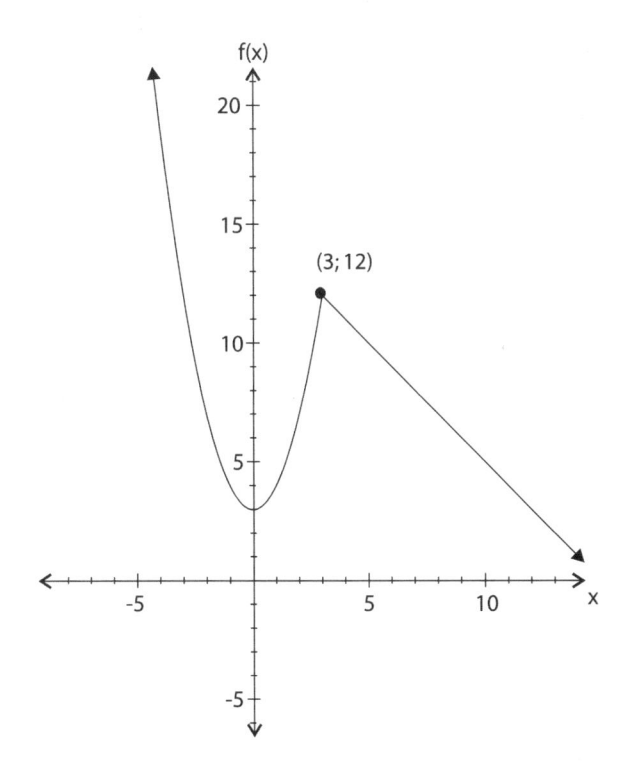

Resolução:

(0) Falso. A partir do gráfico de f(x) acima, basta notar que em $x = -2$, $y = (-2)^2 + 3 = 7$, mas em $x = 5$, $y = 15 - 5 = 10$. Logo, em $x = 5$ a função atinge um valor maior do que em $x = -2$.

(1) Verdadeiro. Graficamente, podemos ver que no intervalo [3,5] a função atinge valor mínimo de 10 em $x = 5$ e no intervalo [−2,3] a função tem um

formato de parábola convexa (ou seja, côncava para cima). Diferenciando e igualando a zero:

$$f'(x) = 2x = 0$$
$$x = 0$$

Assim, há um ponto de mínimo interior em $x = 0$. Como $f(0) = 3 < 10 = f(5)$, o ponto de mínimo de f ocorre em $x = 0$.

(2) Falso. O ponto em que pode ocorrer dúvida é quando ela muda de formato. Conforme definição dada na Revisão de Conceitos, uma função é diferenciável em um ponto x_0 quando:

$$\lim_{x \to x_0^-} \frac{f(x) - f(x_0)}{x - x_0} = \lim_{x \to x_0^+} \frac{f(x) - f(x_0)}{x - x_0}$$

Calculando para $x_0 = 3$, ponto no qual a função muda de formato:

$$\lim_{x \to 3^-} \frac{x^2 + 3 - f(3)}{x - 3} = \lim_{x \to 3^-} \frac{x^2 + 3 - 12}{x - 3} = \lim_{x \to 3^-} \frac{x^2 - 9}{x - 3}$$
$$= \lim_{x \to 3^-} \frac{(x-3)(x+3)}{x - 3} = \lim_{x \to 3^-} x + 3 = 6$$
$$\lim_{x \to 3^+} \frac{15 - x - f(3)}{x - 3} = \lim_{x \to 3^+} \frac{15 - x - 12}{x - 3} = \lim_{x \to 3^+} \frac{3 - x}{x - 3} = -1$$

Como os limites laterais são diferentes, a função não é diferenciável em $x = 3$.

(3) Verdadeiro. A primeira derivada para $x < 3$, obtivemos no item 1. Diferenciando-a novamente:

$$f''(x) = 2$$

Logo, para qualquer $x < 3$, inclusive $x = 0$ (ponto de mínimo), a derivada é igual a 2.

(4) Falso. Graficamente, o ponto de máximo é $x = 3$, já que $f(3) = 12$. Neste ponto a função não é diferenciável.

Questão 7

Considere a função $f: \Re \to \Re$, **definida por** $f(x) = (x-2)^2(x-5)$, **e** $g: \Re \to \Re$, **uma função que satisfaz** $g(x+u) = g(x) + g(u) + x^2u + xu^2$ **para todo** $x, u \in \mathbb{R}$. **Julgue as afirmativas:**

⓪ f é decrescente em $[2,4]$.
① f não atinge mínimo relativo em $\Re$.
② 2 é ponto de máximo relativo de f, pois $f'(2) = 0$ e $f''(2) < 0$.
③ $g(0) = 1$.
④ Se $\lim_{n \to \infty} \dfrac{g(x)}{x} = 1$, então g é diferenciável e $g'(x) = 1 + x^2$.

Resolução:

(0) Verdadeiro. Para verificarmos se f é decrescente, tomemos a primeira derivada:
$$f'(x) = 2(x-2)(x-5) + (x-2)^2 = 0$$
$$= (x-2)\left[2(x-5) + (x-2)\right] = 0$$
$$= (x-2)\left[2x - 10 + x - 2\right] = 0$$
$$= (x-2)(3x-12) = 0$$
$$x_1 = 2, x_2 = 4$$

Como $f'(x) = 3x^2 - 18x + 24$ é uma parábola côncava para cima, então:
$f'(x) \leq 0 \Leftrightarrow 2 \leq x \leq 4$

Assim, a função será decrescente no intervalo $[2,4]$.

(1) Falso. Calculando a segunda derivada:
$f''(x) = 6x - 18$

Avaliando nos pontos críticos $x = 2$ e $x = 4$, obtidos no item 0:
$f''(2) = -6 < 0 \to máximo$
$f''(4) = 6 > 0 \to mínimo$

Assim, o ponto $x = 6$ é ponto de mínimo relativo.

(2) Verdadeiro. Como pode ser visto nos itens 0 e 1.

(3) Falso. Fixando $x + u = 0$, obtemos:
$g(x+u) = g(x) + g(u) + xu(x+u)$
$g(0) = g(x) + g(-x)$

Fixando $x = 0$, obtemos:

$g(0) = g(0) + g(0)$

$g(0) = 0$

(4) Anulado. Se escrito de forma correta o item seria **verdadeiro**. O correto seria $\lim_{x \to 0} \frac{g(x)}{x}$ e não $\lim_{n \to \infty} \frac{g(x)}{x}$ como no enunciado. Admitindo tal hipótese, note que

$$\frac{g(x)}{x} = \frac{g(x+u) - g(u) - xu(x+u)}{x} = \frac{g(x+u) - g(u)}{x} - u(x+u)$$

então

$$1 = \lim_{x \to 0} \left[\frac{g(x)}{x} \right] = \lim_{x \to 0} \left[\frac{g(x+u) - g(u)}{x} - u(x+u) \right]$$

$$= \lim_{x \to 0} \left[\frac{g(x+u) - g(u)}{x} \right] - u^2$$

portanto,

$$\lim_{x \to 0} \left[\frac{g(x+u) - g(u)}{x} \right] = 1 + u^2$$

ou seja, g é diferenciável e $g'(x) = 1 + x^2$.

Questão 9

Seja $f : \mathbb{R}^2 \to \mathbb{R}$ uma função diferenciável. Julgue as afirmativas:

⓪ Se f tem um mínimo local em $p = (a, b)$, então $\nabla f(p) = (0,0)$.

① Se $H_f(x, y) = \begin{bmatrix} 3x^2 & -1 \\ -1 & 3y^2 \end{bmatrix}$ é a matriz hessiana de f e $(0,0)$ é um ponto crítico de f, podemos afirmar que $(0,0)$ é ponto de mínimo de f.

② Se $\frac{\partial f}{\partial x}(p) = \frac{\partial f}{\partial y}(p) = 0$, para todo $p \in \mathbb{R}^2$, então f é uma função constante.

③ Se $|\nabla f(a,b)| \neq 0$ e a derivada direcional de f no ponto (a,b) na direção do vetor unitário u é zero, então $\nabla f(a,b)$ e u são paralelos.

④ Se $f(x, y) = e^{x^2+y^2}$, então a curva de nível $\{(x,y) \in \mathbb{R}^2 : f(x,y) = e\}$ é uma circunferência centrada na origem de raio 1.

Resolução:

(0) Verdadeiro. A condição $\nabla f(p) = \left(\dfrac{\partial f(x,y)}{\partial x}, \dfrac{\partial f(x,y)}{\partial y} \right)_{(x,y)=(a,b)} = (0,0)$ é uma condição necessária para se ter um mínimo local.

(1) Falso. Avaliando a hessiana no ponto (0,0):

$$H_f(x,y) = \begin{bmatrix} 3x^2 & -1 \\ -1 & 3y^2 \end{bmatrix}_{(x,y)=(0,0)} = \begin{bmatrix} 0 & -1 \\ -1 & 0 \end{bmatrix}$$

Os menores principais líderes são:
$H_1 = 0$
$H_2 = \begin{vmatrix} 0 & -1 \\ -1 & 0 \end{vmatrix} = -2$

Como os menores principais líderes não são positivos, então a hessiana não é positiva definida, ou seja, a função não é convexa em torno do ponto (0,0) e, assim, não é um ponto de mínimo.

Observação 1: Sobre as regras dos sinais dos menores principais da hessiana, veja páginas 381-383 do Simon & Blume (1994), além das páginas 513-516, que relaciona com a concavidade da função.

Observação 2: Como $H_2 < 0$, então tal ponto é de sela.

(2) Verdadeiro. A única função que tem derivada nula em todo o seu domínio é a função constante. Poder-se-ia ter pensado em uma função pulo, ou seja, uma função constante para um intervalo e a partir de um ponto tem um pulo para cima ou para baixo, e permanecendo também constante daí em diante. Ou seja, teria um ponto de descontinuidade, e a derivada não existiria em tal ponto. Mas note que, por hipótese, *f* é diferenciável e, portanto, contínua.

(3) Falso. Utilizando a definição de derivada direcional, já dada na prova de 2009, questão 4, item 2:

$$\frac{\partial f}{\partial \vec{u}}(a,b) = \langle \nabla f(a,b), \vec{u} \rangle = 0$$

onde $\langle \cdot, \cdot \rangle$ é o operador produto interno. Assim, o produto interno entre os vetores $\nabla f(a,b)$ e $\vec{u}$ é nulo, ou seja, estes vetores são ortogonais.

(4) Verdadeiro. Calculando os pontos (x, y) da curva de nível:
$$e^{x^2+y^2} = e$$
obtemos:
$$x^2 + y^2 = 1$$

que é uma circunferência de centro $(0,0)$ e raio 1.

Questão 10

Seja $X \subset \mathbb{R}^2$ o conjunto limitado pelas retas
$r_1: x = 0, r_2: y = 0, r_3: 4x + 3y - 40 = 0$ e $r_4: x + 2y - 20 = 0$
Seja $p \in X$ o ponto de máximo da função $f: X \to \mathbb{R}$ dada por
$f(x,y) = 2x + 5y$
Julgue os seguintes itens:
- ⓪ No ponto p, o gradiente de f não é ortogonal a qualquer das retas r_1, r_2, r_3, e r_4.
- ① O valor da função f no ponto resultante da interseção das retas r_2 e r_3 é 70.
- ② O valor da função f no ponto resultante da interseção das retas r_3 e r_4 é 48.
- ③ $p = (10,0)$.
- ④ $f(p) = 50$.

Resolução:

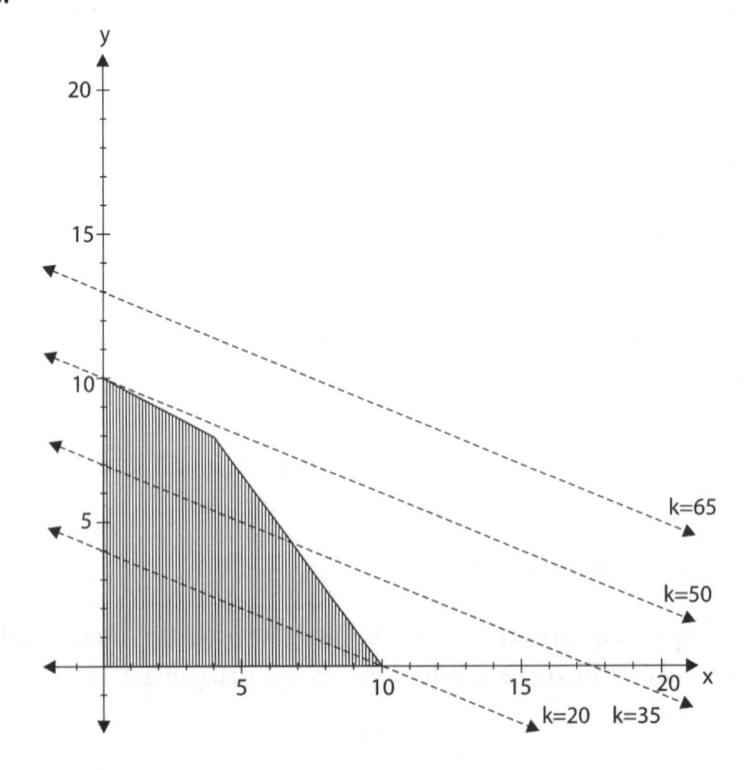

(0) Verdadeiro. Primeiro montemos o conjunto X. As retas $x = 0$ e $y = 0$ implicam que estaremos limitados a um dos quatro quadrantes. A reta r_3 será:

$$y = \frac{40}{3} - \frac{4}{3}x$$

cuja raiz é $x = 10$.

E a reta r_4 seria:

$$y = 10 - \frac{x}{2}$$

O ponto no qual elas se cruzam é:

$$\frac{40}{3} - \frac{4}{3}x = 10 - \frac{x}{2}$$
$$x = 4$$

Juntando estas retas teríamos a restrição do conjunto X:

$$y \leq 10 - \frac{x}{2}, 0 \leq x \leq 4$$
$$y \leq \frac{40}{3} - \frac{4}{3}x, 4 \leq x \leq 10$$

Para obtermos o máximo, a curva de nível de $f(x,y)$ será:

$$2x + 5y = k$$
$$y = \frac{k}{5} - \frac{2}{5}x$$

Note que tal função tem inclinação igual a $2/5 = 0{,}4$ que é menos inclinada do que as duas retas da restrição do conjunto X. A maior curva de nível desta função, sujeita ao conjunto X, será no ponto $p = (x,y) = (0,10)$, como pode ser visto no gráfico anterior. O gradiente de f neste ponto não é ortogonal a nenhuma das retas, visto que as inclinações não são inversas uma da outra. De fato, as inclinações das retas são:

$r_1 : \infty$

$r_2 : 0$

$r_3 : -\dfrac{4}{3}$

$r_4 : -\dfrac{1}{2}$

$\nabla f(p) : -\dfrac{2}{5}$

(1) Falso. O ponto da interseção das retas r_2 e r_3 é:
$$4x + 3 \cdot 0 - 40 = 0$$
$$x = 10$$
$$y = 0$$

O valor da função f nesta interseção será:
$f(10,0) = 2 \cdot 10 + 5 \cdot 0 = 20$.

(2) Verdadeiro. O ponto da abscissa da interseção das retas r_3 e r_4 já foi obtido no item 0 e é $x = 4$. O valor da ordenada pode ser obtido, por exemplo, substituindo na equação da reta r_3:
$$4 \cdot 4 + 3y - 40 = 0$$
$$3y = 24$$
$$y = 8$$

O valor da função f nesta interseção será:
$f(4, 8) = 2 \cdot 4 + 5 \cdot 8 = 48$

(3) Falso. O ponto de máximo foi obtido no item 0 e é igual a $p = (0,10)$.

(4) Verdadeiro. Avaliando a função no ponto de máximo:
$f(p) = 2 \cdot 0 + 5 \cdot 10 = 50$

Questão 14

Sejam $f: \mathbb{R} \to \mathbb{R}$ e $g: \mathbb{R} \to \mathbb{R}$ funções diferenciáveis tais que $g(x) = 3x - 4$ e $f(g(x)) = 9x^2 - 6x + 1$. Calcule $f(0) + f'(0)$.

Resolução:

Substituindo $g(x)$ dentro de $f(x)$, teremos:
$$f(3x - 4) = 9x^2 - 6x + 1$$

Para termos $f(0)$, devemos ter:
$$3x - 4 = 0$$
$$x = \frac{4}{3}$$

Logo:
$$f(0) = 9\frac{16}{9} - 6\frac{4}{3} + 1 = 16 - 8 + 1 = 9$$

Agora, diferenciando a primeira expressão dos dois lados em relação a x:
$$f(3x - 4) = 9x^2 - 6x + 1$$
$$3f'(3x - 4) = 18x - 6$$

E avaliando em $x = 4/3$:
$$3f'(0) = 18\frac{4}{3} - 6 = 24 - 6 = 18$$
$$f'(0) = 6$$

Assim:
$$f(0) + f'(0) = 9 + 6 = 15$$

Observação: Outra forma de solucionar é obter diretamente a $f(x)$. Para isso, note que $f(.)$ pode ser escrita como:

$$f(g(x)) = 9x^2 - 6x + 1 = (3x-1)^2$$
$$f(g(x)) = ((3x-4)+3)^2 = (g(x)+3)^2$$
$$f(g(x)) = (g(x)+3)^2$$

Agora $f(.)$ está com o mesmo argumento dentro e fora. Podemos atribuir qualquer letra para $g(x)$, por exemplo y (poderíamos usar também o próprio x). Assim:

$$f(y) = (y+3)^2$$

Diferenciando:
$$f'(y) = 2(y+3)$$

Avaliando ambas em $y = 0$:
$$f(0) = 9$$
$$f'(0) = 6$$
$$f(0) + f'(0) = 9 + 6 = 15$$

Questão 15

$f : \mathbb{R}^2 \to \mathbb{R}^2$ e $g : \mathbb{R}^2 \to \mathbb{R}^2$ são funções diferenciáveis definidas por
$$\begin{cases} f(x,y) = 4(x^2 y^2 + 5) \\ g(x,y) = 2 - 2x - y \end{cases}$$

Encontre o valor máximo da função f sujeita às restrições $x \geq 0$, $y \geq 0$ e $g(x, y) \geq 0$.

Resolução:

O problema de maximização será:
$$\max 4(x^2 y^2 + 5)$$
$$s.t. \ 2 - 2x - y \geq 0$$
$$x \geq 0, y \geq 0$$

Vamos omitir as duas últimas restrições, obter o máximo e depois verificar se as soluções de canto $x = 0$ e/ou $y = 0$ geram um valor de f maior.

A outra restrição é válida com igualdade pois a função que estamos maximizando é crescente em ambos os argumentos. Assim, o lagrangeano será:

$$L = 4(x^2 y^2 + 5) + \lambda(2 - 2x - y)$$

$$\frac{\partial L}{\partial x} = 8xy^2 - 2\lambda = 0 \rightarrow \lambda = 4xy^2$$

$$\frac{\partial L}{\partial y} = 8x^2 y - \lambda = 0 \rightarrow \lambda = 8x^2 y$$

$$4xy^2 = 8x^2 y \rightarrow 2x = y$$

$$2 - 2x - y = 0$$

$$2 - y - y = 0$$

$$y = 1, x = 1/2$$

Substituindo na função objetivo:

$$f(1/2, 1) = 4\left(\frac{1}{4} \cdot 1 + 5\right) = 21$$

Se a solução fosse $x = 0$ ou $y = 0$, a função seria igual a:

$$f(0, y) = f(x, 0) = 20 < 21 = f(1/2, 1)$$

Logo, $x = 1/2$, $y = 1$ são o máximo da função e o seu valor será 21, que é a resposta.

PROVA DE 2012
Questão 2

Julgue as afirmativas:

⓪ Seja $f: Z \rightarrow Z$, tal que $f(x) = \dfrac{x}{2}$ se x é par e $f(x) = \dfrac{x-1}{2}$ se x é ímpar. Então f é bijetiva.

① Se $f: Q \rightarrow Q$, $f(x) = x^2$, então f é sobrejetiva.

② Se $f(x) = \dfrac{1}{2}x + 1$, então $(f \circ f \circ f)(x) = f^3(x) = \dfrac{1}{8}x^3 + \dfrac{3}{4}x^2 + \dfrac{3}{2}x + 1$.

③ Se $f(x - 8) = 2x - 5$, então $f(4x + 1) = 8x + 13$.

④ Seja $A \subset R$ e $h: A \rightarrow R$, tal que $\sqrt{2x - 1} h(x) = \ln(3 - 3x) \in R$. Então $A \subset \left(\dfrac{1}{2}, 1\right)$.

Resolução:

(0) Falso.

x	1	2	3	4	5	...
f(x)	0	1	1	2	2	...

A função não é injetiva. Logo, não pode ser bijetiva.

(1) Falso. A função não assume valores negativos e, portanto, não percorre todo o contradomínio. Desta forma, não pode ser sobrejetiva.

(2) Falso. $f(x) = \frac{1}{2}x + 1$

$f \circ f(x) = \frac{1}{2}\left(\frac{1}{2}x + 1\right) + 1 = \frac{1}{4}x + \frac{3}{2}$

$f \circ f \circ f(x) = \frac{1}{2}\left(\frac{1}{4}x + \frac{3}{2}\right) + 1 = \frac{1}{8}x + \frac{7}{4}$, diferente do enunciado.

(3) Verdadeiro. Substituindo $y = x - 8$ na primeira equação, obtemos que $f(y) = 2(y + 8) - 5 = 2y + 11$.

Para a segunda equação, tomamos $y' = 4x \mp 1$, tal que $2y' = 8x \mp 2$ e substituímos, para obter $f(y') = 2y' - 2 + 13 = 2y' + 11$.

Como podemos observar, as duas equações são iguais e, portanto, a afirmação é verdadeira.

(4) Verdadeira. Temos que $h(x) = \frac{\ln(3 - 3x)}{\sqrt{2x - 1}}$. As restrições sobre esta equação são:

a) $\sqrt{2x - 1} > 0 \Rightarrow 2x - 1 > 0 \Rightarrow x > \frac{1}{2}$

b) $3 - 3x > 0 \Rightarrow x < 1$

Logo, $A \subset \left(\frac{1}{2}, 1\right)$.

Questão 8

Julgue as afirmativas:

⓪ A função $f(x) = \ln x, x > 0$ é diferenciável em $x = 1$.

① Seja $f: (-1, \infty) \to R$ uma função contínua, tal que $xf(x) = \ln(1 + x)$. Então $f(0) = \lim\limits_{x \to 0} \dfrac{\ln(1+x)}{x} = 0$.

② Se $x \neq 0$, então $\lim\limits_{n \to \infty} \left[\dfrac{1}{x} \ln\left(1 + \dfrac{x}{n}\right)^n \right] = 0$.

③ Seja e a base do logaritmo natural e $R > 0$ o raio de convergência da série $\sum \dfrac{n^n}{n!} x^n$. Então $\lim\limits_{n \to \infty} \dfrac{n}{\sqrt[n]{n!}} = \dfrac{1}{R} = e$.

④ Seja a_n uma sequência qualquer de números reais distintos e $f_n: R \to R$ a sequência de funções definidas por $f_n(x) = 0$, se $x < a_n$ e $f_n(x) = 2^{-n}$, se $x \geq a_n$. Então para cada $x \in R$ a série $\sum\limits_{n=1}^{\infty} f_n(x)$ converge.

Resolução:

(0) Verdadeiro. Avaliando os limites laterais:

$$\lim_{x \to 1^-} \frac{\ln x - \ln 1}{x - 1} \overset{L'Hopital}{=} \lim_{x \to 1^-} \frac{1}{x} = 1$$

$$\lim_{x \to 1^+} \frac{\ln x - \ln 1}{x - 1} \overset{L'Hopital}{=} \lim_{x \to 1^+} \frac{1}{x} = 1$$

Como os limites das derivadas pela esquerda e pela direita são iguais, temos que a função é diferenciável.

(1) Falso. Note que $f(x) = \dfrac{\ln(1+x)}{x}$. Avaliando o limite:

$$\text{Lim}_{x \to 0} \frac{\ln(1+x)}{x} \overset{\triangleq}{=} \lim_{x \to 0} \frac{1}{1+x} = 1 \neq 0$$

(2) Falso. Podemos transformar esta equação tomando $\dfrac{x}{n} = \dfrac{1}{t}$, o que nos levará a:

$$\frac{1}{x} \lim_{t \to \infty} \ln\left(1 + \frac{1}{t}\right)^{tx} = \frac{1}{x} \ln e^x = \frac{1}{x} x = 1 \neq 0$$

(3) Verdadeiro. Note que a série é uma série de potências (ou também chamada de Taylor), pois assume o formato:

$$\sum_{n=0}^{\infty} a_n(x-a)^n, \text{ onde } a_n = \frac{f^{(n)}(a)}{n!}$$

O raio de convergência é o raio da circunferência em torno do centro da série de Taylor dentro da qual ela converge. Uma forma simples de calculá-la é através do seguinte limite (quando o mesmo existir):

$$\lim_{n\to\infty} \left|\frac{a_{n+1}}{a_n}\right| = \frac{1}{R}$$

$$\lim_{n\to\infty} \left|\frac{(n+1)^{n+1}}{(n+1)!} \frac{n!}{n^n}\right| = \lim_{n\to\infty} \left|\frac{(n+1)^n}{n^n}\right| = \lim_{n\to\infty} \left|\left(\frac{n+1}{n}\right)^n\right| = \lim_{n\to\infty} \left|\left(1+\frac{1}{n}\right)^n\right| = e = \frac{1}{R}$$

(4) Verdadeiro. Considere a seguinte série que é uma PG, de razão 1/2: $\sum_{n=1}^{\infty} 2^{-n} = \frac{1/2}{1-1/2} = 1$. Usando o critério da comparação, temos que $\sum_{n=1}^{\infty} f_n(x) < \sum_{n=1}^{\infty} 2^{-n} = 1$. Ou seja, a série $\sum_{n=1}^{\infty} f_n(x)$ converge.

Questão 9

Seja $f: R^* \to R$, tal que $x^2 f(x) = x^2 + 7x + 3$. Julgue as afirmativas:

◎ f tem uma assíntota horizontal e uma assíntota vertical.
① f tem máximo relativo em $x = \frac{-6}{7}$.
② f é decrescente em $(-\infty, 0)$.
③ f é convexa em cada um dos intervalos $\left(\frac{-9}{7}, 0\right)$ e $(0, +\infty)$.
④ $\lim_{x\to\infty} f(x) + \lim_{x\to\infty} \frac{\ln(2+e^y)}{3x} = \frac{4}{3}$.

Resolução:

(0) Verdadeiro. $f(x) = \frac{3}{x^2} + \frac{7}{x} + 1$

$\lim x_{\to -\infty} f(x) = 1$
$\lim x_{\to +\infty} f(x) = 1$
$\lim x_{\to 0^-} f(x) = \infty$
$\lim x_{\to 0^+} f(x) = \infty$,

ou seja, a assíntota horizontal é igual a 1 e a assíntota vertical ocorre em x = 0.

(1) Falso. Calculando a CPO: $f'(x) = -6x^{-3} - 7x^{-2} = 0 \implies x = \dfrac{-6}{7}$

Avaliando a CSO para verificar se este ponto crítico é um máximo:

$f''(x) = 18x^{-4} + 14x^{-3} < 0 \implies \dfrac{14}{x^3} < \dfrac{-18}{x^4} \implies x < \dfrac{-9}{7}$

$f(x)$ é côncava para valores inferiores a $\dfrac{-9}{7}$ e convexa para valores superiores.

Como $\dfrac{-6}{7} > \dfrac{-9}{7}$, temos que f tem um mínimo relativo em $x = \dfrac{-6}{7}$.

(2) Falso. Avaliando a primeira derivada para valores positivos:
$f'(x) = -6x^{-3} - 7x^{-2} > 0$
$-6x^{-3} > 7x^{-2}$
$-6x^{-1} > 7$

Para essa expressão ser válida, x deve ser negativo e, assim:
$0 > x > -6/7$

Assim, f é crescente no intervalo $\left(\dfrac{-6}{7}, 0\right)$.

(3) Verdadeiro. Como vimos, f é convexa para todos os valores superiores a $x = \dfrac{-9}{7}$

(4) Verdadeiro. Note que:

$\alpha = \lim\limits_{x\to\infty} f(x) = \lim\limits_{x\to\infty}\left(\dfrac{3}{x^2} + \dfrac{7}{x} + 1\right) = 1$

$\beta = \lim\limits_{x\to\infty}\dfrac{\ln(2+e^x)}{3x} \triangleq \lim\limits_{x\to\infty}\dfrac{\left(\dfrac{e^x}{2+e^x}\right)}{3} = \lim\limits_{x\to\infty}\dfrac{1}{\dfrac{6}{e^x}+3} = \dfrac{1}{3}$

$\alpha + \beta = 1 + \dfrac{1}{3} = \dfrac{4}{3}$

Questão 11

◎ Seja $f : R^2 \to R$ diferenciável e $z = f(x^2 + y^2, 2xy)$. Se $p = (1, 1)$, então $\dfrac{dz}{dx}(p) - \dfrac{dz}{dy}(p) = 2$.

① Seja $f : R^2 \to R$ diferenciável e $g: R^2 \times R_+ \to R$ definida por $g(x,y,z) = z^3 f\left(\dfrac{x}{z}, \dfrac{y}{z}\right)$. Então g é uma função homogênea de grau 2.

② Seja $f : R^+ \times R^+ \to R$ definida por $f(x,y) = x^3 \ln y^2 + y^3 e^{\frac{x^2}{y^2}} - x^3 \ln x^2$. Então, para todo $(x, y) \in R^+ \times R^+$, tem-se que $x \dfrac{\partial f}{\partial x}(x,y) + y \dfrac{\partial f}{\partial y}(x,y) = 3f(x,y)$.

③ Seja $f : R^2 \times R^+ \to R$ definida por $f(x, y, z) = x \ln z + ze^y + x^2 - 5$. Em uma vizinhança de $p = (2, 0, 1)$ a equação $f(x, y, z) = 0$ expressa z como uma função implícita de x e y. Além disso, $4 \dfrac{\partial z}{\partial y}(2,0) - \dfrac{\partial z}{\partial x}(2,0) = 0$.

④ Seja $f : R^2 \to R$ diferenciável, tal que $f \neq 0$ e $\dfrac{\partial f}{\partial x} + \dfrac{\partial f}{\partial y} = 0$. Se $g(x,y) = \dfrac{x}{f(x,y)}$, então $f\left(\dfrac{\partial g}{\partial x} + \dfrac{\partial g}{\partial y}\right) = 2$.

Resolução:

(0) Falso. $\dfrac{dz}{dx} = \dfrac{df}{dx} 2x + \dfrac{df}{dy} 2y \Rightarrow \dfrac{dz}{dx}(1,1) = 2\dfrac{df}{dx} + 2\dfrac{df}{dy}$

$\dfrac{dz}{dy} = \dfrac{df}{dx} 2y + \dfrac{df}{dy} 2x \Rightarrow \dfrac{dz}{dy}(1,1) = 2\dfrac{df}{dx} + 2\dfrac{df}{dy}$

Subtraindo as duas equações acima, obtemos: $\dfrac{dz}{dx}(p) - \dfrac{dz}{dy}(p) = 0$.

(1) Falso. Note que:

$$g(tx, ty, tz) = (tz)^3 f\left(\dfrac{tx}{tz}, \dfrac{ty}{tz}\right) = t^3 z^3 f\left(\dfrac{x}{z}, \dfrac{y}{z}\right) = t^3 g(x, y, z)$$

Então g é uma função homogênea do 3º grau.

(2) Verdadeiro. $f(\lambda x, \lambda y) = \lambda^3 x^3 \ln(\lambda^2 y^2) + \lambda^3 y^3 e^{\frac{\lambda^2 x^2}{\lambda^2 y^2}} - \lambda^3 x^3 \ln \lambda^2 x^2 =$

$= \lambda^3 x^3 \ln \lambda^2 + \lambda^3 x^3 \ln y^2 + \lambda^3 y^3 e^{\frac{x^2}{y^2}} - \lambda^3 x^3 \ln \lambda^2 - \lambda^3 x^3 \ln x^2 =$

$$= \lambda^3 \left(x^3 \ln y^2 + y^3 e^{\frac{x^2}{y^2}} - x^3 \ln x^2 \right)$$

Logo, temos que $f(x, y)$ é homogênea do $3°$ grau, donde, utilizando o Teorema de Euler, enunciado na Revisão de Conceitos, chegamos ao resultado enunciado.

(3) Verdadeiro. Note que:

$f(x, y, z) = 0 \Rightarrow x \ln z + ze^y + x^2 - 5 \Rightarrow f(2, 0, 1) 1 + 4 - 5 = 0$. Ou seja, temos z como função implícita de x e de y.

$$x \ln z + ze^y + x^2 - 5 = 0 = \varphi \overset{TFI}{\Rightarrow} \frac{dz}{dx} = -\frac{\partial \varphi / \partial x}{\partial \varphi / \partial z} = \frac{-2x - \ln z}{x\frac{1}{z} + e^y}$$

$$\frac{dz}{dx}(2, 0) = \frac{-4}{3}$$

$$x \ln z + ze^y + x^2 - 5 = 0 = \varphi \overset{TFI}{\Rightarrow} \frac{dz}{dy} = -\frac{\partial \varphi / \partial y}{\partial \varphi / \partial z} = \frac{-ze^y}{x\frac{1}{z} + e^y}$$

$$\frac{dz}{dy}(2, 0) = \frac{-1}{3}$$

$$4\frac{dz}{dy}(2, 0) - \frac{dz}{dx}(2, 0) = 0$$

(4) Falso. Esta questão deveria ser anulada, pois f deveria ter dois argumentos, dado que seu domínio é $\mathbb{R}^2$.

Ignorando este fato, podemos calcular:

$$\frac{dg}{dx} = \frac{1}{f} - \frac{x}{f^2} \frac{df}{dx}$$

$$\frac{dg}{dy} = -\frac{x}{f^2} \frac{df}{dy}$$

$$\frac{dg}{dx} + \frac{dg}{dy} = \frac{1}{f} - \frac{x}{f^2} \left(\frac{df}{dx} + \frac{df}{dy} \right) = \frac{1}{f}, \text{ pois } \left(\frac{df}{dx} + \frac{df}{dy} \right) = 0$$

$$f\left(\frac{dg}{dx} + \frac{dg}{dy} \right) = f\left(\frac{1}{f} \right)$$

Questão 13

Considere a expansão de Taylor para a função $y = f(x)$ em torno do ponto $x = 0$ e julgue as afirmativas:

⓪ Se $f(x) = \operatorname{sen} x$, então a série de Taylor só tem termos de grau ímpar.

① Se $f(x)$ é um polinômio de grau n, então a expansão de Taylor de f em torno de 0 é o próprio polinômio.

② Seja k uma constante positiva. Se $f(x) = e^{kx}$ e os coeficientes dos termos de 2ª e 3ª ordem são iguais, então $k = 3$.

③ Para toda constante k, o termo independente da expansão de Taylor de $f(x) = \cos(kx)$ em torno de 0 é k.

④ Se $f(x) = \dfrac{1}{1-x}$, para $-1 < x < 1$, então $P(x) = 1 + \dfrac{4}{1!}x + \dfrac{4 \cdot 3}{2!}x^2 + \dfrac{4 \cdot 3 \cdot 2}{3!}x^3 + \dfrac{4 \cdot 3 \cdot 2 \cdot 1}{4!}x^4$ é o polinômio de Taylor de grau 4 da função f.

Resolução:

Expansão de Taylor:

$$f(x) = f(a) + f'(a)(x-a) + \frac{f''(a)(x-a)^2}{2!} + \ldots + + \frac{f^n(a)(x-a)^n}{n!}$$

Para $a = 0$, isto é, quando estamos calculando a série de Taylor em torno do ponto $x = 0$, obtemos a série de MacLaurin:

$$f(x) = f(0) + f'(0)x + \frac{f''(0)x^2}{2!} + \ldots + \frac{f^n(0)x^n}{n!}$$

(0) Verdadeiro. Aplicando a fórmula acima:

$$f(x) = \operatorname{sen} 0° + \cos 0° x - \frac{\operatorname{sen} 0° x^2}{2!} - \frac{\cos 0° x^3}{3!} + \frac{\operatorname{sen} 0° x^4}{4!} + \ldots$$

$$f(x) = x - \frac{x^3}{3!} + \frac{x^5}{5!} - \ldots$$

(1) Verdadeiro. Os termos da expansão de Taylor de um polinômio de grau n, $a_n x^n + a_{n-1} x^{n-1} + a_{n-2} x^{n-2} + \ldots + a_3 x^3 + a_2 x^2 + a_1 x + a_0$, em torno de 0, podem ser escritos como:

$f(0) = a_0$

$$f'(x) = \left[na_n x^{n-1} + (n-1)a_{n-1}x^{n-2} + \ldots + 3a_3 x^2 + 2a_2 x + a_1 \right] \to f'(0)x = a_1 x$$

$$\frac{f''(x)}{2!} = \left[\frac{n(n-1)a_n x^{n-2}}{2!} + \frac{(n-1)(n-2)a_{n-1}x^{n-3}}{2!} + \ldots + \frac{6a_3 x}{2!} + \frac{2a_2}{2!} \right] \to \frac{f''(0)}{2!}x^2 = a_2 x^2$$

$$\frac{f'''(x)}{3!} = \left[\frac{n(n-1)(n-2)a_n x^{n-3}}{3!} + \frac{(n-1)(n-2)(n-3)a_{n-1}x^{n-4}}{3!} + \ldots + \frac{6a_3}{3!} \right] \to \frac{f'''(0)}{3!}x^3 = a_3 x^3$$

...

$$\frac{f^n(x)}{n!} = \frac{n!a_n}{n!} \to \frac{f^n(0)}{n!}x^n = a_n x^n$$

Somando cada termo teremos exatamente o polinômio de grau n.

(2) Verdadeiro. $f(x) = e^{k.0} + ke^{k.0}x + \frac{k^2 e^{k.0} x^2}{2!} + \frac{k^3 e^{k.0} x^3}{3!}$

Tomando somente os coeficientes dos termos de 2ª e 3ª ordem e igualando-os:

$$\frac{k^2}{2!} = \frac{k^3}{3!} \Rightarrow k = 3$$

(3) Falso. O termo independente é $f(0) = \cos(k.0) = \cos 0° = 1$.

(4) Falso. $f(x) = \dfrac{1}{1-x}$

$f'(x) = \dfrac{1}{(1-x)^2} \Rightarrow f'(0) = 1$

$f''(x) = \dfrac{2}{(1-x)^3} \Rightarrow f''(0) = 2!$

$f'''(x) = \dfrac{6}{(1-x)^4} \Rightarrow f'''(0) = 3!$

$f^{IV}(x) = \dfrac{24}{(1-x)^5} \Rightarrow f^{IV}(0) = 4!$

$$P(x) = 1 + \frac{1(x-0)}{1} + \frac{2(x-0)^2}{2!} + \frac{6(x-0)^3}{3!} + \frac{24(x-0)^4}{4!}$$

$$P(x) = 1 + x + x^2 + x^3 + x^4$$

Questão 15

Seja (x^*, y^*) o ponto de R^2 que maximiza $f(x, y) = x^2 y$ sujeita à restrição $2x^2 + y^2 \leq 9$. Encontre $a = [f(x^*, y^*)]^2$.

Resolução:

Max $x^2 y$

sa $2x^2 + y^2 \leq 9$

$L = x^2 y - \lambda[2x^2 + y^2 - 9]$

$$\begin{cases} \dfrac{dL}{dx} = 2xy - 4\lambda x = 0 \\ \dfrac{dL}{dy} = x^2 - 2\lambda y = 0 \\ \dfrac{dL}{d\lambda} = 2x^2 + y^2 - 9 = 0 \end{cases}$$

$\dfrac{2xy}{4x} = \lambda \Rightarrow \lambda = \dfrac{y}{2}$

$x^2 - \dfrac{2y^2}{2} = 0 \Rightarrow x^2 = y^2 \Rightarrow x = \pm y$

$2x^2 + x^2 = 9 \Rightarrow 3x^2 = 9 \Rightarrow x^2 = 3 \Rightarrow x = \sqrt{3}$ (Ignoramos os valores negativos porque eles não nos levariam à maximização do problema.)

$f(x^*, y^*) = 3\sqrt{3}$

$a = (3\sqrt{3})^2 = 27$

PROVA DE 2013
Questão 3

Julgue as seguintes alternativas:

⓪ Toda função $f: R \to R$ não decrescente é injetora.

① Sejam f e g funções definidas em R e com valores em R tais que $g(f(x)) = x$, para todo $x \in R$, então f é injetora.

② Seja $f: R \to R$ uma função tal que, para todo $a \in R$, a equação $f(x) = a$ tem pelo menos uma solução, então f é sobrejetora.

③ Seja $f: A \to B$ uma função bijetora, sendo A e B dois intervalos de R. Então A e B têm o mesmo comprimento.

④ O conjunto dos números inteiros positivos ímpares é um subconjunto próprio dos inteiros positivos. Então não pode existir uma função bijetora entre estes dois conjuntos.

Resolução:

(0) Falso $f(x) = c$ é um exemplo de função não decrescente (pois quando $x_1 > x_2 \to c = f(x_1) \geq f(x_2) = c$) e não injetora, visto que dois ou mais pontos do domínio estão associados a uma mesma imagem (ver a Revisão de Conceitos para uma definição de função injetora).

(1) Verdadeiro. Segundo a definição de função inversa na Revisão de Conceitos, $g(.)$ é a função inversa de $f(.)$, pois $g(f(x)) = x$ pode ser expresso também como:

$$g(y) = x \Leftrightarrow y = f(x)$$

Segundo ainda tal definição, para que uma função tenha inversa, ela deve ser injetora. Assim, f deve ser injetora.

(2) Verdadeiro. A expressão $f(x) = a$ afirma que todo a, que é um ponto da imagem, está associado a um ponto x do domínio. Assim, x é solução da equação. Pode ocorrer de dois pontos diferentes da imagem (por exemplo, a_1 e a_2) estarem associados ao mesmo domínio x, ou seja, f não é injetora. Neste caso, a equação terá mais de uma solução.

Observação: Se a equação tivesse exatamente uma solução para todo a, a função seria bijetora.

(3) Falso. Um contraexemplo é a função $f: [0, 1] \to [0, 2]$ tal que $f(x) = 2x$ é bijetora: (i) é injetora, pois é estritamente crescente e (ii) sobrejetora, pois B é a imagem da função. Assim, esse é um exemplo de função bijetora onde $B = [0, 2]$ tem o dobro do comprimento de $A = [0, 1]$.

(4) Falso. Defina a função $f(x) = 2x - 1$, cujo domínio é o conjunto dos inteiros positivos, e o contradomínio, o conjunto dos inteiros positivos ímpares. É fácil verificar que $f(a) = f(b) \Leftrightarrow a = b$ (ou seja, f é injetora, pois é estritamente crescente, visto que não podem existir dois pontos na imagem que estejam associados a um único ponto do domínio) e que a imagem de f é o conjunto dos ímpares positivos (f é sobrejetora).

Questão 5

⓪ Se $A = \lim_{x \to 0} \dfrac{\ln(x^2 + x + 1)}{e^x - 1}$ e $B = \lim_{x \to +\infty} \dfrac{sen(x)}{x}$, então $A + B = 1$.

① A função $f(x) = x^4 - 2x^3 + 18x^2 + 20x + 7$ não possui pontos de inflexão.

② Definimos $[x]$ como o maior número inteiro que é menor ou igual a x. Então a função $f(x) = [x]x^2$ não é derivável em $x = 0$.

③ Se $f'(a) = 5$ então $\lim_{h \to 0} \dfrac{f(a+h) - f(a-h)}{f(a-2h) - f(a+3h)} = 1$.

④ A soma das coordenadas do ponto na curva $y = x^2$, cuja reta perpendicular passa por $(14,1)$, é 6.

Resolução:

(0) Verdadeiro.

Como o primeiro limite nos leva a uma indefinição, usamos a regra de L'Hôpital. Isso nos dá:

$$A = \lim_{x \to 0} \frac{\ln(x^2 + x + 1)}{e^x - 1} = \lim_{x \to 0} \frac{2x + 1}{e^x(x^2 + x + 1)} = 1$$

O segundo limite é trivial, como $sen(x)$ varia entre 0 e 1, quando x tender a infinito, teremos um número variando entre 0 e 1 no numerador contra outro que tende a infinito no denominador. O limite é zero, portanto.

$$B = \lim_{x \to +\infty} \frac{sen(x)}{x} = 0$$

Assim,

$A + B = 1$

(1) Verdadeiro.

Uma condição necessária para que um ponto p seja ponto de inflexão é que a segunda derivada da função avaliada em p seja nula. Assim:

$f''(x) = 12x^2 - 12x + 36 = 0$

O discriminante da equação quadrática da fórmula de Bhaskara é igual a $\Delta = (-12)^2 - 4 \cdot 12 \cdot 36 = (12)^2 - 4 \cdot 12 \cdot 12 \cdot 3 = (12)^2 - (12)^3 < 0$.

Assim, as raízes não pertencem ao domínio dos reais. Logo, a equação não possui pontos de inflexão.

(2) Falso. Se x estiver entre $[0,1)$, $[x]$ será zero e a função também será zero. Caso x esteja entre $[-1, 0)$, $[x]$ será -1 e a função irá tender a zero quando x tender a zero. Logo a função é contínua e não apresenta "bico" no ponto $x = 0$ e, portanto, é derivável. Matematicamente:

$$f(x) = \begin{cases} 0 & se\ 0 \leq x < 1 \\ -x^2 & se\ -1 \leq x < 0 \end{cases}$$

Aplicando a definição de derivada, à direita:

$$\lim_{x \to 0^+} \frac{f(x) - f(0)}{x - 0} \lim_{x \to 0^+} \frac{f(x)}{x} = \lim_{x \to 0^+} \frac{0}{x} = 0$$

E à esquerda:

$$\lim_{x \to 0^-} \frac{f(x) - f(0)}{x - 0} \lim_{x \to 0^+} \frac{-x^2}{x} = \lim_{x \to 0^+} -x = 0$$

Como os limites coincidem, a função é derivável em $x = 0$ e $f'(x) = 0$.

Observação: Outra forma de avaliar se é diferenciável é assumir tal propriedade para a função e avaliar a derivada à esquerda e direita. Ou seja, como $f'(x) = -2x\ \forall x \in [-1, 0)$ e $f'(x) = 0\ \forall x \in [0, 1)$, temos: $f'_-(0) = -2(0)$ e $f'_+(0) = 0$. Ou seja, as derivadas laterais existem e são iguais, logo a derivada existe: $f'(x) = 0$

(3) Falso. Como o limite é indefinido, utilizamos a regra de L'Hôpital, que nos dá:

$$lim_{h \to 0} \frac{f(a+h)-f(a-h)}{f(a-2h)-f(a+3h)} = lim_{h \to 0} \frac{f'(a+h)+f'(a-h)}{-2f'(a-2h)-3f'(a+3h)} = \frac{-}{5}$$

(4) Verdadeiro. Vejamos o gráfico do que é pedido no enunciado:

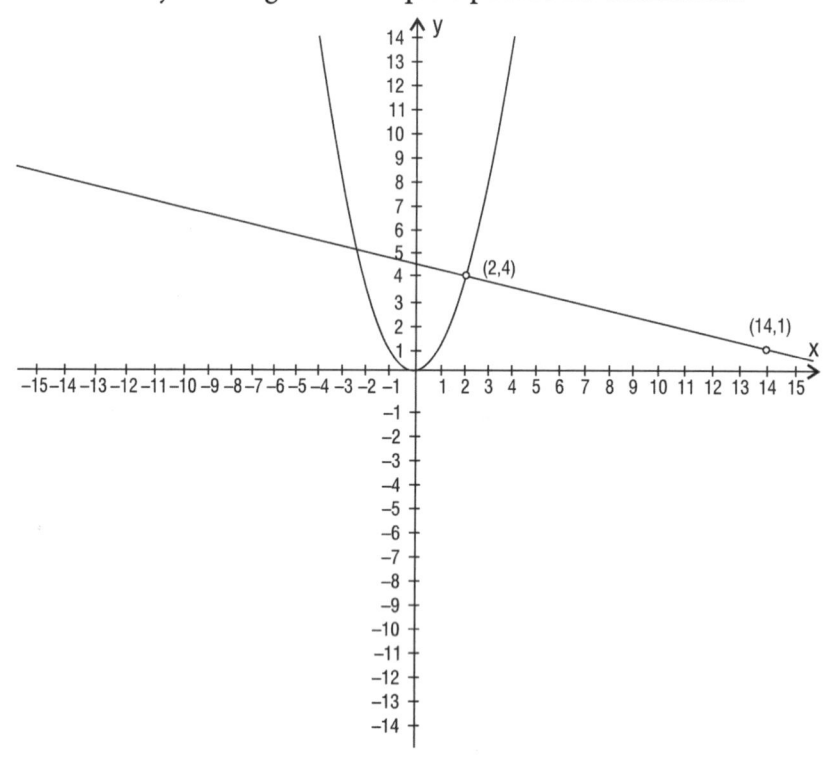

Sabemos que a inclinação da reta tangente à curva é a derivada de sua função. Assim, a partir dela podemos calcular a da reta perpendicular. Logo:

$$\frac{dy}{dx} = 2x$$

A princípio, não sabemos por qual ponto da curva a reta perpendicular irá passar, contudo sabemos que, se a alternativa for verdadeira, a soma das coordenadas nesse ponto será 6. Ou seja:

$x + x^2 = 6$

$x^2 + x - 6 = 0$

As raízes dessa equação serão 2 e -3. Assim, temos dois pontos possíveis para testar:

$(x, y) = (2, 4)$ e $(x, y) = (-3, 9)$

Testaremos então o primeiro ponto (2, 4): a derivada no ponto em que x é igual a 2 é a inclinação da tangente, chamada de m (que é igual a 2x, conforme calculado acima), e m' é a inclinação da perpendicular:

$$\frac{dy}{dx}(2) = 4 = m$$

$$m' = -\frac{1}{4}$$

Ainda, com esse primeiro ponto (2, 4) é possível encontrar a reta perpendicular que passa por ele e por (14,1). Se a inclinação dessa curva for igual à inclinação encontrada anteriormente, então a solução encontrada está correta. Calculemos então a equação da reta $y = mx + b$, utilizando esses dois pontos:

$$\begin{cases} 4 = 2m + b \\ 1 = 14m + b \end{cases}$$

Desse sistema de equações, encontramos $m = -\frac{1}{4}$ e $b = \frac{9}{2}$. Isso significa que a reta encontrada é de fato perpendicular.

Isso por si só já é suficiente para que o item seja verdadeiro.

Observação: Seria encontrada uma inconsistência caso testássemos o ponto (-3,9), já que a reta entre ele e o ponto (14,1) não seria perpendicular à reta tangente da curva.

Questão 9

Considere a função $f(x,y) = \dfrac{xy}{x^2 + 2y^2}$, se $(x, y) \neq (0, 0)$ e $f(x, y) = 0$ se $(x, y) = (0,0)$.
Julgue as seguintes alternativas:
- ⓪ A função f é contínua em (0,0).
- ① A função f não é diferenciável em (0,0).
- ② As derivadas parciais na origem existem e são nulas.
- ③ Existem todas as derivadas parciais de f e, portanto, f é diferenciável em (x, y) para todo $(x, y) \in R^2$.
- ④ Para todo $(x,y) \neq (0,0)$, $\dfrac{\partial f}{\partial x}(x,y) = \dfrac{\partial f}{\partial y}(x,y)$.

Resolução:

(0) Falso. Vejamos o limite ao redor da reta $x = y$:

$$\lim_{y \to x} \frac{xy}{x^2 + 2y^2} = \frac{x^2}{3x^2} = \frac{1}{3} \neq 0 \ \forall \ x, y$$

Como o limite da função ao longo dessa reta é diferente do valor definido para a função no ponto (0, 0), a função não é contínua em (0, 0).

(1) Verdadeiro. Como a função não é contínua em (0, 0) (item 0), ela também não é derivável.

(2) Verdadeiro. Nesse caso temos que aplicar a definição de derivada quando $x = 0$ (caso da derivada parcial de y) e quando $y = 0$ (caso da derivada parcial de x):

$$\lim_{y \to 0} \frac{f(0, y) - f(0,0)}{x - 0} = \lim_{y \to 0} \frac{0 \cdot y}{0^2 + 2y^2} = 0$$

$$\lim_{x \to 0} \frac{f(x, 0) - f(0,0)}{x - 0} = \lim_{x \to 0} \frac{x \cdot 0}{x^2 + 2 \cdot 0^2} = 0$$

Como ambos os limites são iguais a zero (que por sua vez são iguais a $f(0,0) = 0$), as derivadas parciais existem em (0,0) e são nulas, ou seja:
$fx(0,0) = fy(0,0) = 0$

(3) Falso. Como vimos, a função não é derivável na origem (item 1).

(4) Falso. Calculamos as derivadas parciais:

Com relação a x, teremos:

$$f_x(x, y) = \frac{y(x^2 + 2y^2) - xy(2x)}{(x^2 + 2y^2)^2} = \frac{y(2y^2 - x^2)}{(x^2 + 2y^2)^2}$$

Com relação a y, teremos:

$$f_y(x, y) = \frac{x(x^2 + 2y^2) - xy(4y)}{(x^2 + 2y^2)^2} = \frac{x(x^2 - 2y^2)}{(x^2 + 2y^2)^2}$$

Agora podemos analisar o que foi pedido:

$$f_x(x,y) = \frac{y(2y^2 - x^2)}{(x^2 + 2y^2)^2} \neq f_y(x,y) = \frac{x(x^2 - 2y^2)}{(x^2 + 2y^2)^2}$$

Questão 12

Considere a função $f(x_1, x_2) = (x_1^\alpha + x_2^\alpha)^{1/\alpha}$, **em que** $\alpha \in R - \{0\}$. **Analise a veracidade das seguintes afirmações:**

⓪ Se $\alpha \neq 1$, então $(x_1, x_2) \cdot \nabla f(x_1, x_2) = af(x_1, x_2)$.
① Se $a > 1$, a maximização de $f(x_1, x_2)$, restrita a $2x_1 + 3x_2 \leq 4$, $x_1 \geq 0$ e $x_2 \geq 0$ resultará numa solução de fronteira.
② Se $0 < \alpha < 1$, a função $f(x_1, x_2)$ é côncava em $x_1 > 0$ e $x_2 > 0$.
③ O módulo da inclinação da reta tangente a qualquer curva de nível de $f(x_1, x_2)$ aumenta à medida que x_1 aumenta, se $\alpha > 1$.
④ O vetor gradiente de $f(x_1, x_2)$ é constante se, e só se, $\alpha = 1$.

Resolução:

(0) Falso. Perceba que $f(tx_1, tx_2) = tf(x_1, x_2)$, logo a função f é homogênea de grau um. Pelo Teorema de Euler, $(x_1, x_2) \cdot \nabla f(x_1, x_2) = f(x_1, x_2)$, para qualquer $\alpha \in R - \{0\}$.

(1) Verdadeiro. Como a função é crescente para qualquer que seja $a > 1$, então a maximização resultará em uma solução de fronteira necessariamente. Ou seja, no ponto de ótimo a restrição $2x_1 + 3x_2 \leq 4$ será ativa (*binding*).

(2) Verdadeiro. Existem duas formas de resolver esse item: a primeira é constatando que a função dada é uma função de utilidade no formato CES, que é um exemplo dado na parte de Microeconomia. Tal função é côncava para que se possa obter um máximo.

Outra forma é a que se segue. Antes de proceder, vamos demonstrar duas propriedades da função f:

(i) $f(x_1, x_2)$ **é quase côncava** (i.e. $f(tx + (1-t)y) \geq \min\{f(x), f(y)\}$ **para** $t \in (0,1)$):

$$f(tx + (1-t)y) = \left((tx_1 + (1-t)y_1)^\alpha + (tx_2 + (1-t)y_2)^\alpha\right)^{\frac{1}{\alpha}}$$

$$\geq \left(tx_1^\alpha + (1-t)y_1^\alpha + tx_2^\alpha + (1-t)y_2^\alpha\right)^{\frac{1}{\alpha}} \geq \min(f(x), f(y))$$

A primeira desigualdade é provada a partir do fato de $g(x) = x^\alpha$ ser côncava para $\alpha \in (0,1)$ e $x > 0$ ($g'' = \alpha(\alpha - 1)x^{\alpha-2} < 0$ para $\alpha \in (0,1)$ e $x > 0$). Então valem as seguintes desigualdades:

$$(tx_1 + (1-t)y_1)^\alpha \geq tx_1^\alpha + (1-t)y_1^\alpha$$

$$(tx_2 + (1-t)y_2)^\alpha \geq tx_2^\alpha + (1-t)y_2^\alpha$$

A partir dessas desigualdades, temos:

$$(tx_1 + (1-t)y_1)^\alpha + (tx_2 + (1-t)y_2)^\alpha \geq tx_1^\alpha + (1-t)y_1^\alpha + tx_2^\alpha + (1-t)y_2^\alpha$$

A desigualdade se preserva quando elevamos cada lado a $\dfrac{1}{\alpha} > 1$, já que $h(x) = x^{\frac{1}{\alpha}}$ é crescente para $\alpha \in (0,1)$ e $x > 0$.

Para provar a segunda desigualdade, assuma, sem perda de generalidade, que $\min(f(x), f(y)) = f(x) \leq f(y)$.

Teremos:

$$\left(x_1^\alpha + x_2^\alpha\right)^{\frac{1}{\alpha}} \leq \left(y_1^\alpha + y_2^\alpha\right)^{\frac{1}{\alpha}} \Rightarrow x_1^\alpha + x_2^\alpha \leq y_1^\alpha + y_2^\alpha$$
$$(1-t)\left(x_1^\alpha + x_2^\alpha\right) \leq (1-t)\left(y_1^\alpha + y_2^\alpha\right) \Rightarrow$$
$$\min(f(x), f(y)) = \left(x_1^\alpha + x_2^\alpha\right) \leq (1-t)y_1^\alpha + (1-t)y_2^\alpha + tx_1^\alpha + tx_2^\alpha$$

(ii) **Quando $y = \mu x$, temos** $(1 - t)f(x) + tf(y) = f((1 - t)x + ty)$:

Como visto no item 0, f é homogênea de grau um (HG1). Assim, teremos:
$f((1 - t)x + ty) = f((1 - t)x + t\mu x) = f((1 - t + t\mu)x) = (1 - t + t\mu)f(x)$
$= (1 - t)f(x) + t\mu f(x) = (1 - t) f(x) + tf(\mu x) = (1 - t) f(x) + tf(y)$

Onde na penúltima igualdade foi utilizado a propriedade de que f é HG1.

A partir de (i) e (ii), vamos mostrar que f é côncava:
$f((1 - t)x + ty) \geq (1 - t)f(x) + tf(y) \; \forall \; t \in [0,1]$

Para isso, defina $\mu f(x) = f(y)$. Valem as igualdades abaixo:
$(1 - t)f(x) + tf(y) = (1 - t)f(x) + t\mu f(x) = (1 - t)f(x) + tf(\mu x) = f((1 - t)x + t\mu x)$

$$(1-t)f(x)+tf(y)=\frac{1}{\mu}(1-t)f(y)+tf(y)=(1-t)f\left(\frac{1}{\mu}y\right)+tf(y)=f\left(\frac{1-t}{\mu}y+ty\right)$$

Note que a propriedade (2) foi usada no último passo de cada sequência de igualdades.

Defina $\gamma = \dfrac{t\mu}{1-t+t\mu} \in [0,1]$ e observe que $(1 - t)x + ty = (1 - y)[(1 - t)x + t\mu x] + \gamma[\dfrac{1-t}{\mu}y + ty]$. Como, pela propriedade (1), f é quase côncava, temos:

$$f\left((1-t)x+ty\right) \geq \min\{f\left((1-t)x+t\mu x\right), f\left(\frac{1-t}{\mu}y+ty\right)\}$$

Mas $(1 - t)f(x) + tf(y) = f((1 - t)x + t\mu x) = f\left(\dfrac{1-t}{\mu}y+ty\right)$. Por fim:
$f((1 - t)x + ty) \geq (1 - t)f(x) + tf(y)$

Portanto, a função f descrita no enunciado é côncava.

(3) Verdadeiro (anulada). Pela representação usual em economia, com x_2 no eixo das ordenadas, o módulo da inclinação da reta tangente a uma curva de nível de f é dado

por $\left|\dfrac{\partial x_2}{\partial x_1}\right| = \left|-\dfrac{\dfrac{\partial f(x_1, x_2)}{\partial x_1}}{\dfrac{\partial f(x_1, x_2)}{\partial x_2}}\right| = \dfrac{\dfrac{1}{\alpha}(x_1^\alpha + x_2^\alpha)^{\frac{1}{\alpha}-1}\alpha x_1^{\alpha-1}}{\dfrac{1}{\alpha}(x_1^\alpha + x_2^\alpha)^{\frac{1}{\alpha}-1}\alpha x_2^{\alpha-1}} = \dfrac{x_1^{\alpha-1}}{x_2^{\alpha-1}} = \dfrac{x_1^{\alpha-1}}{(\bar{f}^\alpha - x_1^\alpha)^{\frac{\alpha-1}{\alpha}}}$,

onde $\bar{f} = (x_1^\alpha + x_2^\alpha)^{1/\alpha}$ é o nível da curva e a última igualdade se obtém isolando-se x_2, a partir dessa expressão.

Como $\alpha - 1 > 0$, o numerador é crescente em x_1, assim como o denominador. Portanto, o módulo da inclinação da reta tangente à curva de nível também aumentará.

(4) Verdadeiro. Se $\alpha = 1$, as derivadas parciais da função serão exatamente 1 para todo x: $\nabla f(x_1, x_2) = \left\langle \dfrac{\partial f}{\partial x_1}, \dfrac{\partial f}{\partial x_2} \right\rangle = \langle 1, 1 \rangle$.

Se o vetor gradiente é constante, precisamos provar que necessariamente $\alpha = 1$:

$$\nabla f(x_1, x_2) = \left(\frac{1}{\alpha} (x_1^\alpha + x_2^\alpha)^{\frac{1}{\alpha}-1} \alpha x_1^{\alpha-1}, \frac{1}{\alpha} (x_1^\alpha + x_2^\alpha)^{\frac{1}{\alpha}-1} \alpha x_2^{\alpha-1} \right) = (\bar{k}_1, \bar{k}_2)$$

$$\Rightarrow \frac{1}{\alpha} (x_1^\alpha + x_2^\alpha)^{\frac{1}{\alpha}-1} \alpha x_1^{\alpha-1} = \frac{\bar{k}_1}{\bar{k}_2} \frac{1}{\alpha} (x_1^\alpha + x_2^\alpha)^{\frac{1}{\alpha}-1} \alpha x_2^{\alpha-1} \Rightarrow x_1^{\alpha-1} = \frac{\bar{k}_1}{\bar{k}_2} x_2^{\alpha-1}$$

Note que assumimos que $\bar{k}_2$ e $\frac{1}{\alpha}(x_1^\alpha + x_2^\alpha)^{\frac{1}{\alpha}-1}$ são não nulos. Supondo, por absurdo, $\alpha \neq 1$, podemos escolher x_1 e x_2 de modo a tornar $\bar{k}_2$ não nulo. O mesmo ocorre para $\frac{1}{\alpha}(x_1^\alpha + x_2^\alpha)^{\frac{1}{\alpha}-1}$.

Mas, nesse caso, ao fixarmos um valor de x_2, também determinamos o valor de x_1 pela última igualdade. Mas o vetor gradiente deveria ser constante para quaisquer valores de x_1 e x_2, sem restrições. Então não pode ser $\alpha \neq 1$.

Logo, $\alpha = 1$. Repare que esse valor de α torna a última igualdade válida para quaisquer x_1 e x_2.

Questão 13

A função $f(x) \begin{cases} \dfrac{x}{x+1} \text{ se } x \geq 2 \\ Ax + B \text{ se } x < 2 \end{cases}$ é derivável em todo o domínio. Achar B/A.

Resolução:

Para que a função seja derivável em todo ponto, ela deve ser contínua em todo ponto. Portanto, A e B devem ser tais que isso ocorra.

Dessa forma, os limites devem ser iguais para $x \to 2$.

$$\lim_{x \to 2} \frac{x}{x+1} = \lim_{x \to 2} Ax + B$$

$$\frac{2}{3} = 2A + B \tag{1}$$

Além disso, $Ax + B$ deve ter a mesma inclinação que a curva $\dfrac{x}{x+1}$ no ponto em que $x = 2$ (ou seja, a função deve ser diferenciável em $x = 2$):

$$\frac{df(x)}{dx} = \frac{x+1-x}{(x+1)^2} = \frac{1}{(x+1)^2} = A$$

$$A = \left.\frac{df(x)}{dx}\right|_{x=2} = \frac{1}{(3)^2} = \frac{1}{9}$$

Substituindo o valor encontrado na equação (1) acima, obtemos B:

$$B = \frac{2}{3} - 2\frac{1}{9} = \frac{4}{9}$$

Assim:

$$\frac{B}{A} = \frac{4/9}{1/9} = 4$$

Questão 14

Resolva o seguinte problema de maximização:

$\max\limits_{x,y} x^2 y^2 \; s.t. \, 2x + y \leq 2; x \geq 0; y \geq 0$

Se $(\bar{x}, \bar{y})$ é a solução do problema, encontre $12(\bar{x}^2 \bar{y}^2)$.

Resolução:

Sabemos que a função é estritamente crescente para qualquer conjunto de valores $(x, y) \geq 0$, assim a solução do problema consistirá em uma solução de fronteira. Para simplificar, ignoraremos as duas últimas restrições e descartaremos quaisquer possíveis valores negativos.

Estamos prontos para montar o Lagrangeano:

$$\mathcal{L} = x^2 y^2 - \lambda(2x + y - 2)$$

As condições de primeira ordem (CPOs) serão:

(1) $\dfrac{\partial \mathcal{L}}{\partial x} = 2xy^2 - 2\lambda = 0 \quad \therefore \quad xy^2 = \lambda$

(2) $\dfrac{\partial \mathcal{L}}{\partial y} = 2yx^2 - \lambda = 0 \quad \therefore \quad 2yx^2 = \lambda$

(3) $\dfrac{\partial \mathcal{L}}{\partial \lambda} = 2x + y - 2 = 0 \quad \therefore \quad 2x + y = 2$

De (1) e (2) temos:

$xy^2 = 2yx^2 \Rightarrow y = 2x$

Substituindo a relação encontrada em (3), ficamos com:

$2x + 2x = 2 \Rightarrow x = 1/2$

$2 \cdot 1/2 + y = 2 \Rightarrow y = 1$

Então:

$$12\left[1^2(1/2)^2\right] = 12 \cdot 1/4 = 3$$

Observação: Não existe solução de canto, pois no caso de x ou y serem nulos, a função objetivo será nula, não sendo uma maximização. Isso porque o valor da função objetivo na solução encontrada (1/2 , 1) será igual a $\frac{1}{4} > 0$.

PROVA DE 2014

Questão 1

Analisar a veracidade das seguintes afirmações:

- (0) Se $f:A \to B$ e $g:B \to C$ são funções injetoras, então $g \circ f$ é injetora.
- (1) Se $f(f(x)) = x$ para todo x no domínio de f, então f deve ser a função identidade.
- (2) A função $f(x) = \min\{x+1,(x/2)+2\}$ é uma função bijetora de R em R.
- (3) A soma de funções injetoras é uma função injetora.
- (4) A função $f(x,y) = (ax+by, cx+dy)$ é bijetora se, e só se, $ad \neq bc$.

Resolução:

(0) Verdadeiro. Tome dois elementos quaisquer $a \neq b$, $a,b \in A$. Temos que $f(a) \neq f(b)$ (já que f é função injetora), o que implica $g(f(a)) \neq g(f(b))$ (já que g é função injetora). Isso prova que a composta $g \circ f$ é injetora.

(1) Falso. Basta tomar $f: R_{++} \to R_{++}$ com regra $x \mapsto \frac{1}{x}$. É fácil ver que $f(f(x)) = f(1/x) = 1/(1/x) = x$, $\forall x \in R_{++}$.

(2) Verdadeiro. Note que

$$f(x) = \begin{cases} x+1 \text{ para } x<2 \\ \dfrac{x}{2}+1 \text{ para } x \geq 2 \end{cases}$$

Então, dados $x, y \in R$, $x \neq y$, temos imediatamente que $f(x) \neq f(y)$ se $x, y \in (-\infty, 2]$ ou se $x, y \in (2, \infty)$. Se $x \in (-\infty, 2]$ e $y \in (2, \infty)$, também vale $f(x) \neq f(y)$, pois $x+1 = \dfrac{x}{2}+1 \Leftrightarrow x = 2$. Portanto, f é injetora.

Para verificar que é sobrejetora, basta tomar $y \in R$ qualquer e ver que $f(x) = y$ para $x = y-1$ se $y < 3$ e para $x = 2y-2$ se $y \geq 3$.

(3) Falso. Basta tomar as funções $f: R \to R$, $g: R \to R$ dadas por $f(x) = x$ e $g(x) = -x$, cuja soma é constate (logo, não é injetora).

Observação: De maneira mais formal, a função resultante da soma de f e g é dada por $h: R \to R$ tal que:

$$h(x) = f(x) + g(x) = x + (-x) = 0$$

Se tomarmos quaisquer dois pontos do domínio, a imagem associada será a mesma, logo essa função resultante da soma de f(.) e g(.) não é injetora.

(4) Verdadeiro. Podemos escrever $f(x,y) = \begin{bmatrix} a & b \\ c & d \end{bmatrix} \begin{bmatrix} x \\ y \end{bmatrix}$. Assim, se e só se $\begin{vmatrix} a & b \\ c & d \end{vmatrix} = ad - bc \neq 0$ (i.e. se a matriz $\begin{bmatrix} a & b \\ c & d \end{bmatrix}$ for invertível), podemos escrever qualquer vetor $\begin{bmatrix} x \\ y \end{bmatrix} \in R^2$ de maneira única como $\begin{bmatrix} a & b \\ c & d \end{bmatrix}^{-1} f(x,y)$. Se isso vale, qualquer elemento do contradomínio da função f estará na imagem de f (i.e. f é injetora) e a imagem inversa $f^{-1}(x,y)$ será única $\forall (x,y) \in R^2$ (i.e. f é sobrejetora), logo f será bijetora.

Questão 3

Analisar a veracidade das seguintes afirmações:

- (0) Se $m = \lim_{x \to 1} \dfrac{x^2 + x - 2}{2x^2 - x - 1}$ e $n = \lim_{x \to 5^+} \dfrac{x^2 - 9x + 20}{\sqrt{x} - \sqrt{5}}$, então $m + n = 2\sqrt{5}$.

- (1) Se x_0 é ponto de inflexão do gráfico de $y = f(x)$, então $f'(x_0) = 0$.

- (2) Se $f : [a, b] \to R$ é uma função côncava e $f'(x_0) = 0$, em que $x_0 \in]a, b[$, então x_0 é máximo absoluto.

- (3) A função $f(x) = x^4 - 4x^3 - 8x^2 + 2$ tem dois pontos de inflexão.

- (4) A inclinação da reta tangente ao gráfico de $x \ln(y) + y e^{x-1} - 1 = 0$ no ponto $x = 1$, $y = 1$ é -2.

Resolução:

O item (4) está resolvido no capítulo Geometria Analítica.

(0) Falso. Aplicando a regra de l'Hôpital, temos que $m = \lim_{x \to 1} \dfrac{2x + 1}{4x - 1} = 1$ e $n = \lim_{x \to 5^+} \dfrac{2x - 9}{\dfrac{1}{2\sqrt{x}}} = 2\sqrt{5}$, portanto $m + n = 1 + 2\sqrt{5}$.

(1) Falso. Tome a função $f(x) = \dfrac{x^3}{3} + x$, com $f''(x) = 2x \begin{cases} > 0, \text{ se } x > 0 \\ < 0, \text{ se } x < 0 \\ = 0, \text{ se } x = 0 \end{cases}$ e

$f'(0) = 1 \neq 0$. A função f é côncava para x < 0 e convexa para x > 0, logo 0 é ponto de inflexão, mas não vale a afirmação do enunciado.

(2) Verdadeiro. Como a função é côncava, x_0 será máximo local. Suponha que não seja máximo absoluto. Então $\exists x \in [a,b]$ tal que $f(x) > f(x_0)$. Assim, temos $f(\lambda x + (1 - \lambda) x_0) > \lambda f(x) + (1 - \lambda) f(x_0) > f(x_0)$ para λ arbitrariamente próximo de 0, pela concavidade da função f. Logo, x_0 não é máximo local e chegamos a uma contradição. Conclui-se que x_0 é máximo absoluto.

(3) Verdadeiro. Devemos obter a segunda derivada da função e avaliar sua concavidade a partir da mesma.

$$f'(x) = 4x^3 - 12x^2 - 16x$$

$$f''(x) = 12x^2 - 24x - 16 = \left(x - 1 - \frac{\sqrt{84}}{6}\right)\left(x - 1 + \frac{\sqrt{84}}{6}\right) \begin{cases} < 0, \text{ se } x \in \left[1 - \frac{\sqrt{84}}{6}, 1 + \frac{\sqrt{84}}{6}\right] \\ = 0, \text{ se } x = 1 - \frac{\sqrt{84}}{6} \text{ ou } x = 1 + \frac{\sqrt{84}}{6} \\ > 0, \text{ caso contrário} \end{cases}$$

então a função f é côncava em $\left[1 - \frac{\sqrt{84}}{6}, 1 + \frac{\sqrt{84}}{6}\right]$ e convexa em $\left(-\infty, 1 - \frac{\sqrt{84}}{6}\right) \cup \left(1 + \frac{\sqrt{84}}{6}, \infty\right)$, logo $x = 1 + \frac{\sqrt{84}}{6}$ e $= -\frac{\sqrt{84}}{6}$ são os dois pontos de inflexão da função.

Questão 5

Considere uma função $f: R \to R$ tal que existe a derivada. Suponha que $f'(x) > f(x)$ sempre. Julgue as seguintes afirmativas:

- ⓪ $g(x) = e^{-x} f(x)$ é estritamente crescente.
- ① Se $f(x_0) = 0$, então $\forall x > x_0, f(x) > 0$.
- ② Se $f(x) = 2e^x - 1 - x - \frac{x^2}{2}$, então f não tem nenhuma raiz real.
- ③ Se f for a função do item 2, temos que $\forall x, f(x) > f'(x)$.
- ④ A equação $2e^x = 1 + x + \frac{x^2}{2}$ tem exatamente uma raiz real.

Resolução:

(0) Verdadeiro. Teremos $g'(x) = -e^{-x} f(x) + e^{-x} f'(x) = e^{-x}(f'(x) - f(x)) > 0, \forall x$, logo f é estritamente crescente.

Observação: Note que a função g(.) é contínua (pois ela é diferenciável segundo o enunciado) e sua derivada é sempre positiva, o que garante a não existência de pontos de inflexão, o que poderia invalidar a análise de monotonicidade da função através apenas da verificação do sinal da derivada. Por exemplo, a função x^3 é uma função estritamente crescente, mas sua derivada é nula no ponto $x = 0$. Neste caso, deve-se analisar pela definição direta de função crescente.

(1) Verdadeiro. Pelo enunciado, sabemos que $f'(x_0) > f(x_0) = 0$. Então $f(x) > 0$ para $x > x_0$ suficientemente próximo de x_0, pois a sua derivada avaliada neste ponto é positiva – ou seja, $f'(x_0) > 0$ significa que para um aumento suficientemente pequeno de x a partir de x_0, haverá um aumento de $f(.)$.

Suponha agora que haja algum $a \in \mathbb{R}, a > x_0, f(a) \leq 0$. Tome o elemento a_0 com essa propriedade tal que $f(a_0) = 0$ – esse elemento existe, pois a função é contínua. Então valerá $f'(a_0) > f(a_0) = 0$ e, portanto, haverá algum elemento $b \in (x_0, a_0)$ com $f(b) < 0$ – pois $f'(a_0) > 0$, ou seja, se tomarmos um ponto b menor que a_0, a função diminuirá, pois a derivada em a_0 é negativa. Mas isso contradiz a definição de a_0, logo não existe $a \in \mathbb{R}, a > x_0$, com $f(a) \leq 0$.

(2) Falso. Note que a função pode assumir valores negativos e positivos. Tome os seguintes limites

$$\lim_{x \to -\infty} f(x) = \lim_{x \to -\infty} \left(2e^x - 1 - x - \frac{x^2}{2} \right)$$

$$\lim_{x \to -\infty} f(x) = \underbrace{\lim_{x \to -\infty} 2e^x}_{=0} + \underbrace{\lim_{x \to -\infty} \left(-1 - x - \frac{x^2}{2} \right)}_{=\infty} = -\infty$$

e

$$\lim_{x \to \infty} f(x) = \lim_{x \to \infty} \left(2e^x - 1 - x - \frac{x^2}{2} \right)$$

$$\lim_{x \to \infty} f(x) = \underbrace{\lim_{x \to \infty} 2e^x}_{=\infty} + \underbrace{\lim_{x \to \infty} \left(-1 - x - \frac{x^2}{2} \right)}_{=-\infty} = \infty$$

, pois o primeiro limite cresce a uma taxa mais rápida.

Como essa função não possui assíntotas e a mesma é contínua, então ela possui raiz.

Observação: Uma forma simplificada de solucionar seria notar que $f(0) = 1, f(-100) = \dfrac{2}{e^{100}} - 1 + 100 - \dfrac{(-100)^2}{2} < 0$. Pela continuidade da função, haverá $x \in (-100, 0)$ tal que $f(x) = 0$.

(3) Falso. Temos $f(x) - f'(x) = 2e^x - 1 - x - \dfrac{x^2}{2} - (2e^x - 1 - x) = -\dfrac{x^2}{2} < 0, \forall x \neq 0$.

Ou ainda:

$f'(x) - f(x) > 0, \forall x \neq 0$.

(4) Verdadeiro. Uma solução dessa equação é tal que $f(x) = 0$, onde f é a função do item 2. Note que essa função tem a propriedade vista no enunciado, como mostrado no item 3 (exceto no ponto $x = 0$, que não é raiz de f). No item 2 provamos que a função f(.) tem pelo menos uma raiz, logo vale a propriedade do item 1 $f(y) > f(x) = 0 \ \forall \ y > x$.

Assuma que exista outra raiz z. Como vale a propriedade acima, então: $f(w) > f(z) = 0 \ \forall \ w > z$. Mas se z < x, e a função cresce indefinidamente a partir de z, então x não pode ser raiz, logo contradição com o fato de x ser raiz. Se z>x, da mesma forma, se a função cresce indefinidamente a partir de x, z não pode ser raiz, logo outra contradição. Assim f só tem uma raiz.

Questão 7

Responda se as seguintes afirmações são verdadeiras ou falsas:

◎ A função $f(x) = x|x|$ não é diferenciável em $x = 0$.

① Se $g(x) = \begin{cases} Ax + B; & x \geq 2 \\ x^2 + x + 1; & x < 2 \end{cases}$ é diferenciável em todo R, então $A + 2B = 1$.

② Se $h: [0, +\infty[\to R$ é C^2 em $]0, +\infty[$; para todo $x > 0$, $h'(x) > 0$, $h''(x) < 0$; e $\lim\limits_{x \to 0^+} h'(x) = +\infty$, então a função $\phi(x) = xh'(4 - x)$ definida em $[0, 4[$ tem função inversa que é estritamente crescente.

③ A área abaixo do gráfico da função $u(x) = xe^{-x^2}$, à direita do eixo Y e acima do eixo X, é 1.

④ O coeficiente de x^2 no desenvolvimento de Taylor de terceiro grau de $v(x) = \sqrt{x}$ no ponto $x_0 = 1$ é $1/16$.

Resolução:

(0) Falso. Note que

$$f(x) = \begin{cases} x^2 \text{ para } x > 0 \\ -x^2 \text{ para } x \leq 0 \end{cases}$$

Então $\lim_{\varepsilon \to 0^+} \dfrac{f(\varepsilon) - f(0)}{\varepsilon - 0} = \lim_{\varepsilon \to 0^+} \dfrac{\varepsilon^2}{\varepsilon} = 0 = \lim_{\varepsilon \to 0^-} \dfrac{f(\varepsilon) - f(0)}{\varepsilon - 0} = \lim_{\varepsilon \to 0^+} \dfrac{-\varepsilon^2}{\varepsilon}$. Como as derivadas laterais existem e são iguais, a função tem derivada igual a 0 em $x = 0$.

Observação: Uma forma alternativa de resolver, seria diferenciar a função à esquerda e à direita de x=0 e avaliá-la nesse ponto. Teríamos:

$$f'(x) = \begin{cases} 2x \text{ para } x > 0 \\ -2x \text{ para } x \leq 0 \end{cases}$$

$$f'(0) = \begin{cases} 0 \text{ para } x > 0 \\ 0 \text{ para } x \leq 0 \end{cases}$$

Como as derivadas pela esquerda e direita são iguais, então a função é diferenciável.

(1) Falso. Devemos ter que os limites laterais sejam iguais:

$$\lim_{\varepsilon \to 0^-} \dfrac{g(2+\varepsilon) - g(2)}{\varepsilon} = \lim_{\varepsilon \to 0^-} \dfrac{(2+\varepsilon)^2 + 2 + \varepsilon + 1 - (2A+B)}{\varepsilon} = \lim_{\varepsilon \to 0^-}(\varepsilon + 5 + \dfrac{7 - (2A+B)}{\varepsilon}) =$$

$$\lim_{\varepsilon \to 0^-} \dfrac{g(2+\varepsilon) - g(2)}{\varepsilon} = 5 + \lim_{\varepsilon \to 0^-}(\dfrac{7 - (2A+B)}{\varepsilon})$$

$$\lim_{\varepsilon \to 0^+} \dfrac{g(2+\varepsilon) - g(2)}{\varepsilon} = \lim_{\varepsilon \to 0^+} \dfrac{A(2+\varepsilon) + B - 2A - B}{\varepsilon} = A$$

Isso ocorre se, e só se, $2A+B=7, A=5$. Neste caso, $B=-3$. Logo, $A+2B=5-6=-1$.

Observação: Seguir a estratégia da observação anterior não nos leva à solução, visto que

$$g'(x) = \begin{cases} A \text{ para } x \geq 2 \\ 2x+1 \text{ para } x < 2 \end{cases}$$

$$g'(2) = \begin{cases} A \text{ para } x \geq 2 \\ 5 \text{ para } x < 2 \end{cases}$$

Mas teríamos apenas a condição $A=5$ e, assim, essa estratégia não nos leva à solução do item.

(2) Verdadeiro. Note que a função é estritamente crescente (e, consequentemente, injetora), pois $\varphi'(x) = h'(4-x) - xh''(4-x) > 0 \ \forall \ x \in [0,4[$, logo terá inversa. A inversa será estritamente crescente, pois a função é crescente.

Observação: A prova de que a inversa é estritamente crescente segue:

Pela definição de função estritamente crescente (note que a derivada da função não zera e, portanto, não tem ponto de inflexão):

$x < y \Leftrightarrow \varphi'(x) < \varphi'(y)$ para quaisquer x,y em $[0,+\infty[$ (domínio da função). Avaliando a desigualdade acima em $x = (\varphi')^{-1}(x')$ e $y = (\varphi')^{-1}(y')$, temos:

$$(\varphi')^{-1}(x') < (\varphi')^{-1}(y') \Leftrightarrow (\varphi')^{-1}(\varphi'(x')) < (\varphi')^{-1}(\varphi'(y'))$$

O termo do lado direito pode ser reescrito como $x' = (\varphi')^{-1}(\varphi'(x'))$ e $y' = (\varphi')^{-1}(\varphi'(y'))$, que é a inversa aplicada sobre a função que fornece de novo o ponto do domínio. Substituindo acima temos:

$$(\varphi')^{-1}(x') < (\varphi')^{-1}(y') \Leftrightarrow x' = (\varphi')^{-1}(\varphi'(x')) < (\varphi')^{-1}(\varphi'(y')) = y' \text{ para quais-}$$

quer x', y' na imagem de $\varphi'(.)$ (que é o domínio de $(\varphi')^{-1}(.)$).

Portanto, por definição, a inversa $(\varphi')^{-1}(.)$ será estritamente crescente.

(3) Falso. A área será de $\int_0^\infty xe^{-x^2}dx = \left[-\dfrac{e^{-x^2}}{2}\right]_0^\infty = -\dfrac{1}{2}$.

Observação: Note que acima do eixo X (y>0) é automaticamente garantido quando assume-se a área acima do eixo Y (x>0), pois para tal domínio a função é sempre positiva.

(4) Falso. A expansão será $f(x) \simeq 1 + \dfrac{x-1}{2} - \dfrac{(x-1)^2}{8} + \dfrac{(x-1)^3}{16}$, portanto, abrindo as contas:

$$f(x) \simeq 1 + \dfrac{x-1}{2} - \dfrac{(x-1)^2}{8} + \dfrac{(x-1)^3}{16} = 1 + \dfrac{x-1}{2} - \dfrac{x^2-2x+1}{8} + \dfrac{x^3-3x^2+3x-1}{16}$$

$$= 1 + \dfrac{x-1}{2} - \dfrac{(-2x+1)}{8} + \dfrac{x^3+3x-1}{16} + \underbrace{\left(-\dfrac{1}{8} - \dfrac{3}{16}\right)}_{=-\dfrac{5}{16}}x^2,$$

vemos que o coeficiente de x^2 será $-\dfrac{5}{16}$.

Questão 8

Considere a função $z = f(x,y) = 6x^{1/2}y^{1/3}$. **Analisar as seguintes afirmações:**

- ⓪ A equação do plano tangente ao gráfico de $z = f(x,y)$ no ponto $x = 4$, $y = 1$ é $3x + 8y - 2z + 4 = 0$.
- ① A reta perpendicular ao gráfico de $z = f(x,y)$ no ponto $x = 4$, $y = 1$ passa pelo ponto $(13, a, b)$. Então $b - a = -3$.
- ② A equação da reta tangente à curva de nível de $z = f(x,y)$, que passa por $x = 9$ e $y = 8$, é $ax + by - 60 = 0$. Então $ab = 6$.
- ③ A partir do ponto $(x_0, y_0) = (1,1)$, se seguirmos a direção do vetor $(-1,1)$, a função f irá decrescer para variações infinitesimais de x e y.
- ④ O plano paralelo a $6x + 4y - 2z + 15 = 0$, que tangencia o gráfico de $z = f(x,y)$, o faz no ponto $(\bar{x}, \bar{y})$. Então $\bar{x} + \bar{y} = 6$.

Resolução:

Os itens (0), (1), (2) e (4) estão resolvidos no capítulo Geometria Analítica. (3) Verdadeiro. Primeiramente, cabe observar que "seguir a direção do vetor $(-1,1)$ a partir do ponto $(1,1)$" é equivalente a se deslocar no plano $x \times y$ sobre a curva (reta) $y = -x + 2$, da direita para a esquerda. Graficamente, nota-se que a reta possui a mesma inclinação do vetor.

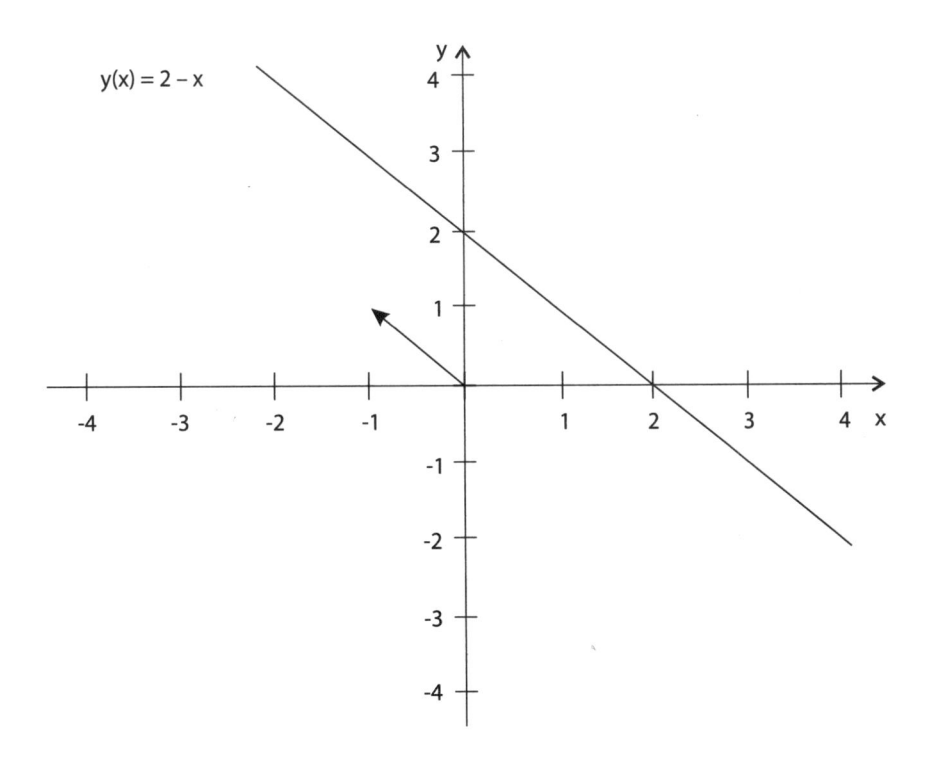

Avaliando a diferencial total de $z = f(x,y)$, obtém-se

$$dz = \frac{\partial f}{\partial x}(\overline{x},\overline{y})dx + \frac{\partial f}{\partial y}(\overline{x},\overline{y})dy = 3\frac{\overline{y}^{1/3}}{\overline{x}^{1/2}}dx + 2\frac{\overline{x}^{1/2}}{\overline{y}^{2/3}}dy$$

a qual, quando avaliada em $(\overline{x},\overline{y}) = (1,1)$, resulta em

$$dz = 3dx + 2dy = 3(x - \overline{x}) + 2(y - \overline{y}) = 3(x-1) + 2(y-1)$$

Como se deve caminhar sobre a função $y(x) = 2 - x$, as variações dx e dy devem respeitar a relação $y = 2 - x$. Portanto,

$$dz = 3(x-1) + 2[(2-x)-1] = 3(x-1) - 2(x-1) = 2(x-1) < 0$$

em que a última desigualdade decorre do fato de que $x < 1$ no "caminho" considerado.

Questão 11

Julgue as afirmativas:

⓪ Seja $f: R^2 \to R$, definida por $f(x,y) = x^2 - 2xy + 3y^2$. f é homogênea de grau 4.

① Seja $f: R^2 \to R$, definida por $f(x,y) = x + e^{xy}$. O gradiente de f em $(0,1)$ é $\nabla f(0,1) = (2,0)$.

② Sejam $z = \ln(1 + x^2 + y^2); x = \cos t, y = \text{sen } t$. Então $\dfrac{dz}{dt} = 0$, para todo $t \in R$.

③ Seja $f: R^2 \to R$, definida por $f(x,y) = x^2 + y^2 - 2x - 6y + 14$. Então $(1,3)$ é ponto de mínimo absoluto em R^2.

④ Sejam $f: R^2 \to R$ e $g: R^2 \to R$ definidas por $f(x,y) = 4x + 6y$ e $g(x,y) = x^2 + y^2$. Existem 2 pontos de máximo relativo de f sujeita à restrição $g(x,y) = 13$.

Resolução:

(0) Falso. É homogênea de grau 2:

$$f(\lambda x, \lambda y) = \lambda^2 x^2 - 2\lambda x \lambda y + 3\lambda^2 y^2$$
$$f(\lambda x, \lambda y) = \lambda^2 \left(x^2 - 2xy + 3y^2 \right) = \lambda^2 f(x,y)$$

(1) Verdadeiro. O gradiente é dado por
$$\nabla f(x,y) = (\partial f / \partial x, \partial f / \partial y) = (1 + ye^{xy}, xe^{xy}) \Rightarrow \nabla f(0,1) = (2,0).$$

(2) Verdadeiro.
$$\frac{dz}{dt} = \frac{1}{(1+x^2+y^2)} \left(2x \frac{dx}{dt} + 2y \frac{dy}{dt} \right) = \frac{1}{(1+x^2+y^2)} (2\cos t(-\text{sen} t) + 2\text{sen} t(\cos t)) = 0 \ \forall \ t \in \mathbb{R}$$

(3) Verdadeiro. As primeiras derivadas serão:

$$\frac{\partial f}{\partial x} = 2x - 2$$
$$\frac{\partial f}{\partial y} = 2y - 6$$

Assim, a hessiana é dada por

$$\begin{pmatrix} \dfrac{\partial^2 f}{\partial x} & \dfrac{\partial^2 f}{\partial x \partial y} \\ \dfrac{\partial^2 f}{\partial y \partial x} & \dfrac{\partial^2 f}{\partial y} \end{pmatrix} \begin{pmatrix} 2 & 0 \\ 0 & 2 \end{pmatrix}.$$

Como os menores principais líderes são estritamente positivos, ou seja, $\dfrac{\partial^2 f}{\partial x^2} = 2 > 0$ e $\begin{vmatrix} \dfrac{\partial^2 f}{\partial x^2} & \dfrac{\partial^2 f}{\partial x \partial y} \\ \dfrac{\partial^2 f}{\partial y \partial x} & \dfrac{\partial^2 f}{\partial y^2} \end{vmatrix} = 4 > 0$, então a matriz é positiva definida, logo a função é estritamente convexa. Como o gradiente é dado por $\nabla f(x,y) = (2x-2, 2y-6) \Rightarrow \nabla f(1,3) = (0,0)$, assim o ponto (1,3) é crítico – e será de mínimo absoluto, pois a função é estritamente convexa.

(4) Falso. Pela restrição, $x = \pm\sqrt{13-y^2}$. Como queremos um máximo, necessariamente $x = \sqrt{13-y^2}$ – pois x é linear na função objetivo e com peso positivo. Então nosso problema se resume a maximizar a função $4\sqrt{13-y^2} + 6y$. A primeira derivada (condição de primeira ordem, CPO) dessa função é:

$$-\frac{4y}{\sqrt{13-y^2}} + 6$$

E a sua segunda derivada (ou seja, a condição de segunda ordem, CSO) é

$-\dfrac{4}{\sqrt{13-y^2}} - \dfrac{4y^2}{(13-y^2)^{3/2}} < 0 \; \forall \; y \in \left(-\sqrt{13}, \sqrt{13}\right)$ (Note que, se y for maior do que raiz de 13 em módulo, o denominador de cada termo, tanto da CPO como da CSO, não é um número real e, portanto, y deve pertencer ao intervalo destacado – de outra forma, não existem raízes fora desse intervalo).

Logo, a função é estritamente côncava e só pode ter um ponto de máximo.

Questão 13

Encontre $x_0 + y_0$, em que (x_0, y_0) é a solução do seguinte problema de otimização:

$$\max_{x,y}(x + 2y)$$

Sujeito a $2x^2 + y^2 = 18$.

Resolução:

Teremos o lagrangeano $L = x + 2y + \lambda(2x^2 + y^2 - 18)$. As condições de primeira ordem são:

(x) $1 + 4x\lambda = 0$

(y) $2 + 2y\lambda = 0 \Rightarrow y = 4x$

Substituindo na restrição, $2x^2 + 16x^2 = 18 \Rightarrow x = \pm 1$ e

$(x,y) = \begin{cases} x=1, y=4 \\ x=-1, y=-4 \end{cases}$

É facilmente verificável que a solução para maximizar a função é $(x_0, y_0) = (1, 4)$, pois a função objetivo é linear em x e y e com pesos positivos para ambos. Assim, $x_0 + y_0 = 5$.

Questão 15

Sabendo que a seguinte expressão corresponde à diferencial total de uma função $z = f(x,y)$, determine o valor da constante *a*.

$(3e^{3x} + \dfrac{y^a}{x})dx + (2y \ln x + \dfrac{1}{y})dy$.

Resolução:

Sabemos que $\dfrac{\partial z}{\partial x} = 3e^{3x} + \dfrac{y^a}{x}$. A primitiva é obtida por integração em x:

$$\int \dfrac{\partial z}{\partial x} dx = \int \left(3e^{3x} + \dfrac{y^a}{x}\right) dx = e^{3x} + y^a \ln x + c + g(y) \quad (1)$$

em que c é uma constante e g(y) é função só de y.

Analogamente,

$$\frac{\partial z}{\partial y} = 2y\ln x + \frac{1}{y} \Rightarrow$$

$$\int \frac{\partial z}{\partial y} dy = \int \left(2y\ln x + \frac{1}{y}\right) dy = y^2 \ln x + \ln y + k + h(x) \quad (2)$$

em que k é constante e h é função só de x.

Repare que obtemos a função de 2 maneiras distintas (em (1) e (2)) e conseguimos separar essas duas primitivas em termos que são função de x e de y, função só de x, função só de y e o termo constante. Note que os únicos termos em (1) e (2) que dependem de x e de y são, respectivamente, $y^a \ln x$ e $y^2 \ln x$. Portanto, devemos ter

$$y^a \ln x = y^2 \ln x \ \forall \ x, y \in R \ \Rightarrow \ y^a = y^2 \ \forall \ y \in R \Rightarrow a = 2.$$

PROVA DE 2015
Questão 02
Analisar as seguintes afirmações:

- ◎ A função que a cada candidato da prova da ANPEC associa a nota que obteve é uma função sobrejetora.
- ① A função $f(x) = \frac{x}{|x|+1}$ é uma bijeção de R, no intervalo (−1,1).
- ② Para que uma função de R em R seja sobrejetora, as retas horizontais devem interceptar o gráfico dela em no máximo um ponto.
- ③ A soma de funções de R em R, ambas injetoras, é uma função injetora.
- ④ Dadas as funções $f : A \to B$ e $g : B \to C$, se $g \circ f$ é bijetora, então f é injetora e g é sobrejetora.

Resolução:

(0) Anulada.

Para que uma função seja sobrejetora, é preciso que a imagem seja igual ao contradomínio, ou seja, que para cada nota do contradomínio haja ao menos um aluno que a tenha tirado. A questão provavelmente foi anulada porque o contradomínio não foi especificado na questão.

Se tivesse sido especificado que a função que associa o candidato à sua nota é definida por $g: A \to N$ em que A é o conjunto de alunos e N=(-90+x,90), o de notas possíveis[1] (x é o número de questões abertas que não anula uma certa em caso de erro), o item poderia ser considerado falso, pois seria preciso que houvesse ao menos um aluno para cada nota contida em N, o que não é garantido (por exemplo, é difícil imaginar que alguém irá tirar 90).

(1) Verdadeiro.

Podemos escrever a função $f(x) = \dfrac{x}{|x|+1}$ como

$$f(x) = \begin{cases} \dfrac{x}{x+1}, \text{ se } x > 0 \\ \dfrac{x}{-x+1}, \text{ se } x < 0 \end{cases}$$

Para mostrar que a função é bijetiva em $(-1,1)$, precisamos provar que ela é ao mesmo tempo: 1) injetiva e 2) sobrejetiva no intervalo $(-1,1)$.

- É injetiva.

A função é contínua em torno de $x = 0$ (que é um ponto crítico, pois a partir dele ocorre mudança do formato da função):

$$\lim_{x \to 0^+} \frac{x}{x+1} = \lim_{x \to 0^-} \frac{x}{-x+1} = f(0) = 0$$

E estritamente crescente nos dois intervalos:

$$\frac{df(x)}{dx} = \frac{d}{dx}\left(\frac{x}{x+1}\right) = \frac{1(x+1) - 1x}{(x+1)^2} = \frac{1}{(x+1)^2} > 0 \ \forall \ x > 0$$

$$\frac{df(x)}{dx} = \frac{d}{dx}\left(\frac{x}{-x+1}\right) = \frac{1(-x+1) + 1.x}{(-x+1)^2} = \frac{1}{(-x+1)^2} > 0 \ \forall \ x \leq 0$$

---

[1] A prova da ANPEC tem seis provas (Matemática, Estatística, Macroeconomia, Microeconomia, Economia Brasileira e Inglês) com questões fechadas, sendo: (i) a maior parte de assinalar Verdadeiro ou Falso, sendo que a certa vale 0,2 e a errada vale -0,2 e (ii) outra parte com questões para se preencher com um valor que varia entre 0 e 99, sendo que o acerto vale 1,0 e o erro não desconta na nota.

Portanto, como é válido $x_1 > x_2 \Leftrightarrow f(x_1) > f(x_2) \ \forall \ x_1, x_2 \in R$ e $f(x_1) = f(x_2) \Leftrightarrow x_1 = x_2$, então a função é injetiva.

- É sobrejetiva em $(-1,1)$.

Como mostramos anteriormente, a função é estritamente crescente e contínua em todos os pontos. Além disso, é fácil verificar que:

$$\lim_{x \to -\infty} f(x) = \lim_{x \to -\infty} \frac{x}{-x+1} \overset{L'H\hat{o}pital}{=} -1 \text{ e } \lim_{x \to +\infty} f(x) = \lim_{x \to +\infty} \frac{x}{x+1} \overset{L'H\hat{o}pital}{=} 1.$$

Logo, vemos que a função passa por todos os pontos intermediários entre -1 e 1, sendo sobrejetora no intervalo $(-1,1)$.

(2) Falso.

Ao traçar retas horizontais no gráfico de uma função, vemos que sempre que uma reta definida por $f(x) = y_0$ toca o gráfico de uma função definida por $y = g(x)$ em um ponto (x_0, y_0), provamos que o valor x_0 do contradomínio de g tem y_0 como imagem.

Se as retas tocarem o gráfico em no máximo um ponto, quer dizer que dois valores de x diferentes não podem ter o mesmo valor de y como imagem, definição que caracteriza uma função injetiva.

Para que uma função de R em R seja sobrejetiva, é preciso que todas as retas horizontais $f(x) = y_0$ tais que y_0 pertença ao contradomínio de g toquem o gráfico *pelo menos* uma vez.

(3) Falso.

Pode-se refutar isso com um contraexemplo simples. As funções $f: R \to R$, definida por $f(x) = x+1$, e $g: R \to R$, definida por $g(x) = -x+1$, são injetivas. Porém, sua soma $h(x) = f(x) + g(x) = 2$ é uma função constante, portanto não injetiva.

(4) Verdadeiro.

$g \circ f$ é bijetiva se, e somente se, é invertível. Isso significa dizer que existe $f^{-1} \circ g^{-1}$ tal que $g \circ f \circ f^{-1} \circ g^{-1} = g(g^{-1}(x)) = x$ e $f^{-1} \circ g^{-1}(g \circ f) = f^{-1}(f(x)) = x$.

Se $f: A \to B$ não é injetiva, existem $x_1, x_2 \in A$ tais que $x_1 \neq x_2$ e $f(x_1) = f(x_2)$. Logo, $f^{-1}(f(x_1)) = f^{-1}(f(x_2))$, embora $x_1 \neq x_2$. Logo, $f^{-1}(x)$ não pode ser a inversa de f e $g \circ f$ não é invertível. Portanto, provamos por absurdo que f tem que ser injetiva.

Se $g: B \to C$ não for sobrejetiva, quer dizer que existe algum $y_1 \in C$ para o qual não existe nenhum $x_1 \in B$ tal que $g(x_1) = y_1$. Então, $g^{-1}: C \to B$ não é uma função, pois existe ao menos um elemento de seu domínio sem imagem e será impossível obter $g(g^{-1}(y_1))$. Logo, g precisa ser sobrejetiva para que $g \circ f$ seja invertível.

Questão 03

Considere a seguinte função $f(x) = 3x^4 - 16x^3 + 18x^2 - 2$. Então podemos afirmar:
- ⓪ A função possui três extremos relativos.
- ① A função possui somente um ponto de inflexão.
- ② O valor mínimo absoluto da função é -29.
- ③ O valor máximo absoluto da função é 3.
- ④ No intervalo [2, 4] a função é côncava.

Resolução:

(0) Verdadeiro.

Os extremos relativos de uma função são aqueles pontos que zeram seu gradiente. Neste caso, como temos uma função de R em R:

$$\nabla f(x) = \frac{\partial f}{\partial x} = f_x = 12x^3 - 48x^2 + 36x = 12x(x^2 - 4x + 3) = 12x(x-3)(x-1).$$

Então
$$\nabla f(x) = 0 \Rightarrow x = 0 \text{ ou } x = 1 \text{ ou } x = 3.$$

Calculando o valor da função para cada x temos:
$f(0) = 3.0 - 16.0 + 18.0 - 2 = -2$
$f(1) = 3.1 - 16.1 + 18.1 - 2 = 3$
$f(3) = 3.3^4 - 16.3^3 + 18.3 - 2 = -29$.

Concluímos, portanto, que os pontos $(0,-2)$, $(1,3)$ e $(3,-29)$ são extremos relativos.

(1) Falso.

No caso de uma função de R em R, temos um ponto de inflexão quando $\dfrac{\partial^2 f(x)}{\partial x^2} = 0$. Aqui temos:

$$\dfrac{\partial^2 f(x)}{\partial x^2} = 36x^2 - 96x + 36 = 12(3x^2 - 8x + 3) = 0 \Rightarrow$$

$$x = \dfrac{8 \pm \sqrt{64 - 4 \cdot 3 \cdot 3}}{6} = \dfrac{4 \pm \sqrt{7}}{3}$$

$f_{xx} > 0$ quando $x \in \left(-\infty, \dfrac{4-\sqrt{7}}{3}\right) \cup \left(\dfrac{4+\sqrt{7}}{3}, +\infty\right)$ e $f_{xx} \leq 0$ quando $x \in \left(\dfrac{4-\sqrt{7}}{3}, \dfrac{4+\sqrt{7}}{3}\right)$. Ou seja, dois pontos de inflexão.

Observação: A condição $\dfrac{\partial^2 f(x)}{\partial x^2} = 0$ é condição necessária e não suficiente para se ter ponto de inflexão (por exemplo, a função x^4 tem segunda derivada igual a $f_{xx} = \dfrac{\partial^2 f(x)}{\partial x^2} = 12x^2$, que, quando igualada a zero, obtém-se o ponto $x = 0$, que não é ponto de inflexão, pois $f_{xx} > 0$, para qualquer ponto $x \neq 0$, ou seja, a concavidade não muda, a função é sempre convexa).

No caso da questão, a função $f_{xx} = 12(3x^2 - 8x + 3)$ é convexa (côncava para cima), mas tem duas raízes, logo f_{xx} altera de sinal, o que significa que a função muda de concavidade e, portanto, que os pontos obtidos são de inflexão.

(2) Verdadeiro.

Conforme mostrado no item 0, a função apresenta 3 pontos críticos: $(0,-2)$, $(1,3)$ e $(3,-29)$.

Olhando apenas o valor da derivada segunda, obtida no item 1, e avaliada nos pontos críticos, podemos caracterizá-los como:

$$\frac{\partial^2 f(x)}{\partial x^2} = 36x^2 - 96x + 36$$

$$\frac{\partial^2 f(0)}{\partial x^2} = 36.0^2 - 96.0 + 36 = 36 > 0 \rightarrow \text{mínimo relativo}$$

$$\frac{\partial^2 f(1)}{\partial x^2} = 36.1^2 - 96.1 + 36 = -24 < 0 \rightarrow \text{máximo relativo}$$

$$\frac{\partial^2 f(3)}{\partial x^2} = 36.3^2 - 96.3 + 36 = 72 > 0 \rightarrow \text{mínimo relativo}$$

O fato de que $f(0) = -2 < f(3) = -29$ (valores obtidos no item 0) de fato coloca -29 como candidato a mínimo absoluto da função. Calculando os limites da função em $+\infty$ e $-\infty$:

$$\lim_{x \to +\infty} f(x) = \lim_{x \to +\infty} 3x^4 - 16x^3 + 18x^2 - 2 = \lim_{x \to +\infty} 3x^4 = +\infty$$

$$\lim_{x \to -\infty} f(x) = \lim_{x \to -\infty} 3x^4 - 16x^3 + 18x - 2 = \lim_{x \to -\infty} 3x^4 = +\infty$$

confirmamos que -29 é de fato o mínimo absoluto da função (e que a função não tem máximo absoluto).

Observação: A forma como foi obtido o limite acima só vale porque a função é polinomial e seu limite está sendo tomado no infinito.

(3) Falso. Como vimos na questão anterior, a função tende a $+\infty$ quando x tende a $+\infty$ e $-\infty$. Logo, embora 3 seja um máximo relativo, a função não tem máximo absoluto.

(4) Falso. Podemos mostrar isso somente com a resposta do item 2. Verificamos que a derivada segunda da função é positiva em $x = 3$, logo não se pode afirmar que a função é côncava no intervalo $[2, 4]$.

Questão 05

A equação $x^2 - xy^3 + y^5 = 17$ define y como função de x ($y = y(x)$), numa vizinhança do ponto $(x_0, y_0) = (5, 2)$. Ao fazermos a aproximação linear de $y(x)$ em torno desse ponto, teremos $y(x) \approx mx + n$. Calcular $10m + 2n$.

Resolução:

Podemos resolver essa questão de modo relativamente simples com uma aproximação de Taylor de ordem 1 em torno do ponto (5,2).

Inicialmente, devemos relembrar que a expansão de Taylor de ordem n de uma função univariada em torno de (x_0, y_0) é dada por:

$$f(x,y) \approx f(x_0,y_0) + \sum_{k=1}^{n} \frac{1}{k!} \sum_{i=0}^{k} \frac{k!}{i!(k-i)!} \left(\frac{\partial^k f}{\partial x^i \partial y^{k-i}}(x_0,y_0) \right)(x-x_0)^i (y-y_0)^{k-i}$$

Essa expressão, para n=1, se resume a:

$$f(x,y) \approx f(x_0,y_0) + f_x \cdot (x_0,y_0)(x-x_0) + f_y(y-y_0) \cdot (y-y_0).$$

Neste caso, precisamos fazer uma aproximação em torno de (5,2). Portanto, a aproximação será feita de modo que:

$$f(x,y) \approx f(5,2) + f_x(5,2) \cdot (x-5) + f_y(5,2) \cdot (y-2).$$

Em uma vizinhança de (5,2),
$f(x,y) - f(5,2) \approx 0 \Rightarrow f_x(5,2) \cdot (x-5) + f_y(5,2) \cdot (y-2) \approx 0$. Logo, se

$f_x(x,y) = 2x - y^3 \Rightarrow f_x(5,2) = 10 - 8 = 2$

$f_y(x,y) = -3xy^2 + 5y^4 \Rightarrow f_y(5,2) = -60 + 80 = 20$

Então

$2 \cdot (x-5) + 20 \cdot (y-2) \approx 0 \Rightarrow$

$2x - 10 + 20y - 40 \approx 0 \Rightarrow$,

$y \approx -\frac{1}{10}x + \frac{5}{2}$

em que $m = -\frac{1}{10}, n = \frac{5}{2}$.

Logo:

$$10m + 2n = 10 \cdot \left(-\frac{1}{10}\right) + 2\left(\frac{5}{2}\right) = 4.$$

Questão 06

Considere o seguinte problema de otimização com restrições: a função objetivo $f: R_+^2 \to R$ é contínua e o conjunto de restrições é um conjunto convexo C, contido no domínio da função f. Julgue as seguintes afirmativas:

⓪ Se C for um conjunto ilimitado, então o problema de otimização restrita nunca tem solução.

① Se o gradiente da função objetivo for constante em todo o seu domínio, então se houver uma solução ela tem que estar na fronteira de C.

② Se a função objetivo já tiver um ótimo (ponto de máximo ou mínimo), então ele será a solução do problema com restrições.

③ Se o conjunto C não for compacto, então o problema de otimização restrita nunca terá uma solução.

④ Seja C o conjunto $C = \{(x,y) \in R_+^2 : ax + by \leq c\}$, com a, b e c não negativos. Se $c > 0$ e pelo menos uma das outras constantes for zero, então o problema de otimização nunca terá uma solução.

Resolução:

Algumas definições são importantes para o entendimento da questão:

(LIMA, E. L. – Curso de Análise, Vol. 2, Rio de Janeiro, IMPA, Projeto Euclides, 1989)

Conjunto limitado: Um conjunto $X \subset R^n$ é dito limitado quando existe um número real c tal que para todo ponto $x \in X$ vale que a sua norma é menor do que algum número real c ($|x| < c$), ou seja, X está contido em uma bola fechada de centro na origem e raio c. Além disso, um conjunto é limitado se e somente se suas projeções são conjuntos limitados. Um conjunto $C \subset R^2$, por exemplo, é limitado se, e somente se, $C \subset [-r,r] \times [-r,r]$ para algum r real.

Conjunto fechado: Um conjunto X chama-se fechado quando contém todos os seus pontos aderentes. Um ponto a aderente ao conjunto X é definido de forma que toda bola aberta com centro em a ($B(a,r) = \{x \in R^n; |x-a| < r\}$) contém pelo menos um ponto de x. O conjunto [2,3] é fechado, enquanto $C = [2,3] \times]2,3[$ é aberto, pois (2,2) é um ponto aderente a C e não pertence ao conjunto.

Conjunto compacto: Um conjunto é dito compacto quando é limitado e fechado.

(0) Falso.

O fato de o conjunto não ser limitado não garante que não haverá solução para o problema. A solução pode estar na fronteira se houver uma restrição ativa ou pode haver um ótimo irrestrito tal que possa ser obtido em algum (x^*, y^*) no interior de C. Nesses casos, o problema terá solução.

Exemplo 1:

No problema:

$$\min_{x,y} f(x,y) = x + y$$

s.a.

$x \geq 0$

$y \geq 0$

Temos que o conjunto que restringe o problema $C = \{(x, y) \in R^2 : x \geq 0; y \geq 0\}$ não é limitado, mas a solução é claramente (0,0).

Exemplo 2:
O problema

$$\max_{x,y} f(x) = -(x-5)^2 - (y-3)^2$$

s.a.

$x \geq 0$

$y \geq 0$

É limitada pelo mesmo conjunto C e tem um máximo absoluto $(5,3) \in C$. Logo, tem solução.

(1) Falso.

Considere o problema de otimização genérico:

max $f(x, y)$

s.a.

$h_1(x, y) \leq a_1$

...

$h_n(x, y) \leq a_n$

Onde C é delimitado pelas restrições do problema. (Considerando que minimizar $g(x, y)$ é a mesma coisa que maximizar $f(x, y) = -g(x, y)$ e que $-h_k(x, y) \geq a \Rightarrow h_k \leq a$).

Para resolvê-lo, podemos montar o lagrangeano

$$L = f(x, y) - \sum_{i=1}^{n} \mu_i (h_i(x, y) - a_i)$$

E impor as condições de primeira ordem:

$$f_x(x, y) - \sum_{i=1}^{n} \mu_i \left[\frac{\partial h_i(x, y)}{\partial x} \right] = 0$$

$$f_y(x, y) - \sum_{i=1}^{n} \mu_i \left[\frac{\partial h_i(x, y)}{\partial y} \right] = 0$$

Se $f : R_+^2 \to R$ tiver um gradiente constante em todo o domínio e diferente de $(0,0)$ é condição necessária para a existência de uma solução que haja algum multiplicador diferente de zero, pois $f_x(x, y)$ e $f_y(x, y)$ não poderão ser zero ao mesmo tempo. Pelas condições KKT, sabemos que $\mu_i(h_i(x, y) - a_i) = 0$ para todo i. Portanto, $\mu_i \neq 0$ implica que, se o problema tiver solução, haverá pelo menos uma restrição ativa. Então, se a solução existir, ela está necessariamente na fronteira. Por essa razão, o gabarito inicial da questão era verdadeiro.

No entanto, se $f : R_+^2 \to R$ tiver um gradiente constante em todo o domínio e igual a $\nabla f(x, y) = (0,0)$, a função será do tipo $f(x, y) = k$ com $k \in R$. Nesse caso, o máximo e o mínimo restritos da função se equivalerão ao máximo e mínimo absoluto (k), que poderá ser obtido também fora da fronteira do conjunto C.

(2) Falso. Se esse ponto estiver fora do conjunto delimitado pelas restrições, não poderá ser a solução do problema restrito.

(3) Falso. Conforme argumentado no item 0, pode haver solução mesmo que o conjunto não seja limitado (caso em que não é compacto). Mesmo que todas as restrições sejam estritas, ainda sim existe a possibilidade de haver um ótimo irrestrito dentro do conjunto.

(4) Falso. Se uma das constantes for zero, o conjunto deixará de ser limitado (não mais caberá em uma bola fechada com centro na origem e raio c, este um número real), de forma que teremos $C = \left[0, \dfrac{c}{a}\right] \times [0, +\infty]$ (quando $b = 0$) e $C = [0, +\infty] \times \left[0, \dfrac{c}{b}\right]$, quando $a = 0$.

No entanto, vimos que isso não garante que o problema não terá solução (itens 0 e 3), pois pode tanto haver uma solução com pelo menos uma das restrições ativas ($x = 0$, $y = 0$, ou $ax + by = c$) quanto um ótimo irrestrito no interior do conjunto C.

Questão 08

Julgue as seguintes afirmativas:

◎ Seja $f(x) = \dfrac{1}{\sqrt{2\pi}} e^{-x^2}$. Então a função definida por $F(x) = \int_{-\infty}^{x} f(y) dy$ é uma função decrescente.

① A função F do item anterior é côncava no intervalo $(0, +\infty)$.

② Seja $h(x) = f(x, g(x))$, com f e g de classe C^2 (isto é, f e g duas vezes diferenciáveis, com derivadas segunda contínuas). A segunda derivada de h é dada pela fórmula $\left(\dfrac{\partial f}{\partial x} + g \dfrac{\partial f}{\partial y}\right)^2$.

③ Defina $r(x) = -\dfrac{f''(x)}{f'(x)}$. A derivada da função r é dada pela fórmula $r^2 + r \dfrac{f'''(x)}{f''(x)}$.

④ Se, no item anterior, f for estritamente côncava e estritamente crescente, então, supondo que $f'''(x) < 0$, podemos afirmar que r é estritamente crescente.

Resolução:

(0) Falso.

Usando a Regra de Leibnitz, enunciada na Revisão de Conceitos do Capítulo 5, temos que:

Se $f(x) = \dfrac{1}{\sqrt{2\pi}} e^{-x^2}$ e $F(x) = \displaystyle\int_{-\infty}^{x} f(x) dx$, então:

$$F'(x) = \int_{-\infty}^{x} \underbrace{\dfrac{df(y)}{dx}}_{=0 \,(f(y)\text{ não depende de }x)} dy + f(x)\underbrace{\dfrac{dx}{dx}}_{=1} - f(-\infty)$$

$$F'(x) = \dfrac{1}{\sqrt{2\pi}} e^{-x^2} - \underbrace{\lim_{x \to \infty} \dfrac{1}{\sqrt{2\pi}} e^{-x^2}}_{=0} = \dfrac{1}{\sqrt{2\pi}} e^{-x^2} \geq 0$$

Observação: Uma resolução alternativa pode ser obtida com o 1º Teorema Fundamental do Cálculo, enunciado na revisão de conceitos, que estabelece que, se F for contínua em todo intervalo e, no caso de uma integral imprópria, se for também convergente, temos que: $F(x) = \displaystyle\int_{a}^{x} f(y) dy$, $\dfrac{d}{dx}(F(x)) = f(x)$.

Portanto,

Se $f(x) = \dfrac{1}{\sqrt{2\pi}} e^{-x^2}$ e $F(x) = \displaystyle\int_{-\infty}^{x} f(x) dx$, então

$$F'(x) = f(x) = \dfrac{1}{\sqrt{2\pi}} e^{-x^2} \geq 0$$

(1) Verdadeiro.

$$F''(x) = \dfrac{\partial}{\partial x}\left(\underbrace{F'(x)}_{\text{item 0}}\right) = \dfrac{\partial}{\partial x}\left(\dfrac{1}{\sqrt{2\pi}} e^{-x^2}\right) = \dfrac{1}{\sqrt{2\pi}}\left[(-2x)e^{-x^2}\right] \leq 0, \; \forall \; x \geq 0$$

(2) Falso.

Derivando a função $h(x) = f(x, g(x))$:

$$\frac{\partial h}{\partial x}(x) = \frac{\partial f}{\partial x}(x, g(x)) + \underbrace{\left(\frac{\partial f}{\partial g}\frac{\partial g}{\partial x}\right)}_{\text{Regra da Cadeia}}(x, g(x)),$$

em que os termos entre parênteses significam que as derivadas são também funções das variáveis x e $g(x)$.

Se derivarmos mais uma vez a função h em relação a x:

$$\frac{\partial}{\partial x}\left(\frac{\partial h(x)}{\partial x}\right) = \frac{\partial^2 f}{\partial x^2} + \underbrace{\frac{\partial^2 f}{\partial x \partial g}\frac{\partial g}{\partial x}}_{\text{Regra da Cadeia}} + \frac{\partial^2 f}{\partial g \partial x}\frac{\partial g}{\partial x} + \underbrace{\frac{\partial^2 f}{\partial g^2}\frac{\partial^2 g}{\partial x^2}}_{\text{Regra da Cadeia}}$$

Pelo Teorema de Young, $\dfrac{\partial^2 f}{\partial x \partial g} = \dfrac{\partial^2 f}{\partial g \partial x}$. Logo:

$$\frac{\partial}{\partial x}\left(\frac{\partial h(x)}{\partial x}\right) = \frac{\partial^2 f}{\partial x^2} + \frac{\partial^2 f}{\partial g \partial x}\frac{\partial g}{\partial x} + \frac{\partial^2 f}{\partial g \partial x}\frac{\partial g}{\partial x} +$$

$$\frac{\partial}{\partial x}\left(\frac{\partial h(x)}{\partial x}\right) = \frac{\partial^2 f}{\partial x^2} + 2\frac{\partial^2 f}{\partial g \partial x}\frac{\partial g}{\partial x} + \frac{\partial^2 f}{\partial g^2}\cdot\frac{\partial^2 g}{\partial x^2}$$

$$\frac{\partial}{\partial x}\left(\frac{\partial h(x)}{\partial x}\right) \stackrel{y=g(x)}{=} \frac{\partial^2 f}{\partial x^2} + 2\frac{\partial^2 f}{\partial y \partial x}\frac{\partial g}{\partial x} + \frac{\partial^2 f}{\partial y^2}\frac{\partial^2 g}{\partial x^2} \neq \left(\frac{\partial f}{\partial x} + g\frac{\partial f}{\partial y}\right)^2.$$

(3) Verdadeiro.

$$r(x) = -\frac{f''(x)}{f'(x)}$$

$$\frac{\partial r(x)}{\partial x} = -\left[\frac{f'''(x)f'(x) - (f''(x))^2}{(f'(x))^2}\right] = -\frac{f'''(x)}{f'(x)} + \left(\frac{f''(x)}{f'(x)}\right)^2 \Rightarrow$$

$$\frac{\partial r(x)}{\partial x} = \frac{f'''(x)}{f''(x)}\left(-\frac{f''(x)}{f'(x)}\right) + \left(-\frac{f''(x)}{f'(x)}\right)^2 = \frac{f'''(x)}{f''(x)}r(x) + r^2(x).$$

(4) Verdadeiro.

Usando a resolução do item anterior, podemos ver que, se $f'(x) > 0$ (estritamente crescente), $f''(x) < 0$ (estritamente côncava) e $f'''(x) < 0$, então

$$r(x) = -\frac{f''(x)}{f'(x)} > 0 \text{ e } \frac{f'''(x)}{f''(x)} > 0. \text{ Portanto, } \frac{\partial r(x)}{\partial x} = \underbrace{\frac{f'''(x)}{f''(x)} r(x)}_{>0} + \underbrace{r^2(x)}_{>0} > 0.$$

Observação: Vale lembrar que uma função estritamente crescente poderia ter $f'(x) = 0$ para algum ponto do domínio, bem como uma função estritamente côncava poderia ter $f''(x) = 0$ para algum ponto do domínio. Por exemplo, $f(x) = x^3$ é uma função estritamente crescente para todo o seu domínio, mas $f'(x) = 3x^2$, tal que $f'(0) = 0$. Da mesma forma, $f(x) = -x^4$ é uma função estritamente côncava, mas $f''(x) = -12x^2$, tal que $f''(0) = 0$.

No entanto, a função $r(x) = -\dfrac{f''(x)}{f'(x)}$ e sua função derivada $\dfrac{\partial r(x)}{\partial x} = \dfrac{f'''(x)}{f''(x)} r(x) + r^2(x)$, ambas obtidas no item anterior, para serem bem definidas, devem ter $f'(x) \neq 0$ e $f''(x) \neq 0$. Assim, no caso de uma função estritamente crescente e estritamente côncava devemos ter necessariamente $f'(x) > 0$ e $f''(x) < 0$.

Questão 09

Seja $f : D \to R$ a função definida por $f(x,y) = x^2 - 2xy + 2y$, em que $D = \{(x,y) \in R^2 : 0 \leq x \leq 3 \text{ e } 0 \leq y \leq 2\}$.

Julgue as seguintes afirmativas:

⓪ A função f possui um único ponto de mínimo em D.

① $(1,1)$ é ponto de mínimo local de f em D.

② O valor máximo absoluto da função em D é 9.

③ O máximo é atingido na fronteira de D.

④ A função é côncava em D.

Resolução:

Analisando os pontos críticos da função:

- Irrestritos:

$$\nabla f(x,y) = \left(\frac{\partial f}{\partial x}, \frac{\partial f}{\partial y}\right) = (2x - 2y, -2x + 2) = (0,0) \Rightarrow$$

$$\begin{cases} 2x - 2y = 0 \\ -2x + 2 = 0 \Rightarrow x = 1 \end{cases} \Rightarrow 2x - 2y = 0 \Rightarrow 2 \cdot 1 - 2y = 0 \Rightarrow y = 1$$

$$\Rightarrow (x,y) = (1,1) \in D$$

Calculando o determinante da matriz Hessiana:

$$|H| = \begin{vmatrix} f_{xx}(x,y) & f_{xy}(x,y) \\ f_{yx}(x,y) & f_{yy}(x,y) \end{vmatrix} = \begin{vmatrix} 2 & -2 \\ -2 & 0 \end{vmatrix}$$

$$|H| = \begin{vmatrix} f_{xx}(1,1) & f_{xy}(1,1) \\ f_{xy}(1,1) & f_{yy}(1,1) \end{vmatrix} = \begin{vmatrix} 2 & -2 \\ -2 & 0 \end{vmatrix} = -4 < 0$$

(Note que a Hessiana é a mesma para todos os pontos)

Pelo sinal do determinante da matriz Hessiana (que é o produto dos autovalores, como enunciado na Revisão de Conceitos do Capítulo 3), podemos ver que se trata de um ponto de sela, pois, se $\lambda_1 \lambda_2 < 0$, os dois autovalores têm sinais opostos. Neste caso, a matriz H é indefinida e, portanto, o ponto (1,1) não é nem máximo e nem mínimo local (veja Simon e Blume (1994, cap. 17 e 23)).

De fato, podemos encontrar o polinômio característico para encontrar os autovalores:

$$|H - I\lambda| = 0 \Rightarrow \begin{vmatrix} 2-\lambda & -2 \\ -2 & 0-\lambda \end{vmatrix} = 0 \Rightarrow$$

$$-\lambda(2-\lambda) - 4 = \lambda^2 - 2\lambda - 4 = 0$$

De forma que as duas soluções são dadas por

$$\lambda_1 = \frac{2 + \sqrt{4 + 16}}{2} = 1 + \sqrt{5} > 0$$

$$\lambda_2 = \frac{2-\sqrt{4+16}}{2} = 1-\sqrt{5} < 0,$$

comprovando que o ponto crítico $(1,1)$ é ponto de sela.

Observação 1: A matriz Hessiana seria negativa no ponto avaliado se todos os seus autovalores fossem negativos e, neste caso, o ponto avaliado seria máximo local. Por sua vez, a matriz Hessiana seria positiva no ponto avaliado se todos os seus autovalores fossem positivos e, neste caso, o ponto avaliado seria mínimo local (Simon e Blume (1994, cap. 17 e 23)).

Observação 2: De outra forma, segundo Simon e Blume (1994, cap. 17), os dois menores principais líderes no ponto $(1,1)$ violam o padrão de sinais que definem se tal ponto é um máximo ou mínimo local. No caso de máximo, os menores principais líderes devem alternar de sinal, iniciando com negativo. No caso de mínimo, os menores principais líderes devem ser todos positivos. No caso deste item, os menores principais líderes alternam de sinal, mas iniciando com positivo: $|H_1| = |2| = 2 > 0$ e $|H_2| = \begin{vmatrix} 2 & -2 \\ -2 & 0 \end{vmatrix} = |H| = -4 < 0$.

- Na fronteira:

O conjunto D é delimitado por 4 retas no R^2: $x = 0$, $x = 3$, $y = 0$ e $y = 2$. Encontraremos os pontos críticos sob essas retas.

$f(0, y) = 2y$
$f(3, y) = 9 - 6y + 2y = 9 - 4y$
$f(x, 0) = x^2$
$f(x, 2) = x^2 - 4x + 4$

$$\left\{\arg\max_{y \in [0,2]} f(0, y)\right\} = \left\{\arg\max_{y \in [0,2]} (2y)\right\} = 2$$

$\boxed{f(0,2) = 4}$

$$\left\{\arg\min_{y \in [0,2]} f(0, y)\right\} = \left\{\arg\min_{y \in [0,2]} (2y)\right\} = 0$$

$\boxed{f(0,0) = 0}$

$$\left\{\arg\max_{y\in[0,2]} f(3,y)\right\} = \left\{\arg\max_{y\in[0,2]}(9-4y)\right\} = 0$$

$$\boxed{f(3,0) = 9}$$

$$\left\{\arg\min_{y\in[0,2]} f(3,y)\right\} = \left\{\arg\min_{y\in[0,2]}(9-4y)\right\} = 2$$

$$\boxed{f(3,2) = 1}$$

$$\left\{\arg\max_{x\in[0,3]} f(x,0)\right\} = \left\{\arg\max_{x\in[0,3]} x^2\right\} = 3$$

$$\boxed{f(3,0) = 9}$$

$$\left\{\arg\min_{x\in[0,3]} f(x,0)\right\} = \left\{\arg\min_{x\in[0,3]} x^2\right\} = 0$$

$$\boxed{f(0,0) = 0}$$

Sendo $f(x,2) = x^2 - 4x + 4$ uma parábola com a concavidade voltada para cima (ou seja, uma função estritamente convexa), é fácil ver que

$$\left\{\arg\min_{x\in[0,3]} f(x,2)\right\} = \left\{\arg\min_{x\in[0,3]}(x^2 - 4x + 4)\right\}$$

$$CPO: 2x - 4 = 0 \Rightarrow x = x_{vértice} = 2 = \left\{\arg\min_{x\in[0,3]}(x^2 - 4x + 4)\right\}$$

$$\boxed{f(2,2) = 0}$$

$$\left\{\arg\max_{x\in[0,3]} f(x,2)\right\} = \left\{\arg\max_{x\in[0,3]}(x^2 - 4x + 4)\right\} = 0$$

$$\boxed{f(0,2) = 4 > f(3,2) = 1}$$

Então, percebemos que o problema de otimização com restrições possui:
Ponto de sela: (1,1);
Pontos de máximo: (3,0), com $f(3,0) = 9$;
Pontos de mínimo: (0,0) e (2,2), com $f(0,0) = f(2,2) = 0$.

Isto posto, podemos responder aos itens:

(0) Falso. A função possui dois pontos de mínimo em D: (0,0) e (2,2).

(1) Falso. É ponto de sela.

(2) Verdadeiro. Isso ocorre no ponto (3,0).

(3) Verdadeiro. Como no item anterior, é atingido no ponto (3,0).

(4) Falso. Sua matriz Hessiana é igual para todos os pontos:

$H = \begin{pmatrix} 2 & -2 \\ -2 & 0 \end{pmatrix}$ e possui um autovalor positivo e outro negativo. Assim sendo, não se pode dizer que a função seja côncava (para que a função seja côncava, a Hessiana tem que ser negativa semidefinida, ou seja, todos os seus autovalores devem ser não negativos ou ainda os seus menores principais líderes devem alternar de sinal iniciando com sinal negativo).

Questão 14

Se f é uma função inversível e de classe C^1 (diferenciável, com derivada contínua), com inversa f^{-1} de classe C^1, tal que $f(1) = 1$ e $f'(1) = 2$, calcular o seguinte limite:

$$L = \lim_{h \to 0} \frac{f(1-h) - f(1+2h)}{f^{-1}(1+3h) - f^{-1}(1+h)}$$

Dar como resposta $|10L|$.

Resolução:

Podemos usar a definição de derivada para reescrever o limite acima. Assim, supondo $h \to 0$, temos:

$$u = -h \Rightarrow \frac{f(1-h) - f(1)}{-h} = \frac{f(1+u) - f(1)}{u} = f'(1) \Rightarrow$$

$$f(1+u) \stackrel{u=-h}{=} f(1-h) = -h \cdot f'(1) + f(1)$$

$$v = 2h \Rightarrow \frac{f(1+2h)-f(1)}{2h} = \frac{f(1+v)-f(1)}{v} = f'(1) \Rightarrow$$

$$f(1+v) \stackrel{v=2h}{=} f(1+2h) = 2h.f'(1) + f(1)$$

Agora chamando $f^{-1}(x) = g(x)$

$$w = 3h \Rightarrow \frac{g(1+3h)-g(1)}{3h} = \frac{g(1+w)-g(1)}{w} = g'(1) \Rightarrow$$

$$g(1+w) \stackrel{w=3h}{=} g(1+3h) = 3h.g'(1) + g(1)$$

$$k = h \Rightarrow \frac{g(1+h)-g(1)}{h} = \frac{g(1+k)-g(1)}{k} = g'(1) \Rightarrow$$

$$g(1+k) \stackrel{k=h}{=} g(1+h) = h.g'(1) + g(1)$$

Reescrevendo o limite proposto na questão temos:

$$L = \lim_{h \to 0} \frac{-hf'(1) + f(1) - (2hf'(1) + f(1))}{3hg'(1) + g(1) - (hg'(1) + g(1))} = \lim_{h \to 0} \left(\frac{-hf'(1) - 2h(f'(1))}{3hg'(1) - hg'(1)} \right)$$

$$L = \lim_{h \to 0} \left(\frac{-3hf'(1)}{2hg'(1)} \right) = \lim_{h \to 0} \left(\frac{-3f'(1)}{2hg'(1)} \right) = \frac{-3f'(1)}{2g'(1)}.$$

Pelo teorema da função implícita, sabemos que $g'(x) = \frac{dg(x)}{dx} = \frac{df^{-1}(x)}{dx} = \frac{1}{\frac{df(x)}{dx}} = \frac{1}{f'(x)}$, ou seja, $g'(1) = \frac{1}{f'(1)}$. Substituindo de volta na expressão anterior:

$$L = \frac{-3f'(1)}{2g'(1)} = -\frac{3f'(1)}{\frac{2}{f'(1)}} = -\frac{3}{2}(f'(1))^2 = -6.$$

Portanto, $|10L| = |10(-6)| = |-60| = 60$.

5 Integrais

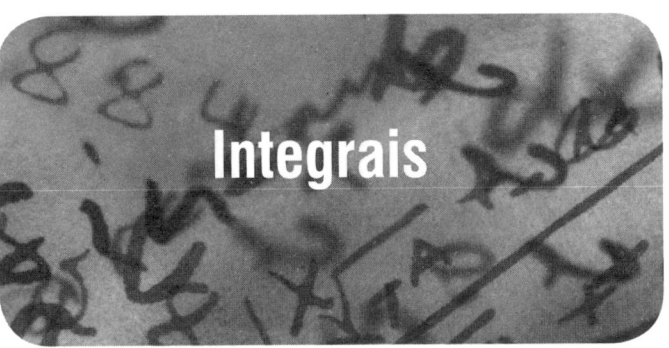

REVISÃO DE CONCEITOS

Apresentamos a seguir uma breve Revisão de Conceitos deste tópico. É importante ressaltar que o resumo aqui apresentado não é exaustivo, mas tem a função apenas de servir de suporte para a demonstração de algumas soluções. Por isso, recomendamos, antes da resolução, o estudo das referências citadas no fim do livro.

Teorema: 1º Teorema Fundamental do Cálculo: Se f for integrável (toda função contínua é integrável) em $[a, b]$ e se F for uma primitiva de f em $[a, b]$, então:

$$\int_a^b f(x)dx = F(b) - F(a)$$

Teorema: 2º Teorema Fundamental do Cálculo ou Regra de Leibneitz:

Se: $F(x) = \int_{g(x)}^{h(x)} f(y;x)dy$

Então: $\dfrac{dF(x)}{dx} = \int_{g(x)}^{h(x)} \dfrac{df(y;x)}{dx}dy + f(h(x);x)h'(x) - f(g(x);x)g'(x)$

Regras de Integração:

I – Integração por partes – fórmula:

$$\int u\,dv = vu - \int v\,du$$

II – Regra da Substituição (Stewart, James – Cálculo, vol. I, 6ª edição)

Se $u = g(x)$ for uma função derivável cuja imagem é um intervalo I e f for contínua em I, então:

$$\int f(g(x))g'(x)dx = \int f(u)du$$

PROVA DE 2006
Questão 5

Avalie as opções:

(0) $\int_{-\pi}^{\pi} sen(x)dx = 2\int_{0}^{\pi} sen(x)dx$

(1) Se $f'(x) < 0$ para todo $x \in [0, 1]$ então $\int_{0}^{1} f(x)dx < 0$.

(2) $\int_{1}^{e} x\log(x)dx < \int_{1}^{e} x\,dx$

(3) $\dfrac{d}{dx}e^{\int_{1}^{x}\frac{dt}{t}} > \dfrac{1}{x}e^{\int_{1}^{x}\frac{dt}{t}}$ para todo $x > 1$.

(4) Considere uma função contínua f e defina os conjuntos $A = \{x \in [0, 1], f(x) \geq 0\}$ e $B = \{x \in [0, 1], f(x) < 0\}$. Então $\int_{0}^{1} f(x)dx < \int_{x \in A} f(x)dx + \int_{x \in B} |f(x)|dx$ sempre que $B \neq \varnothing$

Resolução:

(0) Falso. Notemos que:

$$f(-x) = sen(-x) = -senx = -f(x)$$

ou seja, o integrando é uma função ímpar, logo:

$$\int_{-\pi}^{\pi} senx\,dx = 0$$

(1) Falso. Um contraexemplo seria:
$$f(x) = -x+1, \text{ tal que } f'(x) = -1 < 0, \forall x \in [0, 1].$$
$$\int_0^1 (-x+1)dx = \frac{1}{2}.$$

(2) Verdadeiro. Duas formas de resolução:

I. Integrando por partes:
$$\int_1^e x \log x \, dx$$
$$u = \log x, du = \frac{1}{x}dx$$
$$dv = x \, dx, v = \frac{x^2}{2}$$
$$\int_1^e x \log x \, dx = \frac{x^2}{2} \log x - \int \frac{x}{2} dx$$
$$\int_1^e x \log x \, dx = \left[\frac{x^2}{2}\log x - \frac{x^2}{4}\right]_{x=1}^{x=e} = \frac{e^2}{2} - \frac{e^2}{4} + \frac{1}{4}$$
$$\int_1^e x \, dx = \left[\frac{x^2}{2}\right]_{x=1}^{x=e} = \frac{e^2}{2} - \frac{1}{2}$$

Assim, notemos que:
$$\int_1^e x \log x \, dx = \frac{e^2}{2} - \frac{e^2}{4} + \frac{1}{4} < \frac{e^2}{2} - \frac{1}{2} = \int_1^e x \, dx$$

Isso é verdade, pois:
$$\frac{e^2}{2} - \frac{e^2}{4} + \frac{1}{4} < \frac{e^2}{2} - \frac{1}{2}$$
$$-\frac{e^2}{4} + \frac{1}{4} < -\frac{1}{2}$$
$$\frac{e^2}{4} > \frac{3}{4}$$
$$e^2 > 3 \rightarrow OK.$$

II. Outra forma de se resolver é comparar os integrandos, tomando cuidado para os valores que ele possa assumir:

$$\int_1^e x\log x\,dx < \int_1^e x\,dx \Leftrightarrow x\log x < x$$
$$\Leftrightarrow \log x < 1,\ \text{para } 1 \le x \le e$$
$$\Leftrightarrow e^{\log x} < e^1,\ \text{para } 1 \le x \le e.$$
$$\Leftrightarrow x < e,\ \text{para } 1 \le x \le e.$$

(3) Falso. Resolvendo primeiramente a integral:
$$\int_1^x \frac{dt}{t} = [\ln t]_1^x = [\ln x - \ln 1] = \ln x.$$

Substituindo nas expressões dadas no item:
$$\frac{de^{\int_1^x \frac{dt}{t}}}{dx} = \frac{de^{\ln x}}{dx} = \frac{dx}{dx} = 1$$
$$\frac{1}{x}e^{\int_1^x \frac{dt}{t}} = \frac{1}{x}e^{\ln x} = \frac{x}{x} = 1$$

Logo:
$$\frac{de^{\int_1^x \frac{dt}{t}}}{dx} = \frac{1}{x}e^{\int_1^x \frac{dt}{t}}.$$

(4) Verdadeiro. Notemos que:
$$\int_0^1 f(x)\,dx = \int_A f(x)\,dx + \int_B f(x)\,dx < \int_A f(x)\,dx + \int_B |f(x)|\,dx$$

Observação: A desigualdade estrita é válida somente porque $B \ne \varnothing$. Caso não mencionasse, seria desigualdade não estrita ($\le$).

Questão 10

Avalie as afirmativas:

◎ $\int_0^\infty xe^{-x}\,dx = 1.$

① $\int_0^\infty x^2 e^{-x}\,dx = 2.$

② Se $\Gamma(n) = \int_0^\infty x^{n-1}e^{-x}\,dx$, para n inteiro positivo, então $\Gamma(n) = n$.

③ $\int_0^\infty 2xe^{-2x}\,dx = 2.$

④ $\int_0^\infty \frac{1}{x}e^{-x}\,dx = \infty.$

Resolução:

(0) Verdadeiro. Integrando por partes:

$$\int_0^\infty xe^{-x}dx$$
$$u = x, du = dx$$
$$dv = e^{-x}dx, v = -e^{-x}$$
$$\int_0^\infty xe^{-x}dx = -xe^{-x} + \int e^{-x}dx = \left[e^{-x}(-x-1)\right]_{x=0}^{x=\infty}$$
$$= \lim_{x\to\infty}\frac{-x-1}{e^x} - \frac{-0-1}{e^0} \overset{L'Hopital}{=} \lim_{x\to\infty}\frac{-1}{e^x} + 1 = 1.$$

(1) Verdadeiro. Integrando por partes:

$$\int_0^\infty x^2 e^{-x}dx$$
$$u = x^2, du = 2xdx$$
$$dv = e^{-x}dx, v = -e^{-x}$$
$$-x^2 e^{-x} + 2\underbrace{\int_0^\infty e^{-x}xdx}_{=1,\ \text{pelo item (0)}} = \left[-x^2 e^{-x} + 2\right]_0^\infty = 2$$

Observação: Podemos escrevê-la também como:

$$-x^2 e^{-x} + 2\underbrace{\int_0^\infty e^{-x}xdx}_{=\ -e^{-x}(x+1),\ \text{pelo item (0)}} = \left[-e^{-x}\left(x^2 + 2x + 2\right)\right]_0^\infty,\ \text{tal expressão será útil no item}$$

a seguir.

(2) Falso. Por analogia aos itens anteriores, podemos deduzir que:

$$\Gamma(n) = \int_0^\infty x^{n-1}e^{-x}dx = \left[-e^{-x}\left(x^{n-1} + (n-1)x^{n-2} + (n-1)(n-2)x^{n-3} + ... + (n-1)!\right)\right]_0^\infty$$
$$= (n-1)!$$

Observação: Veja, a seguir, uma forma mais formal de resolução:

$$\Gamma(n) = \int_0^\infty x^{n-1} e^{-x} dx$$
$$u = x^{n-1}, du = (n-1)x^{n-2} dx$$
$$dv = e^{-x} dx, v = -e^{-x}$$
$$\Gamma(n) = -\left[e^{-x} x^{n-1} \right]_{x=0}^{x=\infty} + \int_0^\infty (n-1) x^{n-2} e^{-x} dx$$
$$= -\lim_{x \to \infty} \frac{x^{n-1}}{e^x} + (n-1) \int_0^\infty x^{n-2} e^{-x} dx$$
$$\underset{(n-1)\ vezes}{\overset{L'Hopital}{=}} -(n-1)! \lim_{x \to \infty} \frac{1}{e^x} + (n-1) \int_0^\infty x^{n-2} e^{-x} dx$$
$$\Gamma(n) = (n-1) \int_0^\infty x^{n-2} e^{-x} dx$$
$$\Gamma(n) = (n-1) \Gamma(n-1)$$

Substituindo recursivamente:
$$\Gamma(n) = (n-1)(n-2) \Gamma(n-2) = \ldots$$
$$\Gamma(n) = (n-1)! \Gamma(1) = (n-1)! \int_0^\infty x^{1-1} e^{-x} dx$$
$$\Gamma(n) = (n-1)! \int_0^\infty e^{-x} dx = (n-1)!$$

em que, na última igualdade, utilizamos o resultado do item 0: $\int_0^\infty e^{-x} dx = 1$.

(3) Falso. Integrando por partes:
$$\int_0^\infty 2x e^{-2x} dx$$
$$u = 2x, du = 2dx$$
$$x = 0, u = 0$$
$$x = \infty, u = \infty$$
$$\int_0^\infty u e^{-u} \frac{1}{2} du = \frac{1}{2} \underbrace{\int_0^\infty u e^{-u} du}_{=1,\ \text{pelo item (0)}} = \frac{1}{2}.$$

(4) Verdadeiro.

$$\int_0^\infty \frac{1}{x} e^{-x} dx$$

$$u = \frac{1}{x}, du = -\frac{1}{x^2} dx$$
$$dv = e^{-x} dx, v = -e^{-x}$$

$$\int_0^\infty \frac{1}{x} e^{-x} dx = -e^{-x} \frac{1}{x} - \int \frac{1}{x^2} e^{-x} dx$$

$$u = \frac{1}{x^2}, du = -\frac{2}{x^3}$$
$$dv = e^{-x} dx, v = -e^{-x}$$

$$\int_0^\infty \frac{1}{x} e^{-x} dx = -e^{-x} \frac{1}{x} + e^{-x} \frac{1}{x^2} + \int \frac{2}{x^3} e^{-x} dx$$

$$\int_0^\infty \frac{1}{x} e^{-x} dx = -e^{-x} \left(\frac{1}{x} - \frac{1}{x^2} \right) + \int \frac{2}{x^3} e^{-x} dx$$

Por indução, semelhante ao que foi feito no item (2), teremos:

$$\int_0^\infty \frac{1}{x} e^{-x} dx = -e^{-x} \left(\frac{1}{x} - \frac{1}{x^2} + \frac{2!}{x^3} - \frac{3!}{x^4} + \ldots \right)$$

$$= -e^{-x} \sum_{n=1}^\infty (-1)^{n-1} \frac{(n-1)!}{x^n}$$

Avaliando o somatório pelo critério da razão (veja o Capítulo 6):

$$(-1)^n \frac{n!}{x^{n+1}} \frac{x^n}{(n-1)!(-1)^{n-1}} = -\frac{n}{x}$$

$$\lim_{n \to \infty} \left| -\frac{n}{x} \right| = \infty > 1 \to \sum_{n=1}^\infty (-1)^{n-1} \frac{(n-1)!}{x^n} \text{ diverge}$$

Então:

$$\int_0^\infty \frac{1}{x} e^{-x} dx = \left[-e^{-x} \sum_{n=1}^\infty (-1)^{n-1} \frac{(n-1)!}{x^n} \right]_{x=0}^{x=\infty} = \left[-e^{-x} \cdot \infty \right]_{x=0}^{x=\infty} = \infty, \forall x.$$

Questão 14

Para $f(x) = 2\int_0^{x^2} yx\,dy$, calcule $f'(2)$.

Resolução:

Resolvendo, primeiramente, a integral:

$f(x) = 2\int_0^{x^2} yx\,dy = \left[y^2 x\right]_{y=0}^{y=x^2} = x^5$

$f'(x) = 5x^4$

$f'(2) = 80$.

Observação: Poderíamos ter utilizado também a Regra de Leibneitz, enunciada na Revisão de Conceitos:

$f'(x) = 2\left[\int_0^{x^2} \frac{d(yx)}{dx}dy + x^2 \cdot x \cdot (2x)\right]$

$f'(x) = 2\left[\int_0^{x^2} y\,dy + 2x^4\right]$

$f'(x) = 2\left[\frac{x^4}{2} + 2x^4\right] = 5x^4$

$f'(2) = 80$

PROVA DE 2007

Questão 7

Seja $f: R \to R$ a função dada implicitamente por $tg[f(x)] = x$. Sabendo-se que $f(R) = (-\pi/2, \pi/2)$, julgue os itens abaixo:

⓪ f não é uma função diferenciável.

① O Teorema da Função Implícita nos garante que f é uma função diferenciável e $f'(x) = 1/(1 + x^2)$.

② $\int_0^1 \frac{x^2}{1+x^2}dx = 1 - \int_0^1 \frac{1}{1+x^2}dx = 1 - f(1) + f(0)$.

③ $\int_0^1 \ln(1+x^2)dx = \ln(2) + \pi/2$.

④ $\int_{-\infty}^{\infty} \frac{1}{1+x^2}dx = 2\pi$.

Resolução:

Os itens (0) e (1) estão resolvidos no capítulo Funções, Funções de Uma ou Mais Variáveis.

(2) Verdadeiro.
$$\int_0^1 \frac{x^2}{1+x^2} dx = \int_0^1 \frac{1+x^2-1}{1+x^2} dx$$
$$= \int_0^1 \frac{1+x^2}{1+x^2} dx + \int_0^1 \frac{-1}{1+x^2} dx$$
$$= 1 - \int_0^1 \frac{1}{1+x^2} dx$$
$$= 1 - \left[\arctg(x)\right]_{x=0}^{x=1} = 1 - f(1) + f(0)$$

em que, na penúltima e última igualdades, usamos os resultados do item (1): $\left[\arctg(x)\right]' = \frac{1}{1+x^2}$ e $f(x) = tg^{-1}(x) = \arctg(x)$, respectivamente, resolvido no Capítulo 4.

(3) Falso. Integrando por partes:
$$\int_0^1 \ln(1+x^2) dx$$
$$u = \ln(1+x^2), du = \frac{2x}{1+x^2} dx$$
$$dv = dx, v = x$$
$$\int_0^1 \ln(1+x^2) dx = x\ln(1+x^2) - \int \frac{2x^2}{1+x^2} dx$$
$$\int \frac{2x^2}{1+x^2} dx = 2\int_0^1 \frac{x^2}{1+x^2} dx \stackrel{item\ (2)}{=} 2\left[(1-f(1)+f(0))\right]$$

Substituindo de volta:
$$\int_0^1 \ln(1+x^2) dx = \left[x\ln(1+x^2)\right]_{x=0}^{x=1} - 2(1-f(1)+f(0))$$
$$\int_0^1 \ln(1+x^2) dx = \ln 2 - 2(1-\arctg 1 + \arctg 0)$$
$$\int_0^1 \ln(1+x^2) dx = \ln 2 - 2(1-\pi/4+0)$$
$$\int_0^1 \ln(1+x^2) dx = \ln 2 + \pi/2 - 2.$$

(4) Falso. Utilizando o resultado do item 2:

$$\int_{-\infty}^{\infty}\frac{1}{1+x^2}dx = \left[arctg(x)\right]_{x=-\infty}^{x=\infty} = \left[\pi/2 - (-\pi/2)\right] = \pi.$$

Observação: Atentemos sempre para o domínio desta função: $x \in (-\pi/2, \pi/2)$.

Questões 8

Sejam $I = (0, \infty)$ e $F, f: I \to R$ funções definidas por $F(x) = e^{x\ln(x)}$ e $f(x) = x^x(1 + \ln(x))$. Julgue os itens abaixo:

- ⓪ A função $F: I \to R$ não é uma primitiva de f.
- ① $\int_1^2 f(x)dx = 3$.
- ② Se $A = \int_1^2 f(x)\cos^2(x)dx$ e $B = \int_1^2 f(x)\sen^2(x)dx$, então $A + B = 4$.
- ③ Se $\int_1^2 [f(x)/F(x)]dx = 2\ln(2)$.
- ④ $f(1)\int_0^2 \sqrt{4-x^2}\,dx$ é igual ao comprimento de um círculo de raio $r = 1$.

Resolução:

(0) Falso. Para verificar este item, simplesmente diferencie $F(x)$ em relação a x:

$$F'(x) = \left(e^{x\ln x}\right)'$$
$$= (1 + \ln x)e^{x\ln x}$$
$$= (1 + \ln x)x^x = f(x)$$

logo, $F(x)$ é uma primitiva de $f(x)$.

(1) Verdadeiro. Vamos utilizar o 1º Teorema Fundamental do Cálculo, que se encontra na Revisão de Conceitos:

$$\int_a^b f(x)dx = F(b) - F(a)$$

Aplicando o teorema a este item:

$$\int_1^2 x^x(1 + \ln x)dx = F(2) - F(1) = 4 - 1 = 3.$$

(2) Falso.

$$A + B = \int_1^2 f(x)\left(\cos^2 x + \sen^2 x\right)dx = \int_1^2 f(x)dx = \int_1^2 x^x(1+\ln x) \stackrel{item\ (1)}{=} 3.$$

(3) Verdadeiro.
$$\frac{f(x)}{F(x)} = (1 + \ln x)$$
$$\int (1 + \ln x) dx = \int dx + \int \ln x \, dx$$

Avaliando, primeiro, a segunda integral do lado esquerdo:
$$\int \ln x \, dx$$
$$u = \ln x, du = \frac{1}{x} dx$$
$$dv = dx, v = x$$
$$\int \ln x \, dx = x \ln x - \int dx$$

Substituindo de volta:
$$\int (1 + \ln x) dx = \int dx + \int \ln x \, dx$$
$$\int (1 + \ln x) dx = \int dx + x \ln x - \int dx$$
$$\int (1 + \ln x) dx = \left[x \ln x \right]_{x=1}^{x=2} = 2 \ln 2$$

(4) Falso. Notemos, primeiro, que:
$f(1) = 1^1(1 + \ln 1) = 1$

Então, $\int_0^2 \sqrt{4 - x^2} \, dx$ é a quarta parte da área de um círculo de raio igual a 2, pois a fórmula de um círculo de centro (a, b) e raio r é:
$(x - a)^2 + (y - b)^2 = r^2$

No caso deste item, teríamos:
$x^2 + y^2 = 2^2$

ou seja, um círculo de centro $(0, 0)$ e raio $r = 2$. Isolando y:
$$y = \sqrt{4 - x^2}$$

que é justamente a expressão do integrando.

Ou seja:
$$f(1)\int_0^2 \sqrt{4-x^2}\,dx = \frac{\pi r^2}{4}\Big|^{r=2} = \pi.$$

O comprimento seria:
$$2\pi r \Big|^{r=2} = 4\pi.$$

Logo:
$$f(1)\int_0^2 \sqrt{4-x^2}\,dx = \pi \neq 4\pi$$

Observação: A questão provavelmente foi anulada, pois $\int_0^2 \sqrt{4-x^2}\,dx$ pode ser interpretado também como a metade da área de um círculo e não a quarta parte, pois x varia entre 0 e 2 e, desse modo, toma metade do círculo.

PROVA DE 2008

Questão 5

Seja $f: R \to R$ uma função contínua e $F: R \to R$ dada por $F(x) = \int_0^x (1+t^2)f(t)dt$.
Julgue as afirmativas:

⓪ F é derivável.
① F é uma primitiva da função f.
② Se $F(x) = (1-x^2)\cos(x) + 2x\text{sen}(x) - 1$, então $f(x) = \cos(x)$.
③ Se $F(x) = x + x^3/3$, então f é uma função constante.
④ Se $F(x) = (1-x^2)\cos(x) + 2x\text{sen}(x) - 1$, então $\int_0^{\frac{\pi}{2}} t^2 f(t)dt = \pi - 1$.

Resolução:

(0) Verdadeiro. É apenas uma aplicação da Regra de Leibneitz ou 2º Teorema Fundamental do Cálculo (já enunciado na Revisão de Conceitos), em que se exige que a função f seja contínua, como afirmado no enunciado.

(1) Falso. F é uma primitiva (ou seja, solução da integral) de $(1 + t^2)f(t)$ e não apenas de $f(t)$, visto que:
$$F'(x) = (1 + x^2)f(x) \neq f(x)$$

(2) Falso. Pela Regra de Leibneitz, devemos ter:
$$F(x) = \int_0^x (1+t^2) f(t) dt$$
$$F'(x) = (1+x^2) f(x) \frac{dx}{dx} = (1+x^2) f(x)$$

Derivando a F(x) dada no item:
$$F'(x) = -2x\cos x - (1-x^2)sen x + 2sen x + 2x\cos x$$
$$= (-1+x^2+2)sen x = (1+x^2)sen x$$
$$F'(x) = (1+x^2)sen x$$

Comparando com a primeira equação deste item, devemos ter, então:
$$F'(x) = (1+x^2) f(x) = (1+x^2)sen x$$
$$\Rightarrow f(x) = sen x$$

(3) Verdadeiro. Diferenciando $F(x)$:
$$F'(x) = (1+x^2)$$

Logo, pela comparação com a segunda equação do item (2), devemos ter, então:
$$f(x) = 1,$$
que é uma função constante.

(4) Falso.

Notemos que, pela integral do enunciado:
$$F(x) = \int_0^x (1+t^2) f(t) dt$$

Avaliando em $x = \pi/2$:
$$F(\pi/2) = \int_0^{\pi/2} (1+t^2) f(t) dt$$
$$F(\pi/2) = \int_0^{\pi/2} f(t) dt + \int_0^{\pi/2} t^2 f(t) dt$$
$$\int_0^{\pi/2} t^2 f(t) dt = F(\pi/2) - \int_0^{\pi/2} f(t) dt$$

O item afirmou que:
$$F(x) = (1 - x^2)\cos x + 2x\,\text{sen}\,x - 1$$

Avaliando em $x = \pi/2$:
$$F(\pi/2) = \left(1 - \pi^2/4\right)\cos \pi/2 + 2\frac{\pi}{2}\text{sen}\frac{\pi}{2} - 1 = \pi - 1$$

Substituindo de volta este resultado e $f(t) = \text{sen}\,t$, como observado acima, no item (2):
$$\int_0^{\pi/2} t^2 f(t)\,dt = \pi - 1 - \int_0^{\pi/2} f(t)\,dt$$

Do item (2), quando $F(x) = (1 - x^2)\cos x + 2x\,\text{sen}\,x - 1$, obtivemos:
$f(x) = \text{sen}\,x$

Substituindo na integral acima:
$$\int_0^{\pi/2} t^2 f(t)\,dt = \pi - 1 - \int_0^{\pi/2} \text{sen}(t)\,dt = \pi - 1 - \left[-\cos t\right]_{t=0}^{t=\pi/2}$$
$$\int_0^{\pi/2} t^2 f(t)\,dt = \pi - 1 - \left[-\cos \pi/2 + \cos 0\right] = \pi - 1 - 1$$
$$\int_0^{\pi/2} t^2 f(t)\,dt = \pi - 2$$

Observação: Outra forma de resolver é substituir $f(t) = \text{sen}\,t$ e calcular a integral pedida:
$$\int_0^{\pi/2} t^2 f(t)\,dt = \int_0^{\pi/2} t^2 \text{sen}(t)\,dt$$

Integrando por partes:
$u = t^2, du = 2t$
$dv = \text{sen}(t)\,dt, v = -\cos t$

Substituindo na fórmula da integral por partes:
$$\int_0^{\pi/2} t^2 \text{sen}(t)\,dt = \left[-t^2 \cos t\right]_{t=0}^{t=\pi/2} + \int_0^{\pi/2} 2t \cos t\,dt$$

Integrando por partes novamente o último termo:
$u = 2t, du = 2$
$dv = \cos t\,dt, v = \text{sen}\,t$

obtemos:

$$\int_0^{\pi/2} t^2 \text{sen}(t)dt = \left[-t^2 \cos t + 2t \text{sen} t\right]_{t=0}^{t=\pi/2} - \int_0^{\pi/2} 2\text{sen} t \, dt$$

$$\int_0^{\pi/2} t^2 \text{sen}(t)dt = \left[-t^2 \cos t + 2t \text{sen} t + 2\cos t\right]_{t=0}^{t=\pi/2}$$

$$\int_0^{\pi/2} t^2 \text{sen}(t)dt = \pi - 2$$

Questão 7

Sejam *f, g*: $R^2 \to R$ funções diferenciáveis definidas por *f(x, y)* = 2*x* + *y* e *g(x, y)* = x^2 – 4*x* + *y*. Sejam:

U = {(*x, y*) ∈ R^2 : *g(x, y)* ≥ 0, *x* ≥ 0, *y* ≥ 0},

V = {(*x, y*) ∈ R^2 : *g(x, y)* ≤ 0, *x* ≥ 0, *y* ≥ 0}.

Julgue as afirmativas:

⓪ $U \cap V$ é parte do gráfico de uma parábola.

① $U \cap V$ é o gráfico de uma função convexa.

②   A restrição de *f* ao conjunto *V* atinge um máximo em um ponto da fronteira da região *V*.

③ $\iint_V f = \int_0^4 \int_0^{4x-x^2} f(x,y) dy dx$.

④ $(9 - \max_V f) \iint_V f(x,y) dx dy = 5$.

Resolução:

Os itens (0), (1) e (2) estão resolvidos no capítulo Funções, Funções de Uma ou Mais Variáveis.

(3) Verdadeiro. Vamos apenas avaliar para qual intervalo valem as desigualdades das restrições do conjunto V. Ou seja:

$x^2 - 4x + y \leq 0$

$\qquad y \leq -x^2 + 4x$

Igualando o lado direito a zero:

$-x^2 + 4x = 0$

$-x(x - 4) = 0$

$\qquad x = 0, x = 4$

Ou seja, devemos ter:

$0 \leq y \leq -x^2 + 4x$

$0 \leq x \leq 4$

Assim, a integral será:

$$\iint_V f = \int_0^4 \int_0^{4x-x^2} f(x,y)\,dy\,dx$$

Observação: Atenção para a ordem de integração: primeiro é dy, ou seja, o y varia na primeira integral; e depois dx, ou seja, o x varia na segunda integral.

(4) Falso. Do item 2, feito no Capítulo 4, sobre funções, a função f sujeita ao conjunto V atinge um máximo no valor 9, ou seja:

$$\max_V f = 9$$

Assim, o termo entre parêntesis da expressão pedida no item será 0 (zero) e, portanto, se anulará, ou seja:

$$\left(9 - \max_V f\right)\iint_V f(x,y)\,dy\,dx = (9-9)\iint_V f(x,y)\,dy\,dx = 0$$

Questão 9

Para cada subconjunto $A \subset R$ a função característica $\chi_A: R \to R$ é definida por $\chi_A(x) = 1$, se $x \in A$ e $\chi_A(x) = 0$, se $x \notin A$. Sejam $f, g: R \to R$ funções definidas por

$$\begin{cases} f(x) = h(x)\chi_Q(x) \\ g(x) = h(x)\chi_{R-Q}(x) \end{cases}$$

em que $Q \subset R$ é o conjunto dos números racionais e $h: R \to R$ é a função definida por $h(x) = x^2$. Julgue as afirmativas:

⓪ f não é diferenciável em $x = 0$.
① g não é contínua em $x = 0$.
② $f + g$ é diferenciável em R.
③ $(fg)'(x) = f(x)g'(x) + g(x)f'(x)$, para todo x real.
④ $\int_0^1 (f+g) = 1/3$.

Resolução:

Os itens (0) a (3) estão resolvidos no capítulo Funções, Funções de Uma ou Mais Variáveis.

(4) Verdadeiro. Usando o resultado do item (2), resolvido no Capítulo 4 de Funções:

$$(f+g)(x) = f(x)+g(x)$$
$$= h(x)\left[\chi_Q(x)+\chi_{R-Q}(x)\right] = h(x)$$

Então:
$$\int_0^1 \left[f(x)+g(x)\right]dx = \int_0^1 h(x)dx =$$
$$\int_0^1 x^2 dx = \left[\frac{x^3}{3}\right]_{x=0}^{x=1} = \frac{1}{3}$$

PROVA DE 2010

Questão 3

Sejam $f : \mathbb{R}_+^* \to \mathbb{R}$ e $g : [-\sqrt{5}, \sqrt{5}] \to \mathbb{R}$ funções tais que $f(x) = \ln(x)$ e $g(x) = x\sqrt{5-x^2}$.

Julgue as afirmativas:

⓪ $\int_1^e f(x)dx = \frac{1}{e}$.

① $\int \frac{x}{x^2+7}dx = \frac{f(x^2+7)}{2} + c$, em que c é uma constante arbitrária.

② A área delimitada pelo gráfico de g, o eixo x e as retas verticais $x = -1$ e $x = 2$ é 7/3.

③ $\int_1^\infty \frac{dx}{x\sqrt{x}} = 2$.

④ Se $\int_a^b h(x)dx > 0$, então $h(x) \geq 0$, para todo $x \in [a, b]$.

Resolução:

(0) Falso. Calculando tal integral, por partes:
$$\int_1^e f(x)dx = \int_1^e \ln x\, dx$$
$$u = \ln x, du = \frac{1}{x}dx$$
$$dv = dx, v = x$$

Assim:
$$\int_1^e \ln x\, dx = \left[x\ln x\right]_{x=1}^{x=e} - \int_1^e dx$$
$$= \left[x\ln x - x\right]_{x=1}^{x=e}$$
$$= \left[x(\ln x - 1)\right]_{x=1}^{x=e}$$
$$= e\left[\ln e - 1\right] - 1\left[\ln 1 - 1\right]$$
$$= e\left[1-1\right] - 1\left[0-1\right] = 1$$

(1) Verdadeiro. A expressão do lado direito:

$$F(x) = \frac{f(x^2+7)}{2} + c = \frac{\ln(x^2+7)}{2} + c$$

é a primitiva da integral do lado esquerdo. Diferenciando em relação a x (para verificarmos se será igual ao integrando):

$$F'(x) = \frac{2x}{2} \frac{1}{x^2+7} = \frac{x}{x^2+7}$$

ou seja, é igual ao integrando.

(2) Falso. O que está se pedindo é a área abaixo do gráfico g, entre $-1 \leq x \leq 2$. Mas observemos que a limitação do eixo x exige que a função g(x) seja não negativa, ou seja:

$$g(x) \geq 0$$
$$x\sqrt{5-x^2} \geq 0$$
$$x \geq 0 \text{ e } -\sqrt{5} \leq x \leq \sqrt{5}$$

Como as retas são verticais, temos três desigualdades: $-1 \leq x \leq 2$, $x \geq 0$, $-\sqrt{5} \leq x \leq \sqrt{5}$, cuja interseção será: $0 \leq x \leq 2$. Assim, a área pedida será o valor da integral:

$$\int_0^2 x\sqrt{5-x^2}\, dx$$

Integrando por substituição:

$$u = 5 - x^2$$
$$du = -2x\, dx$$
$$-\frac{du}{2} = x\, dx$$
$$x = 0 \to u = 5$$
$$x = 2 \to u = 1$$

Assim, substituindo estas expressões na integral:

$$\int_0^2 x\sqrt{5-x}\,dx = \int_5^1 -\frac{\sqrt{u}}{2}\,du = \int_1^5 \frac{\sqrt{u}}{2}\,du$$

$$= \left[\frac{u^{3/2}}{3}\right]_{u=1}^{u=5} = \frac{5^{3/2}}{3} - \frac{1}{3}$$

$$= \frac{5\sqrt{5}-1}{3} > \frac{5\sqrt{4}-1}{3} = \frac{10-1}{3} = \frac{9}{3} > \frac{7}{3}$$

Observação: Observemos que o resultado induz a um erro, pois a integral:

$$\int_{-1}^2 x\sqrt{5-x^2}\,dx = \frac{7}{3}$$

quando o limite inferior da integral é −1 e não 0, como justificado nesta solução.

(3) Verdadeiro. Observemos que tal integral pode ser simplificada para:

$$\int_1^\infty \frac{dx}{x\sqrt{x}} = \int_1^\infty \frac{dx}{x^{3/2}} = \int_1^\infty x^{-3/2}\,dx = \left[-2x^{-1/2}\right]_{x=1}^{x=\infty} = 0 + 2 = 2$$

(4) Falso. Um contraexemplo simples é:

$h(x) = x$

$a = -1$

$b = 2$

A integral será:

$$\int_a^b h(x)\,dx = \int_{-1}^2 x\,dx = \left[\frac{x^2}{2}\right]_{x=-1}^{x=2} = 2 - \frac{1}{2} = \frac{3}{2} > 0$$

Mas:

$h(x) < 0$, para $x < 0$.

Questão 4

Julgue as afirmativas:

◎ Seja $f: \mathbb{R}^3 \to \mathbb{R}$, tal que $\nabla f(x, y, z) = (2, 0, 0)$ para todo $(x, y, z) \in \mathbb{R}^3$. Então $f(x, y, z) = 2x$ para todo $(x, y, z) \in \mathbb{R}^3$.

① Se $f(x, t) = e^{-c^2 t}$, então $\dfrac{\partial^2 f}{\partial x^2}(x, t) = \dfrac{\partial f}{\partial t}(x, t)$ para todo real c.

② Se $f(x, y) = \int_x^y e^{\cos(t)} dt$, então $\dfrac{\partial f}{\partial x}(x, y) = -e^{\cos(x)}$.

③ Se $z = f(x, y) = \ln(\sqrt{x^2 + y^2})$, $x = e^t$ e $y = e^{-t}$, então $\dfrac{dz}{dt} = 0$, para $t = 0$.

④ $f(x, y) = 5x^{1/2} y^{3/2} - \dfrac{2x^3}{y}$ é homogênea de grau 2.

Resolução:

Os itens (0), (1), (3) e (4) estão resolvidos no capítulo Funções, Funções de Uma ou Mais Variáveis.

(2) Verdadeiro. Utilizando a Regra de Leibneitz ou o 2º Teorema Fundamental do Cálculo (já enunciado na Revisão de Conceitos):

$$f(x, y) = \int_x^y g(t) dt, \quad g(t) = e^{\cos t}$$

$$\frac{df(x, y)}{dx} = -g(x) \frac{dx}{dx}$$

$$\frac{\partial f(x, y)}{\partial x} = -e^{\cos x} \frac{dx}{dx} = -e^{\cos x}.$$

PROVA DE 2011

Questão 8

Julgue as afirmativas:

◎ $\int_1^2 2x^3 e^{x^2} dx = 4e^3$.

① Se $g(x) = \int_1^{2\operatorname{sen} x} e^{t^2} dt$, então $g'(\pi) = -2$.

② $\int_1^\infty \dfrac{1}{\sqrt{x}} dx$ é divergente.

③ $\int_{-2}^1 \dfrac{1}{x^4} dx = -\dfrac{3}{8}$.

④ Se f for contínua em $[a, b]$, então $\int_a^b x f(x) dx - x \int_a^b f(x) dx = 0$, para todo $x \in [a, b]$.

Resolução:

(0) Falso. Primeiramente fazendo uma substituição de variáveis e depois integrando por partes:

$$\int_1^2 2x^3 e^{x^2} dx = \int_1^2 x^2 e^{x^2} 2x dx$$

$x^2 = w, 2x dx = dw$

$x = 1 \to w = 1$

$x = 2 \to w = 4$

$$\int_1^4 w e^w dw$$

$u = w, dv = e^w dw$

$du = dw, v = e^w$

$$\int_1^4 w e^w dw = \left[w e^w \right]_1^4 - \int_1^4 e^w dw = 4e^4 - e - e^4 + e$$

$$\int_1^4 w e^w dw = 3e^4$$

(1) Verdadeiro. Aplicando a Regra de Leibneitz (já enunciada na Revisão de Conceitos):

$$g'(x) = \frac{d2senx}{x} e^{(2senx)^2} = 2\cos x e^{(2senx)^2}$$

$$g'(\pi) = 2\cos \pi e^{(2sen(\pi))^2} = -2e^0 = -2$$

(2) Verdadeiro. Calculando a integral:

$$\int_1^\infty \frac{1}{\sqrt{x}} dx = \int_1^\infty x^{-1/2} dx = \left[2x^{1/2} \right]_1^\infty = \infty$$

(3) Verdadeiro (Discordância do gabarito da ANPEC). Calculando a integral:

$$\int_{-2}^1 \frac{1}{x^4} dx = \int_{-2}^1 x^{-4} dx = \left[-\frac{x^{-3}}{3} \right]_{-2}^1 = -\frac{1}{3} - \frac{1}{24} = -\frac{3}{8}$$

(4) Falso. Um contraexemplo simples seria $f(x) = 1$, $a = 0$, $b = 1$. Calculando a expressão pedida:

$$\int_0^1 x dx - x \int_0^1 dx = \frac{1}{2} - x = 0 \to x = \frac{1}{2}$$

Ou seja, x deve ser igual a 1/2 para que a expressão seja nula. Mas o item diz que deve valer para todo $x \in [a, b] = [0, 1]$.

Questão 13

Seja $A = \{(x, y) \in \mathbb{R}^2 : 1 \leq e^x \leq 5 \text{ e } 1 \leq e^y \leq 2\}$ e f: a → R a função dada por $f(x, y) = 2x - y$. Calcule a integral:
$\int_A e^{f(x, y)} \, dxdy$.

Resolução:

Reescrevendo as restrições do conjunto A, como:
$\ln 1 \leq x \leq \ln 5 \Leftrightarrow 0 \leq x \leq \ln 5$
$\ln 1 \leq y \leq \ln 2 \Leftrightarrow 0 \leq y \leq \ln 2$

Assim, a integral será:

$$\int_A f(x,y)\,dxdy = \int_0^{\ln 2}\int_0^{\ln 5} e^{2x} e^{-y} dxdy = \int_0^{\ln 2} \left[\frac{e^{2x}}{2}\right]_0^{\ln 5} e^{-y} dy$$

$$= \int_0^{\ln 2}\left[\frac{e^{2\ln 5} - e^{2\cdot 0}}{2}\right] e^{-y} dy = \int_0^{\ln 2}\left[\frac{e^{\ln 5^2} - e^0}{2}\right] e^{-y} dy$$

$$= \int_0^{\ln 2}\left[\frac{25 - 1}{2}\right] e^{-y} dy = \int_0^{\ln 2} 12 e^{-y} dy = -12\left[e^{-y}\right]_0^{\ln 2}$$

$$= -12\left[e^{-\ln 2} - e^0\right] = -12\left[\frac{1}{2} - 1\right] = 6$$

PROVA DE 2012
Questão 10

Julgue as afirmativas:

◎ $\int_0^1 \frac{1}{(x-1)^2} dx = 0$.

① $\int_1^e \ln x \, dx = 1$, em que e é a base do logaritmo natural.

② $\int_{1}^{\infty} \dfrac{dx}{(4x+3)^2} = \dfrac{1}{28}$.

③ Se $y = \int_{0}^{x^2} (3t+2)^5 \, dx$, então $\dfrac{dy}{dx} = (3x^2+2)^5$.

④ A área da região limitada pelos gráficos de $y = x^3$, $y = 12 - x^2$ e $x = 0$ é $\dfrac{52}{3}$.

Resolução:

(0) Falso. $\int_{0}^{1} \dfrac{1}{(x-1)^2} dx$. Fazendo uma mudança de variáveis: $u = x - 1$ e $du = dx$

Temos que $\int \dfrac{1}{u^2} du = \dfrac{-1}{u} \Rightarrow \left[\dfrac{-1}{x-1}\right]_{0}^{1} = -\infty$

(1) Verdadeiro. $\int_{1}^{e} \ln x \, dx = \left[x \ln x - x\right]_{1}^{e} = e - e + 1 = 1$

(2) Verdadeiro. $\int_{1}^{\infty} \dfrac{1}{(4x+3)^2} dx$. Fazendo uma mudança de variáveis: $u = 4x + 3$ e $du = 4dx$

$\dfrac{1}{4} \int \dfrac{1}{u^2} du = \dfrac{-1}{4u} \Rightarrow \left[\dfrac{-1}{16x+12}\right]_{1}^{\infty} = \dfrac{1}{28}$

(3) Falso. Pela Regra de Leibniz:

$\dfrac{d}{dx} \int_{b(x)}^{a(x)} f(x,t) dt = \int_{b(x)}^{a(x)} \dfrac{\partial f(x,t)}{\partial x} dt + a'(x) f(x,t) - b'(x) f(x,t)$

Logo, temos que $\dfrac{dy}{dx} = 2x(3x^2+2)^5$, onde $a'(x) = 2x$.

(4) Verdadeiro. O ponto no qual as curvas se interceptam é:

$12 - x^2 = x^3 \Rightarrow x = 2$

Assim, a área pedida será:

$$\int_0^2 (12 - x^2 - x^3)dx = \left[12x - \frac{x^3}{3} - \frac{x^4}{4}\right]_0^2 = 24 - \frac{8}{3} - 4 = \frac{52}{3}$$

Questão 14

Seja $S = \{(x, y) \in R^2 : x \geq -2 \text{ e } 0 \leq y \leq e^{-x}\}$, em que e é a base do logaritmo natural. Se $k = \dfrac{8}{e^4}$, calcule o valor da integral dupla $\iint_S kyx^2\,dxdy$.

Resolução:

$$\int_{-2}^{\infty}\int_0^{e^{-x}} \frac{8}{e^4} yx^2\,dydx = \int_{-2}^{\infty}\left[\frac{8}{e^4}\frac{y^2}{2}x^2\right]_0^{e^{-x}} dx = \frac{4}{e^4}\int_{-2}^{\infty} e^{-2x}x^2\,dx$$

Fazendo uma substituição de variáveis:

$u = x^2$ $\qquad$ $dv = e^{-2x}dx$

$du = 2xdx$ $\qquad$ $v = \dfrac{e^{-2x}}{-2}$

Integrando por partes:

$$= \frac{4}{e^4}\left[[uv]_{-2}^{\infty} - \int_{-2}^{\infty} v\,du\right] = \frac{4}{e^4}\left[\left[\frac{-x^2 e^{-2x}}{2}\right]_{-2}^{\infty} + \int_{-2}^{\infty} xe^{-2x}dx\right] =$$

Fazendo outra substituição de variáveis:

$u' = x$ $\qquad$ $dv' = e^{-2x}dx$

$du' = dx$ $\qquad$ $v' = \dfrac{e^{-2x}}{-2}$

Integrando por partes novamente:

$$= \frac{4}{e^4}\left[\left[\frac{-x^2 e^{-2x}}{2} - \frac{xe^{-2x}}{2}\right]_{-2}^{\infty} + \frac{1}{2}\int_{-2}^{\infty} e^{-2x}dx\right] = \frac{4}{e^4}\left[\frac{-x^2 e^{-2x}}{2} - \frac{xe^{-2x}}{2} - \frac{1}{4}e^{-2x}\right]_{-2}^{\infty} =$$

$$= \frac{-4}{e^4}\left[\frac{e^{-2x}}{2}\left(x^2 + x + \frac{1}{2}\right)\right]_{-2}^{\infty} = 2\frac{e^4}{e^4}\left(4 - 2 + \frac{1}{2}\right) = 2\frac{5}{2} = 5$$

PROVA DE 2013
Questão 8

⓪ $\int_{-\frac{\pi}{2}}^{\frac{\pi}{2}} x^4 sen(x) dx = 0$.

① Se P(x) é um polinômio de grau n, então $\int P(x)dx$ é um polinômio de grau n – 1.

② $\int_{-1}^{1} \left(\frac{1+x}{2+x}\right) dx = 2 - \ln(3)$.

③ A área compreendida entre $f(x) = \frac{1}{x}$ e $g(x) = -\frac{x}{5} + \frac{6}{5}$ é igual a $\frac{6}{5} - \ln(5)$.

④ $\int f(x)g(x)dx = \left(\int f(x)dx\right)g(x) + f(x)\left(\int g(x)dx\right)$.

Resolução:

(0) Verdadeiro. A integração deverá ser feita por partes. Fazendo $u = x^4$ e $dv = $ sen(x)dx teremos:

$$\int_{-\frac{\pi}{2}}^{\frac{\pi}{2}} x^4 sen(x) dx = \left(-x^4 cos(x) + \int 4x^3 cos(x) dx\right)\Big|_{-\frac{\pi}{2}}^{\frac{\pi}{2}}$$

Novamente por partes, fazendo $u = 4x^3$ e $dv = cos(x)dx$:

$$\int_{-\frac{\pi}{2}}^{\frac{\pi}{2}} x^4 sen(x) dx = \left(-x^4 cos(x) + 4x^3 sen(x) - \int 12x^2 sen(x) dx\right)\Big|_{-\frac{\pi}{2}}^{\frac{\pi}{2}}$$

Novamente por partes, fazendo $u = 12x^2$ e $dv = sen(x)dx$:

$$\int_{-\frac{\pi}{2}}^{\frac{\pi}{2}} x^4 sen(x) dx = \left(-x^4 cos(x) + 4x^3 sen(x) + 12x^2 cos(x) - \int 24x cos(x) dx\right)\Big|_{-\frac{\pi}{2}}^{\frac{\pi}{2}}$$

Novamente por partes, fazendo $u = 24x$ e $dv = cos(x)dx$:

$$\int_{-\frac{\pi}{2}}^{\frac{\pi}{2}} x^4 sen(x)dx = \left(-x^4 cos(x) + 4x^3 sen(x) + 12x^2 cos(x) - 24x sen(x) + \int 24 sen(x)dx\right)\Bigg|_{-\frac{\pi}{2}}^{\frac{\pi}{2}}$$

$$\int_{-\frac{\pi}{2}}^{\frac{\pi}{2}} x^4 sen(x)dx = \left(-x^4 cos(x) + 4x^3 sen(x) + 12x^2 cos(x) - 24x sen(x) - 24 cos(x)\right)\Bigg|_{-\frac{\pi}{2}}^{\frac{\pi}{2}}$$

$$\int_{-\frac{\pi}{2}}^{\frac{\pi}{2}} x^4 sen(x)dx = \left(4x(x^2 - 6) sen(x) - (x^4 - 12x^2 + 24) cos(x)\right)\Bigg|_{-\frac{\pi}{2}}^{\frac{\pi}{2}}$$

$$= \frac{4\pi}{2}\left(\frac{\pi^2}{4} - 6\right)1 - \frac{-4\pi}{2}\left(\frac{\pi^2}{4} - 6\right)(-1) = \frac{4\pi}{2}\left(\frac{\pi^2}{4} - 6\right) - \frac{4\pi}{2}\left(\frac{\pi^2}{4} - 6\right) = 0$$

(1) Falso. $\int P(x)$ será um polinômio de grau $n + 1$.

(2) Verdadeiro.

$$\int_{-1}^{1} \frac{1+x}{2+x}dx = \int_{-1}^{1} \frac{-1+2+x}{2+x}dx = \int_{-1}^{1}\left(1 - \frac{1}{2+x}\right)dx = \left(x - \ln(2+x)\right)\Big|_{-1}^{1}$$

$$\int_{-1}^{1} \frac{1+x}{2+x}dx = 1 - \ln(3) + 1 + \ln(1) = 2 - \ln(3)$$

(3) Falso. Primeiro temos que encontrar os pontos de intersecção das curvas. Fazemos isso igualando uma equação à outra.

$$\frac{1}{x} = -\frac{x}{5} + \frac{6}{5} \Rightarrow x^2 - 6x + 5 = 0$$

As raízes da equação anterior serão 1 e 5. Além disso, $g(x)$ está sempre acima de $f(x)$, entre esses pontos. Assim, a área entre as curvas será dada por:

$$\int_1^5 \left(\frac{6}{5}-\frac{x}{5}\right)dx - \int_1^5 \frac{1}{x}dx = \left(\frac{6x}{5}-\frac{x^2}{10}-\ln(x)\right)\bigg|_1^5$$

$$= \left(\frac{30}{5}-\frac{25}{10}-\ln(5)\right)-\left(\frac{6}{5}-\frac{1}{10}-\ln(1)\right)$$

$$= \left(\frac{35}{10}-\ln(5)\right)-\left(\frac{11}{10}-\ln(1)\right)$$

$$\frac{12}{5}-\ln(5)$$

(4) Falso. Fazendo a integração por partes, $u = f(x)$ e $dv = g(x)dx$, teremos:

$$\int f(x)g(x)dx = f(x)\left(\int g(x)dx\right) - \int f'(x)\left[\int g(x)dx\right]dx$$

O termo entre colchetes não pode passar para fora da integral na qual está inserido pois depende de x também. Além disso, o primeiro termo é diferente do expresso no item.

Questão 15

Calcule a seguinte integral dupla:

$$\frac{140}{33} \iint_D (x^2+y)dxdy$$

Sendo D a região entre as parábolas $y = x^2$ e $x = y^2$.

Resolução:

O gráfico seguinte permite compreender o procedimento a seguir mais facilmente.

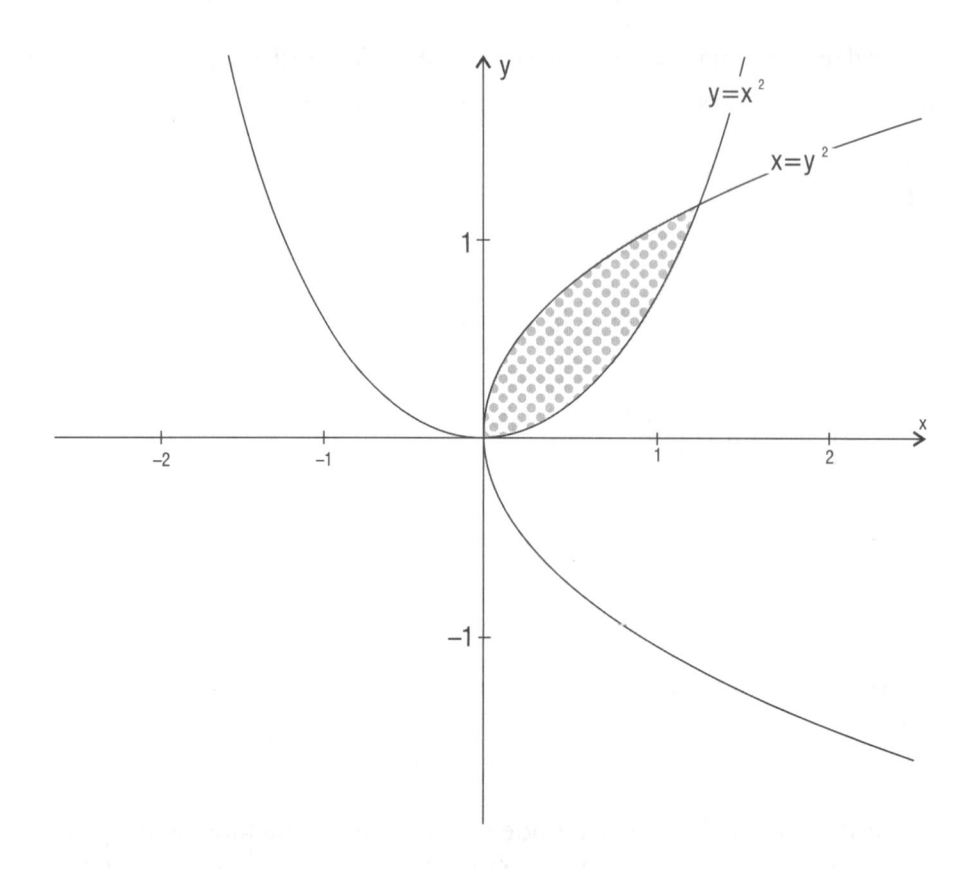

Primeiro devemos encontrar os valores de intersecção entre as curvas. Estes pontos são dados por:

$y = y^4$

Ao resolver as equações, encontramos:

$y = 0$ ou $y = 1$

Assim, a área entre tais curvas está situada no intervalo entre 0 e 1. Ainda, sabemos que, como a área está compreendida entre as curvas $y = x^2$ e $x = y^2$, x deve variar entre:

$x = \sqrt{y}$ e $x = y^2$

Note que no intervalo $0 < y < 1$, $\sqrt{y}$ é maior ou igual que y^2.

Agora estamos prontos para calcular a integral:

$$\int_0^1 \int_{y^2}^{\sqrt{y}} (x^2 + y) dx dy = \int_0^1 \left(\frac{x^3}{3} + xy\right)\Bigg|_{y^2}^{\sqrt{y}} dy =$$

$$= \int_0^1 \left(\frac{4y^{3/2}}{3} - \frac{y^6}{3} - y^3\right) dy = \frac{8y^{5/2}}{15} - \frac{y^7}{21} - \frac{y^4}{4}\Bigg|_0^1 = \frac{8 \cdot 1^{5/2}}{15} - \frac{1^7}{21} - \frac{1^4}{4} =$$

$$= \frac{224 - 20 - 105}{420} = \frac{99}{420} = \frac{33}{140}$$

A questão pede para multiplicar esse resultado por $\frac{140}{33}$, então, o resultado é:

$$\frac{140}{33} \times \frac{33}{140} = 1$$

PROVA DE 2014

Questão 12

A função $f(x,y) = kxy^2$, $k > 0$ está definida no conjunto $C = \{(x, y) \in R^2 / 0 \le x \le 1$, $(x/2) \le y \le x\}$. Avalie as seguintes asserções:

⊚ Se $\iint_C f(x,y) dx dy = 1$, então o valor de k é 1.

① Se $k = 1$, então $\iint_C xf(x,y) dx dy = 0{,}048$.

② Considere $k = 1$. Para cada $y \in [0,1]$ definimos o conjunto $C_y = \{x \in [0,1]/(x,y) \in C\}$ e a função $f_Y(y) = \int_{C_y} f(x,y) dx$. Então $\frac{f_Y(3/4)}{f_Y(1/4)} = 2{,}33$.

③ A área da região C é $\iint_C dx dy$.

④ Existe $(x_0, y_0) \in C$ tal que $\iint_C f(x,y) dx dy = f(x_0, y_0)$.

Resolução:

(0) Falso. Calculando a integral:

$$\int_0^1 \int_{x/2}^x kxy^2 dy dx = \int_0^1 \left[kx \frac{y^3}{3} \right]_{y=x/2}^{y=x} dx = \int_0^1 kx \left(\frac{x^3}{3} - \frac{x^3}{24} \right) dx =$$

$$\int_0^1 \int_{x/2}^x kxy^2 dy dx = \int_0^1 k \left(\frac{x^4}{3} - \frac{x^4}{24} \right) dx = k \left[\frac{x^5}{15} - \frac{x^5}{120} \right]_{x=0}^{x=1}$$

$$\int_0^1 \int_{x/2}^x kxy^2 dy dx = k \frac{7}{120} = 1 \Leftrightarrow k = \frac{120}{7}$$

(1) Anulada. Calculando a integral:

$$\int_0^1 \int_{x/2}^x x^2 y^2 dy dx = \int_0^1 \left[x^2 \frac{y^3}{3} \right]_{y=x/2}^{y=x} dx = \int_0^1 x^2 \left(\frac{x^3}{3} - \frac{x^3}{24} \right) dx$$

$$\int_0^1 \int_{x/2}^x x^2 y^2 dy dx = \int_0^1 \left(\frac{x^5}{3} - \frac{x^5}{24} \right) dx = \left[\frac{x^6}{18} - \frac{x^6}{144} \right]_{x=0}^{x=1} = \frac{7}{144} \approx 0{,}048$$

Observação: Um possível motivo da questão ter sido anulada é que a integral é aproximadamente 0,048, mas o seu valor exato é uma dízima periódica: 0,0486111...

(2) Falso. $f_Y(y) = \int_{x/2}^x xy^2 dy = \left[x \frac{y^3}{3} \right]_{y=x/2}^{y=x} = \frac{x}{3} \left[x^3 - \frac{x^3}{8} \right] = x^4 \frac{7}{24}$, portanto

$$\frac{f_Y(3/4)}{f_Y(1/4)} = \frac{(3/4)^4 \frac{7}{24}}{(1/4)^4 \frac{7}{24}} = 81.$$

(3) Verdadeiro. A área é dada por $\int_0^1 \int_{x/2}^x dy dx = \int_0^1 (x - x/2) dx = 1/4$.

(4) Verdadeiro. Pelo item 0 sabemos que

$$\iint_C f(x,y)dxdy = k\frac{7}{120}.$$

Pelo item devemos ter:

$$k\frac{7}{120} = kx_0 y_0^2$$

Tomando $y_0 = \dfrac{x_0}{2}$, temos

$$\frac{7}{120} = x_0 \frac{x_0^2}{4} \Rightarrow x_0 = \sqrt[3]{\frac{7}{30}} \approx 0,61.$$

Note que esse par $(x_0, y_0) = (0,61, 0,61/2) \in C$

Questão 14

Calcule a parte inteira de $\int_1^e x^3 \ln(x)dx$. Considere $e^4 = 54,6$.

Resolução:

Podemos escrever, fazendo a troca de variável:
$y = \ln x, e^y = x, dy = dx/x \rightarrow e^y dy = dx$

E os limites da integral:
$x = 1 \rightarrow y = \ln 1 = 0$
$x = e \rightarrow y = \ln e = 1$

Substituindo os termos acima na integral, obtemos:

$$\int_1^e x^3 \ln(x)dx = \int_0^1 e^{3y} y\, e^y dy = \int_0^1 e^{4y} y\, dy.$$

Resolvemos essa integral através da integração por partes:

$u = y, dv = e^{4y}dy$
$du = dy, v = e^{4y}/4$

$$\int_0^1 e^{4y} y\,dy = [uv]_0^1 - \int_0^1 v\,du = \left[\frac{e^{4y}}{4}y\right]_{y=0}^{y=1} - \int_0^1 \frac{e^{4y}}{4}dy$$

$$\int_0^1 e^{4y} y\,dy = \frac{e^4}{4} - \left[\frac{e^{4y}}{16}\right]_0^1 = \frac{e^4}{4} - \frac{e^4}{16} + \frac{1}{16} = \frac{3}{16}e^4 + \frac{1}{16}$$

$$\int_0^1 e^{4y} y\,dy = \frac{164,8}{16} = 10,3$$

Logo, a parte inteira é 10.

PROVA DE 2015

Questão 11

Julgue as seguintes afirmativas:

⓪ A integral $\int_0^{+\infty} e^{-x}dx$ é uma integral imprópria divergente.

① A integral imprópria $\int_1^{+\infty} \frac{1}{x}dx$ é convergente.

② A integral imprópria $\int_1^{+\infty} \frac{1}{(x+1)^3}dx$ converge a 8.

③ A integral $\int_{-\infty}^2 \frac{8}{(4-x)^2}dx$ converge a 4.

④ A integral $\int_{-\infty}^{+\infty} x\,dx$ é igual à integral $\lim_{n \to \infty} \int_{-n}^n x\,dx$.

Resolução:

Uma integral é imprópria quando:
- um de seus extremos é $+\infty$ ou $-\infty$;
- apresenta descontinuidade em um dos extremos.

Podemos então constatar que todas as integrais dessa questão são impróprias.

Quanto à convergência, classificamos as integrais impróprias como convergentes quando seu limite existe.

(0) Falso.

$$\int_0^{+\infty} e^{-x} dx = \left[-e^{-x}\right]_0^{+\infty} = \lim_{x \to +\infty}(-e^{-x}) - (-e^{-0}) = 0 - (-1) = 1$$

(1) Falso. Há duas formas de ver isso: por comparação ou resolvendo a integral.

Por comparação:

$$\int_1^{+\infty} \frac{1}{x} dx > \sum_{x=1}^{+\infty} \frac{1}{x}.$$

Então, como a série do lado direito da expressão é uma série harmônica de ordem 1, como afirmado na revisão de conceitos do capítulo 6, esta série diverge. Portanto, a integral também diverge.

Resolvendo a integral:

$$\int_1^{+\infty} \frac{1}{x} dx = \lim_{x \to +\infty} \ln(x) - \ln(1) = +\infty.$$

(2) Falso. A integral não converge a 8.

$$\int_1^{+\infty} \frac{1}{(x+1)^3} dx = \left[-\frac{1}{2}\frac{1}{(x+1)^2}\right]_1^{+\infty} = -\frac{1}{2}\left[\lim_{x \to +\infty} \frac{1}{(x+1)^2} - \frac{1}{(1+1)^2}\right] = -\frac{1}{2}\left(0 - \frac{1}{4}\right) = \frac{1}{8}$$

(3) Verdadeiro.

$$\int_{-\infty}^{2} \frac{8}{(4-x)^2} dx = \left[\frac{8}{(4-x)}\right]_{-\infty}^{2} = \frac{8}{2} - \lim_{x \to -\infty} \frac{8}{4-x} = 4$$

(4) Falso.

$$\int_{-\infty}^{+\infty} x\,dx = \left[\frac{x^2}{2}\right]_{-\infty}^{\infty} = \lim_{x\to\infty}\frac{x^2}{2} - \lim_{x\to-\infty}\frac{x^2}{2} = \infty - \infty,$$ que é indeterminado. Por outro lado,

$$\int_{-n}^{n} x\,dx = \left[\frac{x^2}{2}\right]_{-n}^{n} = \frac{n^2}{2} - \frac{n^2}{2} = 0, \text{ então } \lim_{n\to+\infty}\int_{-n}^{n} x\,dx = \lim_{n\to+\infty} 0 = 0.$$

6 Sequências e Séries

REVISÃO DE CONCEITOS

Apresentamos a seguir uma breve Revisão de Conceitos deste tópico. É importante ressaltar que o resumo aqui apresentado não é exaustivo, mas tem a função apenas de servir de suporte para a demonstração de algumas soluções. Por isso, recomendamos, antes da resolução, o estudo das referências citadas no fim do livro.

Séries Harmônicas

Séries harmônicas: uma série é dita harmônica de ordem α se assume o seguinte formato:

$$\sum_{n=0}^{\infty} \frac{1}{n^{\alpha}}$$

e convergirá se $\alpha > 1$, e divergirá se $\alpha \leq 1$.

Critérios de Convergência

Critério da raiz para convergência de séries (adaptado de Guidorizzi, 2001, v. 1, Cap. 3, p. 66). Seja a série $\Sigma_n a_n$, $a_n > 0$, para qualquer $n \geq q$, $q \in N$, q fixo. Seja:

$$\lim_{n \to \infty} \sqrt[n]{a_n} = L$$

Portanto:
i) $L < 1 \Rightarrow \Sigma_n a_n$ é convergente.
ii) $L > 1 \Rightarrow \Sigma_n a_n$ é divergente.
iii) $L = 1 \Rightarrow$ nada revela.

Critério da razão para convergência de séries (adaptado de Guidorizzi, 2001, v. 4, Cap. 3, p. 62). Seja a série:

$$\sum_n a_n, \; a_n > 0, \forall n \geq q, q \in \mathbb{N}, q \text{ fixo}.$$

Seja:

$$L = \lim_{k \to \infty} \frac{a_{n+1}}{a_n}$$

Portanto:
i) Se $L < 1$, então a série é convergente.
ii) Se $L > 1$ ou $L = \infty$, então a série é divergente.
iii) Se $L = 1$, o critério nada revela.

Critério de convergência para série alternada (Guidorizzi, 2001, v. 4, Cap. 2, p. 34). Seja a seguinte série alternada:

$$\sum_{n=0}^{\infty} (-1)^n a_n, a_n > 0, \forall n \in \mathbb{N}.$$

Se a sequência a_n for decrescente e se $\lim_n \to \infty \; a_n = 0$, então a série alternada será convergente.

Critério da comparação (Guidorizzi, 2001, v. 4, Cap. 3, p. 44). Sejam as séries:

$$\sum_{n=0}^{\infty} a_n \text{ e}$$

$$\sum_{n=0}^{\infty} b_n$$

Suponhamos que exista $p \in \mathbb{N}$ tal que, para qualquer $n \geq p$, tenhamos $0 \leq b_n \leq a_n$.

Portanto:
(i) Se $\sum_{n=8}^{\infty} a_n$ é convergente, então $\sum_{n=8}^{\infty} b_n$ é convergente.
(ii) Se $\sum_{n=8}^{\infty} b_n$ é divergente, então $\sum_{n=8}^{\infty} a_n$ é divergente.

Critério da razão para convergência de séries com termos quaisquer (Guidorizzi, 2001, v. 4, Cap. 4, p. 79): Seja a série:

$$\sum_n a_n, \ a_n \neq 0, \forall n \in N.$$

Seja:

$$L = \lim_{n \to \infty} \left| \frac{a_{n+1}}{a_n} \right|$$

Portanto:
i) Se $L < 1$, então a série é convergente.
ii) Se $L > 1$ ou $L = \infty$, então a série é divergente.
iii) Se $L = 1$, o critério nada revela.

Critério de comparação das razões (Guidorizzi, 2001, v. 4, Cap. 3, p. 57). Sejam $\sum_{n=0}^{\infty} a_n$ e $\sum_{n=0}^{\infty} b_n$ duas séries com $a_n, b_n > 0$. Suponhamos que exista p, tal que, para $n \geq p$, tenhamos:

$$\frac{b_{n+1}}{b_n} \leq \frac{a_{n+1}}{a_n}$$

Portanto:
(i) Se $\sum_{n=0}^{\infty} a_n$ converge, então $\sum_{n=0}^{\infty} b_n$ também converge.
(ii) Se $\sum_{n=0}^{\infty} a_n$ diverge, então $\sum_{n=0}^{\infty} b_n$ também diverge.

Critério da integral para convergência (Guidorizzi, 2001, v. 4, Cap. 3, p. 40): seja a série $\sum_n a_n$ e suponhamos que exista $p \in N$ e uma função $f: [p, \infty) \to R$ contínua, decrescente e positiva, tal que $f(n) = a_n$ para $n \geq p$. Então:

(i) Se $\int_p^{\infty} f(x) dx$ for convergente, então $\sum_n a_n$ será convergente.
(ii) Se $\int_p^{\infty} f(x) dx$ for divergente, então $\sum_n a_n$ será divergente.

Critério do limite para convergência (Guidorizzi, 2001, v. 4, Cap. 3, p. 51). Sejam as séries $\sum_n c_n$ e $\sum_n b_n$ com $c_n, b_n > 0$, para qualquer $n \geq q$, $q \in N$, q fixo. Seja:

$$\lim_{n \to \infty} \frac{c_n}{b_n} = L$$

Então:
(i) Se $L > 0$, $L \in \mathbb{R}$, então, ou ambas são convergentes ou divergentes.
(ii) Se $L = \infty$ e se $\Sigma_n b_n$ diverge, então $\Sigma_n c_n$ também divergirá.
(iii) Se $L = 0$ e se $\Sigma_n b_n$ converge, então $\Sigma_n c_n$ também convergirá.

Série Limitada

Definição: *Uma série é dita limitada se existe $M \in \mathbb{R}_+$ tal que:*
$|a_n| \leq M, \forall n$

Teoremas Úteis

Teorema (Guidorizzi, 2001, v. 4, Cap. 2, p. 38): Se a série $\sum_{n=0}^{\infty} a_n$ for convergente, então $\lim_{n \to \infty} a_n = 0$. Ou, ainda, se $\lim_{n \to \infty} a_n \neq 0$, ou se este limite não existir, então a série $\sum_{n=0}^{\infty} a_n$ é divergente.

Teorema (Guidorizzi, 2001, v. 4, Cap. 4, p. 77):
Se $\sum_{n=8}^{\infty} |a_n|$ for convergente, então $\sum_{n=8}^{\infty} a_n$ será, também, convergente.

Prova:
Para todo $n \in \mathbb{N}$, temos que:
$0 \leq |a_n| + a_n \leq 2|a_n|$

Como $\sum_{n=8}^{\infty} |a_n|$ é convergente, então, pelo critério da comparação (enunciado na prova deste mesmo ano, no item 4 da questão 3), $\sum_{n=8}^{\infty} (|a_n| + a_n)$ também converge.

Como, para todo $n \in \mathbb{N}$, vale:
$a_n = (|a_n| + a_n) - |a_n|$

então:
$$\sum_{n=0}^{\infty} a_n = \sum_{n=0}^{\infty} (|a_n| + a_n) - \sum_{n=0}^{\infty} |a_n|$$

é a soma de duas séries convergentes, logo $\sum_{n=8}^{\infty} a_n$ é convergente.

PROVA DE 2006

Questão 3

Avalie as opções:

- (0) Seja $x_t = 0{,}5x_{t-1} + 3$, $x_0 = 0$. Então, $\lim_{t \to \infty} x_t = 6$.
- (1) Seja $x_t = 0{,}5x_{t-1} + 3$, $x_0 = 2$. Então, $\lim_{t \to \infty} x_t = 8$.
- (2) Se $x_t = \alpha_0 + \alpha_1 x_{t-1} + \alpha_2 x_{t-2}$, então, $\lim_{t \to \infty} x_t = K$, em que K é finito, se, e somente se, α_0 e α_1 forem menores do que 1 em módulo.
- (3) Uma matriz A $n \times n$ é diagonalizável somente se seus autovalores forem todos distintos.
- (4) Considere duas séries de números positivos $S_n = \Sigma_n a_n$ e $S_n^* = \Sigma_n b_n$, com $a_n \geq b_n$ para todo $n > 100$. Então se S_n converge, S_n^* também converge.

Resolução:

Os itens (0), (1) e (2) estão resolvidos no capítulo Equações Diferenciais e em Diferenças.

O item (3) está resolvido no capítulo Álgebra Linear.

(4) Verdadeiro. Isso é verdade pelo critério da comparação mostrado na Revisão de Conceitos:

$$\sum_{n=0}^{\infty} a_n \text{ e}$$

$$\sum_{n=0}^{\infty} b_n$$

Suponhamos que exista $p \in \mathbb{N}$ tal que para qualquer $n \geq p$ tenhamos $0 \leq b_n \leq a_n$.

Portanto:
(i) Se $\sum_{n=8}^{\infty} a_n$ é convergente, então $\sum_{n=8}^{\infty} b_n$ é convergente.
(ii) Se $\sum_{n=8}^{\infty} b_n$ é divergente, então $\sum_{n=8}^{\infty} a_n$ é divergente.

No caso deste item, o valor de p seria igual a 100 e a afirmação do item se refere ao item (i) acima.

Questão 11

Avalie as opções:

◎ A sequência $a_n = (-1)^n$ não possui limite. É, portanto, ilimitada.
① A função diferenciável $f: R \to R$ é estritamente crescente se, e somente se, $f'(x) > 0$ em todo o domínio.
② Seja a série de $S_n = \Sigma_n a_n$. Se a série $S_n^* = \Sigma_n |a_n|$ converge, então S_n também converge.
③ Se a série S_n é convergente, a série $S_n^* = \Sigma_n |a_n|$ também converge.
④ Seja A uma matriz $n \times n$ que tem n autovalores reais diferentes. Se todos os autovalores de A são menores que 1 (em módulo), então $A^t \xrightarrow{t \to \infty} 0$.

Resolução:

O item (1) está resolvido no capítulo Funções, Funções de Uma ou Mais Variáveis.
O item (4) está resolvido no capítulo Álgebra Linear.

(0) Falso. Uma definição de série limitada é a seguinte:

> Definição: *Uma série é dita limitada se existe $M \in \mathbb{R}_+$ tal que:*
> $|a_n| \leq M, \forall n$

A sequência $a_n = (-1)^n$ é limitada, pois, neste caso: $|a_n| = |(-1)^1| = 1 \leq 1$. Em termos dos parâmetros da definição acima, $M = 1$.

(2) Verdadeiro. O item diz que, se a série for absolutamente convergente, logo é convergente. Este é um teorema enunciado na Revisão de Conceitos:

> Se $\Sigma_{n=8}^{\infty} |a_n|$ for convergente, então $\Sigma_{n=8}^{\infty} a_n$ será, também, convergente.

(3) Falso. Esta afirmação seria a volta do teorema do item (2), mas não é válida. Um contraexemplo seria:

$$\sum_{n=1} (-1)^{n-1} a_n = \sum \frac{(-1)^n}{n}$$

que é uma série alternada, tal que:

$|a_{n+1}| \leq |a_n|$

pois:

$$\left|\frac{1}{n+1}\right| \leq \left|\frac{1}{n}\right|$$

Assim, aplicando o critério da série alternada (enunciado na Revisão de Conceitos):

$$\lim_{n\to\infty} a_n = \lim_{n\to\infty} \frac{1}{n} = 0$$

então, é uma série convergente. Mas a série em termos absolutos

$$\sum_{n=1}^{\infty}\left|(-1)^{n-1} a_n\right| = \sum_{n=1}^{\infty}\left|(-1)^{n-1}\right|\left|\frac{1}{n}\right| = \sum_{n=1}^{\infty}\left|\frac{1}{n}\right| = \sum_{n=1}^{\infty}\frac{1}{n}$$

é uma série harmônica de ordem 1, logo, é divergente. Séries harmônicas foram apresentadas na Revisão de Conceitos.

PROVA DE 2007

Questão 6

Seja $x : \mathbb{N} \to \mathbb{R}$ a sequência dada por $x(n) = x_n = 1/n$ e seja $s_n = x_1 + \ldots + x_n$. Julgue os itens abaixo:

⓪ $x_k < x_{2n}$, para algum $k \leq 2n$.
① $s_{2n} - s_n = x_{n+1} + x_{n+2} + \ldots + x_{2n} \geq nx_{2n} \geq 1/2$.
② $\lim_{n\to\infty} \sqrt{x_n} < 1$.
③ A série $\sum_{n=1}^{\infty} x_n^2$ é divergente.
④ A série $\sum_{n=1}^{\infty} x_n$ é convergente.

Resolução:

(0) Falso. Notemos que o domínio é definido para os números naturais. Então:

$$x_k = \frac{1}{k} \geq \frac{1}{2n} = x_{2n}, \forall k, \text{ pois } 1 \leq k \leq 2n$$

(1) Verdadeiro. Observemos que:

$$S_{2n} = x_1 + \ldots + x_n + \ldots + x_{2n}$$

Logo:
$$s_{2n} - s_n = x_1 + ... + x_n + ... + x_{2n} - x_1 - ... - x_n$$
$$= x_{n+1} + ... + x_{2n}$$
$$= \frac{1}{n+1} + ... + \frac{1}{2n} \geq \underbrace{\frac{1}{2n} + ... + \frac{1}{2n}}_{n \text{ vezes}}$$
$$= nx_{2n} = n\frac{1}{2n} \geq \frac{1}{2}.$$

(2) Verdadeiro.
$$\lim_{n \to \infty} \sqrt{x_n} = \lim_{n \to \infty} \left(\frac{1}{n}\right)^{1/2} = 0 < 1$$

(3) Falso. Como observamos na revisão de séries harmônicas presente na Revisão de Conceitos:
$$\sum_{n=1}^{\infty} x_n^2 = \sum_{n=1}^{\infty} \frac{1}{n^2}$$

é uma série harmônica de ordem 2, logo, é convergente.

(4) Falso. A série
$$\sum_{n=1}^{\infty} x_n = \sum_{n=1}^{\infty} \frac{1}{n}$$

é uma série harmônica de ordem 1, logo, é divergente.

PROVA DE 2008
Questão 6

Seja $f: I \to R$ uma função definida em um intervalo aberto $I \subset R$. Sejam $a, b \in I$ e (x_n) a sequência definida por $x_n = (1 - \lambda_n)a + \lambda_n b$, em que $\lambda_n = 1/n$. Julgue as afirmativas:

Ⓞ Se $f(b) < f(a)$, $f(x_n) \leq (1 - \lambda_n)f(a) + \lambda_n f(b) < (1 - \lambda_n)f(a) + \lambda_n f(a) = f(a)$.
① Se $f(b) < f(a)$ e f é convexa, então $f(x_n) < f(a)$.
② Se f é contínua, todo mínimo local de f é um mínimo global.
③ Se f é convexa, todo mínimo local de f é um mínimo global.
④ A sequência (x_n) não é convergente.

Resolução:

Os itens (0) a (3) estão resolvidos no capítulo Funções, Funções de Uma ou Mais Variáveis.

(4) Falso. Tomando o limite da sequência:

$$\lim_{n\to\infty} x_n = \lim_{n\to\infty}\left(1-\frac{1}{n}\right)a + \frac{1}{n}b = a < \infty$$

Logo, a sequência é convergente.

PROVA DE 2009

Questão 8

Seja a_n uma sequência de números reais tais que a série $\sum_{n=0}^{\infty} a_n x^n$ converge ao tomarmos $x = 2$. Suponha ainda que o limite $L = \lim |a_{n+1}/a_n| < \infty$ existe. Para cada $x \in R$, defina $b_n(x) = a_n x^n$ e avalie se cada afirmação abaixo é verdadeira (V) ou falsa (F).

- ⓪ $\lim \left|\dfrac{b_{n+1}(x)}{b_n(x)}\right| = L|x|$.
- ① $2L > 1$.
- ② $\sum_{n=0}^{\infty} a_n x^n$ converge se $|x| < 2$.
- ③ $\lim a_n = 1$.
- ④ Qualquer que seja $x \in R$ a série $\sum_{n=0}^{\infty} \dfrac{x^n}{n!}$ converge.

Resolução:

(0) Verdadeiro. Calculando tal limite, obtemos:

$$\lim_{n\to\infty}\left|\frac{b_{n+1}(x)}{b_n(x)}\right| = \lim_{n\to\infty}\left|\frac{a_{n+1}x^{n+1}}{a_n x^n}\right| = \lim_{n\to\infty}\left|\frac{a_{n+1}}{a_n}\right|\left|\frac{x^{n+1}}{x^n}\right| = \lim_{n\to\infty}\left|\frac{a_{n+1}}{a_n}\right| |x| = L|x|$$

(1) Falso. Utilizando o critério da razão para convergência de séries com termos quaisquer enunciado na Revisão de Conceitos:

$$\lim_{n\to\infty}\left|\frac{a_{n+1}2^{n+1}}{a_n 2^n}\right| = \lim_{n\to\infty}\left|\frac{a_{n+1}}{a_n}\right||2| = 2\lim_{n\to\infty}\left|\frac{a_{n+1}}{a_n}\right| = 2L$$

Como o enunciado diz que esta série converge, então, devemos ter que $2L \leq 1$ pelo critério da razão. Se a série converge, ela se encaixa no critério i ou iii anterior. Ou seja, é a negação do ponto ii deste critério (colocado na Revisão de Conceitos), pois, se uma série não é divergente (ou seja, se é convergente), então, o limite da razão em módulo é ≤ 1.

(2) Verdadeiro.

Vamos usar o seguinte teorema: Se $\sum_{n=0}^{\infty}|a_n|$ for convergente, então $\sum_{n=0}^{\infty}a_n$ será, também, convergente. Seja a série do item em termos absolutos:
$$\sum_{n=0}^{\infty}|a_n x^n|$$

Pelo critério da razão, já enunciado na Revisão de Conceitos:

$$\lim_{n\to\infty}\frac{|a_{n+1}x^{n+1}|}{|a_n x^n|} = \lim_{n\to\infty}\left|\frac{a_{n+1}}{a_n}\right|\left|\frac{x^{n+1}}{x^n}\right|$$

$$\lim_{n\to\infty}\frac{|a_{n+1}x^{n+1}|}{|a_n x^n|} = \lim_{n\to\infty}\left|\frac{a_{n+1}}{a_n}\right||x| \stackrel{\text{enunciado}}{=} L|x| \stackrel{|x|<2}{<} 2L \stackrel{\text{item 1}}{\leq} 1$$

Assim:
$$\lim_{n\to\infty}\frac{|a_{n+1}x^{n+1}|}{|a_n x^n|} < 1$$

e, portanto, a série $\sum_{n=0}^{\infty}|a_n x^n|$ é convergente. Assim, pelo teorema acima, a série $\sum_{n=0}^{\infty}a_n x^n$ também é convergente.

(3) Falso. Usando o seguinte teorema (já enunciado na Revisão de Conceitos):

Teorema: Se a série $\sum_{n=0}^{\infty}a_n$ for convergente, então $\lim_{n\to\infty}a_n = 0$. Ou, ainda, se $\lim_{n\to\infty}a_n \neq 0$, ou se este limite não existir, então a série $\sum_{n=0}^{\infty}a_n$ é divergente.

Assim, como $\sum_{n=0}^{\infty}a_n 2^n$ é convergente, então deveríamos ter que:
$$\lim_{n\to\infty}2^n a_n = 0$$

Notemos, no entanto, que tal limite pode ser escrito como:
$$\lim_{n\to\infty}2^n a_n = \lim_{n\to\infty}2^n \lim_{n\to\infty}a_n$$

Assim, se $\lim_{n\to\infty} a_n = 1$, como proposto no item, então:

$$\lim_{n\to\infty} 2^n \lim_{n\to\infty} a_n = \lim_{n\to\infty} 2^n = \infty$$

Logo, pelo teorema acima, a série $\sum_{n=0}^{\infty} a_n 2^n$ é divergente. Contradição com o que foi escrito no enunciado. Por isso, a afirmação é Falsa.

(4) Verdadeiro. Pelo critério da razão para séries de termos quaisquer, enunciada na Revisão de Conceitos:

$$\lim_{n\to\infty} \left| \frac{x^{n+1}}{(n+1)!} \frac{n!}{x^n} \right| = \lim_{n\to\infty} \left| \frac{x}{n+1} \right| = 0 < 1$$

logo, a série converge.

Questão 12

Considere as sequências (x_n) e (y_n) definidas por $x_n = \dfrac{n}{n!}$ e $y_n = \sqrt{n+1} - \sqrt{n}$. Julgue as afirmativas:

- ⓪ y_n é monótona decrescente.
- ① $\lim_{n\to\infty} x_n^2 = \infty$.
- ② $\lim_{n\to\infty} y_n = 0$.
- ③ A série $\sum_{n=1}^{\infty} y_n$ é convergente.
- ④ A série $a^2 + \dfrac{a^2}{1+a^2} + \dfrac{a^2}{(1+a^2)^2} + \dfrac{a^2}{(1+a^2)^3} + \ldots$ é convergente, para todo $a \in \mathbb{R}$.

Resolução:

(0) Verdadeiro. Defina:

$$f(x) = \sqrt{x+1} - \sqrt{x}, x \in \mathbb{R}$$

$$f'(x) = \frac{1}{2\sqrt{x+1}} - \frac{1}{2\sqrt{x}} < 0$$

então $f(x)$ é estritamente decrescente. Logo, a série $y_n = \sqrt{n+1} - \sqrt{n}, n \in \mathbb{N}$ é estritamente decrescente.

(1) Falso. Seja a série $\sum x_n^2 = \sum \left(\dfrac{n}{n!}\right)^2$. Notemos primeiramente que o termo da série $\left(\dfrac{n}{n!}\right)^2$ é sempre positivo. Logo, podemos usar o critério da razão, enunciado na Revisão de Conceitos:

$$\lim_{n\to\infty} \frac{x_{n+1}^2}{x_n^2} = \lim_{n\to\infty} \frac{(n+1)^2}{[(n+1)!]^2} \cdot \frac{(n!)^2}{n^2} = \lim_{n\to\infty} \frac{(n+1)^2}{[(n+1)n!]^2} \cdot \frac{(n!)^2}{n^2}$$

$$= \lim_{n\to\infty} \frac{(n+1)^2}{(n+1)^2} \cdot \frac{1}{n^2} = \lim_{n\to\infty} \frac{1}{n^2} = 0 < 1$$

Logo, a série $\sum x_n^2$ é convergente. Usando o teorema do item 3 da questão 8, deste mesmo ano, concluímos que:

$$\lim_{n\to\infty} x_n^2 = 0$$

(2) Verdadeiro.

$$\lim_{n\to\infty} y_n = \lim_{n\to\infty}\left[\sqrt{n+1} - \sqrt{n}\right] = 0$$

pois, para um n suficientemente grande, temos que $n + 1 \cong n$. Por isso, tal limite será zero.

Observação: Uma prova mais formal é a seguinte: defina $n = tg^2(\theta)$, tal que quando $n \to \infty$, então $\theta \to \pi/2$. Assim:

$$n+1 = tg^2\theta + 1 = \frac{sen^2\theta}{cos^2\theta} + 1 = \frac{sen^2\theta + cos^2\theta}{cos^2\theta} =$$

$$= \frac{1}{cos^2\theta} = sec^2\theta$$

Assim, o limite será:

$$\lim_{n\to\infty} y_n = \lim_{n\to\infty}\left[\sqrt{n+1}-\sqrt{n}\right] = \lim_{\theta\to\pi/2}\left[sec\theta - tg\theta\right] = \lim_{\theta\to\pi/2}\left[\frac{1-sen\theta}{cos\theta}\right]$$

$$= \lim_{\theta\to\pi/2}\left[\frac{1-sen\theta}{cos\theta}\right] \stackrel{L'Hopital}{=} \lim_{\theta\to\pi/2}\left[\frac{-cos\theta}{-sen\theta}\right] = \lim_{\theta\to\pi/2}\left[\frac{cos\theta}{sen\theta}\right] = 0$$

(3) Falso. Vamos usar o critério da integral para convergência, presente na Revisão de conceitos.

Notemos primeiro que podemos definir $f(n) = a_n = y_n = \sqrt{n+1} - \sqrt{n}$ que é estritamente decrescente em $[1,\infty)$ (visto no item 0). Assim, pelo critério da integral:

$$\int_1^\infty f(x)dx = \int_1^\infty \left(\sqrt{x+1} - \sqrt{x}\right) dx = \left[\frac{(x+1)^{3/2}}{3/2} - \frac{x^{3/2}}{3/2}\right]_{x=1}^{x=\infty}$$

$$\int_1^\infty f(x)dx = \frac{2}{3}\left[(x+1)^{3/2} - x^{3/2}\right]_{x=1}^{x=\infty}$$

$$\int_1^\infty f(x)dx = \frac{2}{3}\left\{\lim_{x\to\infty}\left[(x+1)^{3/2} - x^{3/2}\right] - \left(2^{3/2} - 1^{3/2}\right)\right\}$$

$$\int_1^\infty f(x)dx = \frac{2}{3}\left\{\lim_{x\to\infty}\left[(x+1)^{3/2} - x^{3/2}\right] - \left(2\sqrt{2} - 1\right)\right\}$$

$$\int_1^\infty f(x)dx = \frac{2}{3}\left\{\lim_{x\to\infty}\left[(x+1)\sqrt{(x+1)} - x\sqrt{x}\right] - \left(2\sqrt{2} - 1\right)\right\}$$

Usando a mesma estratégia do item (2): Denote $x = tg^2\theta$, tal que $x \to \infty$, então, $\theta \to \pi/2$. Assim:
$x + 1 = tg^2\theta + 1 = \sec^2\theta$

Substituindo no limite acima:

$$\int_1^\infty f(x)dx = \frac{2}{3}\left\{\lim_{\theta\to\pi/2}\left[(\sec^2\theta)\sqrt{\sec^2\theta} - tg^2\theta\sqrt{tg^2\theta}\right] - \left(2\sqrt{2} - 1\right)\right\}$$

$$\int_1^\infty f(x)dx = \frac{2}{3}\left\{\lim_{\theta\to\pi/2}\left[\sec^3\theta - tg^3\theta\right] - \left(2\sqrt{2} - 1\right)\right\}$$

$$\int_1^\infty f(x)dx = \frac{2}{3}\left\{\lim_{\theta\to\pi/2}\left[\frac{1 - sen^3\theta}{\cos^3\theta}\right] - \left(2\sqrt{2} - 1\right)\right\}$$

$$\int_1^\infty f(x)dx \overset{L'Hopital}{=} \frac{2}{3}\left\{\lim_{\theta\to\pi/2}\left[\frac{3sen^2\theta\cos\theta}{3\cos^2\theta sen\theta}\right] - \left(2\sqrt{2} - 1\right)\right\}$$

$$\int_1^\infty f(x)dx = \frac{2}{3}\left\{\lim_{\theta\to\pi/2}\left[\frac{sen\theta}{\cos\theta}\right] - \left(2\sqrt{2} - 1\right)\right\}$$

$$\int_1^\infty f(x)dx = \frac{2}{3}\left\{\lim_{\theta\to\pi/2}\left[tg\theta\right] - \left(2\sqrt{2} - 1\right)\right\} = \infty$$

Logo, pelo item (ii) do critério (mostrado na Revisão de Conceitos), a série $\sum_n y_n = \sum_n \sqrt{n+1} - \sqrt{n}$ é divergente.

(4) Verdadeiro. Notemos que a série é uma soma de uma PG infinita, cuja razão é $\dfrac{1}{1+a^2}$, com termos positivos. Vejamos que:

$$0 < \frac{1}{1+a^2} < 1$$

Lembrando que a fórmula da soma da PG infinita é:

$$\frac{a_1}{1-q}$$

em que a_1 é o primeiro termo da PG e q é a razão. Logo, a série do item será:

$$\frac{a^2}{1-\frac{1}{1+a^2}} = a^2 \left[\frac{1}{\frac{1+a^2-1}{1+a^2}}\right] = a^2 \frac{(1+a^2)}{a^2} = (1+a^2)$$

Ou seja, a soma é igual a uma constante e a série é convergente para todo $a \in \mathbb{R}$.

PROVA DE 2010

Questão 13

Julgue as afirmativas:

- (0) Seja $(a_n)_{n \in \mathbb{N}}$ uma sequência de números reais não nulos, tal que $|a_{n+1}| < |a_n|/2$, para todo $n \in \mathbb{N}$. Então $\lim_{n \to \infty} a_n = 0$.
- (1) Se $a \geq 0$ e $b \geq 0$, então $\lim_{n \to \infty} \sqrt[n]{a^n + b^n} = \max\{a, b\}$.
- (2) $\sum_{n=1}^{\infty} \left(\frac{\ln(n)}{n}\right)^n$ diverge.
- (3) $\lim_{n \to \infty} \frac{n!}{n^2 2^n} = 0$.
- (4) $\sum_{n=1}^{\infty} \frac{\operatorname{sen}^2(n)+3}{n}$ é convergente.

Resolução:

(0) Verdadeiro. Avaliando a série $\sum_n |a_n|$ pelo critério da razão, mostrado na Revisão de Conceitos:

$$\lim_{n \to \infty} \frac{|a_{n+1}|}{|a_n|} < \lim_{n \to \infty} \frac{|a_n|/2}{|a_n|} = \lim_{n \to \infty} \frac{1}{2} = \frac{1}{2} < 1$$

onde usamos a desigualdade dada no item. Assim, o primeiro limite será com certeza menor que 1. Logo, a série $\sum_n |a_n|$ converge. Pelo teorema já enunciado na Revisão de Conceitos, $\sum_n a_n$ é convergente. E pelo teorema já enunciado no item 3, questão 8, da prova da ANPEC de 2009 (e também apresentado na Revisão de Conceitos), $\lim_{n \to \infty} a_n = 0$.

(1) Verdadeiro. Vamos analisar três casos:

(i) $a < b \Rightarrow \max\{a,b\} = b$. Então:

$$\lim_{n \to \infty}\left\{\sqrt[n]{a^n + b^n}\right\} = \lim_{n \to \infty}\left\{\sqrt[n]{\frac{b^n(a^n + b^n)}{b^n}}\right\} = \lim_{n \to \infty}\left\{b\sqrt[n]{\frac{(a^n + b^n)}{b^n}}\right\}$$

$$= \lim_{n \to \infty}\left\{b\sqrt[n]{\frac{a^n}{b^n} + 1^n}\right\} = \lim_{n \to \infty}\left\{b\left[\left(\frac{a}{b}\right)^n + 1\right]^{1/n}\right\}$$

$$= b(0+1)^0 = b$$

onde, na última igualdade, usamos o fato de que $\lim_{n \to \infty}\left(\frac{a}{b}\right)^n = 0$, pois $a < b$.

(ii) $a > b \Rightarrow \max\{a,b\} = a$. Trocando o b pelo a (e vice-versa) no limite acima, encontramos o mesmo resultado, ou seja:

$$\lim_{n \to \infty}\left\{\sqrt[n]{a^n + b^n}\right\} = a$$

(iii) $a = b \Rightarrow \max\{a,b\} = a = b$. Então:

$$\lim_{n \to \infty}\left\{\sqrt[n]{a^n + b^n}\right\} \stackrel{a=b}{=} \lim_{n \to \infty}\left\{\sqrt[n]{2b^n}\right\} = \lim_{n \to \infty}(2b^n)^{1/n} = \lim_{n \to \infty} 2^{1/n} b$$

$$= b \lim_{n \to \infty} 2^{1/n} = b2^0 = b$$

Assim, juntando os três casos, provamos que:

$$\lim_{n \to \infty}\left\{\sqrt[n]{a^n + b^n}\right\} = \max\{a,b\}$$

(2) Falso. Notemos que para $n \geq q = 2$, $a_n = \left(\frac{\ln n}{n}\right)^n > 0$. Assim, pelo critério da raiz (enunciado na Revisão de Conceitos):

$$\lim_{n\to\infty} \sqrt[n]{\left(\frac{\ln n}{n}\right)^n} = \lim_{n\to\infty} \left[\left(\frac{\ln n}{n}\right)^n\right]^{1/n} = \lim_{n\to\infty}\left(\frac{\ln n}{n}\right)$$

$$\lim_{n\to\infty} \sqrt[n]{\left(\frac{\ln n}{n}\right)^n} \stackrel{L'Hopital}{=} \lim_{n\to\infty}\frac{1}{n} = 0 < 1$$

Como o limite foi menor que 1, a série $\sum_n \left(\frac{\ln n}{n}\right)^n$ converge.

(3) Falso. Seja:
$$a_n = \frac{n!}{2^n n^2}$$

Então:
$$a_{n+1} = \frac{(n+1)!}{2^{n+1}(n+1)^2}$$

Assim:
$$\frac{a_{n+1}}{a_n} = \frac{(n+1)!}{2^{n+1}(n+1)^2} \frac{2^n n^2}{n!} = \frac{(n+1)}{(n+1)^2} \frac{n^2}{2} \frac{1}{2} = \frac{n^2}{(n+1)} \frac{1}{2}$$

Notemos que para n ≥ 5, temos que:
$$\frac{a_{n+1}}{a_n} = \frac{n^2}{(n+1)}\frac{1}{2} > 2$$

Assim:
$$\frac{a_{n+1}}{a_n} > 2 \Rightarrow a_{n+1} > 2a_n$$

Logo:
$$a_{n+2} > 2a_{n+1} > 2^2 a_n$$

Prosseguindo até n + r, teremos, para n ≥ 5:

$a_{n+r} > 2^r a_n$

Assim, tomando r→∞, que implica n + r→∞, teremos que:

$\lim_{r \to \infty} 2^r a_n = \infty$

Logo, $a_{n+r} \to \infty$ e, portanto, a sequência tende para o infinito.

(4) Falso. Notemos que:
$0 \leq sen^2 n \leq 1$

E também que:
$\dfrac{3}{n} \leq \dfrac{sen^2 n + 3}{n}$

A série $\dfrac{3}{n}$ é uma série harmônica de ordem 1. Logo, ela divergirá. Vamos usar o critério de comparação presente na Revisão de Conceitos.

Como os termos das séries $\sum_n \dfrac{3}{n}, \sum_n \dfrac{sen^2 n+3}{n}$ são sempre positivos, e o primeiro é menor do que o segundo, então, pelo item (ii) do critério de comparação, como $\sum_n \dfrac{3}{n}$ diverge, $\sum_n \dfrac{sen^2 n+3}{n}$ também divergirá.

Questão 14

Seja a_n uma sequência de números positivos e $S = \{n \in \mathbb{N} : a_n \geq 1\}$.
- ⓪ Se $\sum_{n=1}^{\infty} a_n$ converge, então S é finito.
- ① Se $\sum_{n=1}^{\infty} a_n^2$ converge, então $\sum_{n=1}^{\infty} a_n$ também converge.
- ② Se $\sum_{n=1}^{\infty} a_n$ converge, então as séries $\sum_{n=1}^{\infty} a_n^2$ e $\sum_{n=1}^{\infty} a_n^2/(1+a_n^2)$ também convergem.
- ③ Se $\sum_{n=1}^{\infty} a_n$ converge e $R = \lim_{n \to \infty} |a_{n+1}/a_n|$ existe, então $R \leq 1$.
- ④ A série $\sum_{n=1}^{\infty} \dfrac{x^n}{n!}$ converge somente quando $|x| < 1$.

Resolução:

(0) Verdadeiro. Aplicando o teorema enunciado no item 3, questão 8, da prova da ANPEC de 2009 (e mostrado na Revisão de Conceitos), se $\sum_n a_n$ converge, então $\lim_{n\to\infty} a_n^2 = 0$. Ou seja, existe $n \geq p$, p fixo, tal que $a_n < 1$ (pois a partir de um n o limite se aproxima de zero. Então S terá um número finito de elementos $n \in \mathbb{N}$, pois $p < \infty$).

(1) Falso. Um contraexemplo simples são as séries harmônicas. Seja $a_n = \frac{1}{n}$ e $a_n^2 = \frac{1}{n^2}$. A série $\sum_n \frac{1}{n^2}$ converge, pois é harmônica de ordem 2. Mas a série $\sum_n \frac{1}{n}$ diverge, pois é harmônica de ordem 1.

(2) Verdadeiro.

Vamos avaliar a série $\sum_n a_n^2$, pelo critério do limite (Presente na Revisão de Conccitos). Observemos que $\sum_n a_n$ é uma série de termos positivos, segundo o enunciado. Tomemos $c_n = a_n^2$ e $b_n = a_n$.

Calculando o limite deste critério:

$$\lim_{n\to\infty} \frac{a_n^2}{a_n} = \lim_{n\to\infty} a_n = 0$$

pois a série $\sum_n a_n$ é convergente, pelo teorema enunciado no item 3, questão 8, da prova da ANPEC de 2009 (e também mostrado na Revisão de Conceitos). Logo, pelo item (iii) do critério do limite, como $L = 0$ e $\sum_n b_n = \sum_n a_n$ converge, então $\sum_n c_n = \sum_n a_n^2$ também converge.

Para avaliarmos a outra série $\sum_n a_n^2 / (1 + a_n^2)$, vamos usar também o critério do limite.

Tomemos agora como a série $\sum_n b_n$, a série anterior, ou seja, $\sum_n b_n = \sum_n a_n^2$, e $\sum_n c_n = \sum_n a_n^2 / (1 + a_n^2)$. Calculando o limite deste critério:

$$\lim_{n\to\infty} \frac{a_n^2/(1+a_n^2)}{a_n^2} = \lim_{n\to\infty} \frac{1}{1+a_n^2}$$

Como a série $\sum_n a_n^2$ converge, então, novamente, pelo teorema já enunciado no item 3, questão 8, da prova da ANPEC de 2009 (e também mostrado na Revisão de Conceitos), podemos dizer que $\lim_{n\to\infty} a_n^2 = 0$. Assim:

$$\lim_{n\to\infty} \frac{a_n^2/(1+a_n^2)}{a_n^2} = \lim_{n\to\infty} \frac{1}{1+a_n^2} = 1$$

Pelo item (i) do critério acima, ambas convergem ou divergem. Como já sabemos que a série $\sum_n a_n^2$ converge, então a série $\sum_n a_n^2/(1+a_n^2)$ também converge.

(3) Verdadeiro. Pelo critério da razão, para termos quaisquer (apesar do enunciado dizer que os termos são positivos, o item se refere ao limite em módulo), enunciado na Revisão de Conceitos:

$$R = \lim_{n\to\infty}\left|\frac{a_{n+1}}{a_n}\right| < 1$$

ou seja. Se $R < 1$, então $\sum_n a_n$ é convergente. Mas $\sum_n a_n$ pode ser convergente também quando:

$$R = \lim_{n\to\infty}\left|\frac{a_{n+1}}{a_n}\right| = 1$$

pois, neste caso, o critério nada revela. Assim, se $\sum_n a_n$ converge, o único valor que R não pode assumir é $R > 1$, pois, neste caso, $\sum_n a_n$ diverge.

(4) Falso. Pelo critério da razão para termos quaisquer:

$$\lim_{n\to\infty}\left|\frac{x^{n+1}/(n+1)!}{x^n/n!}\right| = \lim_{n\to\infty}\left|\frac{x^{n+1}}{x^n}\right|\left|\frac{n!}{(n+1)!}\right| = \lim_{n\to\infty}|x|\left|\frac{n!}{(n+1)n!}\right|$$

$$= \lim_{n\to\infty}|x|\left|\frac{1}{(n+1)}\right| = \lim_{n\to\infty}|x|\frac{1}{(n+1)} = |x|\lim_{n\to\infty}\frac{1}{(n+1)} = 0 < 1$$

ou seja, a série sempre converge para qualquer valor de $|x|$.

PROVA DE 2011

Questão 4

Julgue as afirmativas:

⓪ Se $x_1 = x_2 = 1$ e $x_{n+1} = x_n + x_{n-1}$, para todo $n \geq 2$, então (x_n) é uma sequência convergente.

① Se $x_1 = \sqrt{2}$ e $x_{n+1} = \sqrt{2x_n}$, para todo $n \geq 1$, então (x_n) converge para 2.

② A série $\sum_{n=1}^{\infty} \dfrac{1}{\sqrt{n(2n+1)}}$ diverge.

③ Se (x_n) é uma sequência de números reais não nulos, com $\lim_{n\to\infty} x_n = \infty$, então a série $\sum_{n=1}^{\infty}(x_{n+1} - x_n)$ converge.

④ Sejam (a_n) e (b_n) sequências de números positivos, tais que $a_1 > b_1$. Se $a_{n+1} = \dfrac{a_n + b_n}{2}$ e $b_{n+1} = \sqrt{a_n b_n}$, então $\lim_{n\to\infty} a_n = \lim_{n\to\infty} b_n$.

Resolução:

(0) Falso. Note que:

$$x_3 = x_2 + x_1 = 2 > x_2 = x_1 > 0$$
$$x_4 = x_3 + x_2 = 3 > x_3$$
$$x_5 = x_4 + x_3 = 5 > x_4$$

Assim, sucessivamente, teremos:

$$x_{n+1} > x_n$$

Logo, a sequência (x_n) cresce monotonicamente, assim como a sequência $(x_{n+1} - x_n) = (x_{n-1})$. Ou seja, $\lim_{n\to\infty}(x_{n+1} - x_n) \neq 0$ e, portanto, (x_n) é divergente.

(1) Verdadeiro. Podemos resolver substituindo recursivamente:

$$x_{n+1} = \sqrt{2x_n} = (2x_n)^{1/2} = 2^{1/2} x_n^{1/2}$$
$$= 2^{1/2}\left[(2x_{n-1})^{1/2}\right]^{1/2} = 2^{\frac{1}{2}+\frac{1}{4}} (x_{n-1})^{1/2^2}$$
$$= 2^{\frac{1}{2}+\frac{1}{4}}\left[(2x_{n-2})^{1/2}\right]^{1/2^2} = 2^{\frac{1}{2}+\frac{1}{4}+\frac{1}{8}} x_{n-2}^{1/2^3} = 2^{(\frac{1}{2}+\frac{1}{4}+\ldots+\frac{1}{2^{k+1}})} x_{n-k}^{1/2^{k+1}}$$

Substituindo até obtermos x_1 ($k = n - 1$):

$$x_{n+1} = 2^{\left(\frac{1}{2}+\frac{1}{4}+\ldots+\frac{1}{2^n}\right)} (x_1)^{\frac{1}{2^n}}$$

Calculando o limite:

$$\lim_{n\to\infty} x_{n+1} = \lim_{n\to\infty} 2^{\left(\frac{1}{2}+\frac{1}{4}+\ldots+\frac{1}{2^n}\right)} (x_1)^{\frac{1}{2^n}} = 2^{\frac{1/2}{1-1/2}} (x_1)^0 = 2^{\frac{1/2}{1/2}} = 2$$

(2) Verdadeiro. Vamos utilizar o critério da comparação, já revisado na Revisão de Conceitos:

$$0 \leq \frac{1}{\sqrt{n(3n)}} \leq \frac{1}{\sqrt{n(2n+1)}}$$

$$0 \leq \frac{1}{\sqrt{3}n} \leq \frac{1}{\sqrt{n(2n+1)}}$$

Assim, como a série $\sum_n \frac{1}{\sqrt{3}} \frac{1}{n} = \frac{1}{\sqrt{3}} \sum_n \frac{1}{n}$ é divergente (pois é uma série harmônica de ordem 1), então a série $\sum_n \frac{1}{\sqrt{n(2n+1)}}$ também é divergente.

(3) Falso. Pense no seguinte contraexemplo:

$$x_{n+1} = x_n + n$$

tal que $\lim x_n = \infty$ e $x_0 = 1$, por exemplo (assim, $x_n = n + (n-1) + \ldots + 1$ e, portanto, seu limite diverge). A série poderá ser escrita como:

$$\sum_n (x_{n+1} - x_n) = \sum_n (x_n + n - x_n) = \sum_n n$$

Tomando o limite do termo:
$$\lim_{n\to\infty} n = \infty$$

Logo, a série dada diverge.

(4) Verdadeiro. Observe que $a_n > b_n$ para todo $n \geq 1$. De fato, a relação vale para $n = 1$, por hipótese. Para $n \geq 2$, note que

$$a_{n+1} - b_{n+1} = \frac{a_n + b_n}{2} - \sqrt{a_n b_n} = \frac{(\sqrt{a_n})^2 - 2\sqrt{a_n b_n} + (\sqrt{b_n})^2}{2}$$

$$= \frac{(\sqrt{a_n} - \sqrt{b_n})^2}{2} \geq 0$$

com desigualdade estrita se $a_n > b_n$. Como $a_1 > b_1$, a desigualdade é estrita para todo n, pois:

$$a_2 - b_2 = \frac{(\sqrt{a_1} - \sqrt{b_1})^2}{2} > 0$$

para $n = 2$. Para $n > 2$, podemos aplicar a mesma lógica. Esse resultado diz que a média aritmética será sempre maior do que a média geométrica.

Adicionalmente, (a_n) é estritamente decrescente e (b_n) é não decrescente, pois $a_n > b_n$ implica

$$a_{n+1} = \frac{a_n + b_n}{2} < \frac{a_n + a_n}{2} = a_n$$

e $a_n > b_n \geq 0$ implica

$$b_{n+1} = \sqrt{a_n b_n} \geq \sqrt{b_n b_n} = b_n$$

Como (b_n) é positiva e limitada (como a_n é estritamente decrescente, não se tem o risco de b_n não ser limitada por cima), então existe $b = \lim_{n \to \infty}(b_n)$. Finalmente, note que $b_{n+1} = \sqrt{a_n b_n}$ implica $a_n b_n = b^2_{n+1}$ e, portanto,

$$\lim_{n \to \infty}(a_n) = \lim_{n \to \infty}\left(\frac{b^2_{n+1}}{b_n}\right) = \frac{\lim_{n \to \infty} b^2_{n+1}}{\lim_{n \to \infty} b_n} = \left(\frac{b^2}{b}\right) = b$$

Observação: Se consideramos o caso $b_1 = 0$, então $b_n = 0$, para todo n e $\lim_{n \to \infty}(b_n) = b$. Assim: $a_{n+1} = a_n/2$ e $\lim_{n \to \infty}(a_n) = b = 0$.

PROVA DE 2012
Questão 7

Julgue as afirmativas:

⓪ Se $\lim_{n \to \infty} a_n = 0$, então $\sum_{n=1}^{\infty} |a_n|$ é convergente.

① $\sum_{n=1}^{\infty} ne^{-n^2}$ converge.

② $\sum_{n=1}^{\infty} \frac{(-1)^n}{\ln n^n}$ é absolutamente convergente.

③ Se $0 < b_n < \frac{1}{n}$, para todo $n > 0$, então podemos afirmar que $\sum_{n=1}^{\infty} b_n$ converge.

④ Seja $\sum_{n=1}^{\infty} a_n$ uma série convergente e $\varphi: N \to N$ uma bijeção qualquer. Se $b_n = a_{\varphi(n)}$, então $\sum_{n=1}^{\infty} b_n = \sum_{n=1}^{\infty} a_n$.

Resolução:

(0) Falso. Contraexemplo: série harmônica. $\lim_{n \to \infty} \frac{1}{n} = 0$, mas $\sum_{n=1}^{\infty} \left|\frac{1}{n}\right|$ é divergente.

(1) Verdadeiro. Teste da Integral: $\int_{1}^{\infty} xe^{-x^2} dx$. Substituindo variáveis: $u = -x^2$;

$du = -2xdx$. $\frac{-1}{2}\int e^u du \Rightarrow \int_{1}^{\infty} xe^{-x^2} dx = \left[\frac{-1}{2}e^{-x^2}\right]_{1}^{\infty} = \frac{1}{2e}$

Como a integral é convergente, temos que a série $\sum_{n=1}^{\infty} ne^{-n^2}$ converge.

(2) Verdadeiro. Teste da Raiz: $L = \lim_{n \to \infty} \sqrt[n]{\frac{(-1)^n}{(\ln n)^n}} = \lim_{n \to \infty} \frac{-1}{\ln n} = 0$

Como $L < 1$, temos que a série é convergente.

(3) Falso. Não podemos afirmar nada, pois $\sum_{n=1}^{\infty} \frac{1}{n}$ é uma série divergente e, portanto, temos que o teste da comparação não se aplica para $0 < b_n < \frac{1}{n}$.

(4) Falso. Esta afirmação contradiz o teorema de *Riemann* para séries. Ela seria verdadeira se a série $\sum_{n=1}^{\infty} a_n$ fosse absolutamente convergente. Para o caso presente, basta mostrar um contraexemplo. Considere a série harmônica alternada

$$\sum_{n=1}^{\infty} \frac{(-1)^{n+1}}{n} = 1 - \frac{1}{2} + \frac{1}{3} - \frac{1}{4} + \ldots = \ln(2)$$

a qual se sabe convergir para $\ln(2)$. Ela não é absolutamente convergente, pois a série harmônica $\sum_{n=1}^{\infty} \frac{1}{n}$ diverge. Tome a seguinte bijeção (rearranjo dos termos):

$a_1, a_2, a_4, a_3, a_6, a_8, a_5, a_{10}, a_{12}, \ldots$

Tal bijeção divide a sequência $(a_n)_{n=1}^{\infty}$ em termos com índice par e termos com índice ímpar. Toma o primeiro termo da sequência de ímpares e os dois primeiros da sequência de pares. Depois o próximo termo da sequência de ímpares e os dois seguintes da sequência de pares. Dessa forma, todos os termos estão na nova sequência. A soma desta nova sequência é

$$\left(1 - \frac{1}{2} - \frac{1}{4}\right) + \left(\frac{1}{3} - \frac{1}{6} - \frac{1}{8}\right) + \ldots + \left(\frac{1}{2k-1} - \frac{1}{2(2k-1)} - \frac{1}{2(2k)}\right) + \ldots =$$

$$= \sum_{k=1}^{\infty} \left(\frac{1}{2k-1} - \frac{1}{2(2k-1)} - \frac{1}{2(2k)}\right) = \sum_{k=1}^{\infty} \left(\frac{1}{2(2k-1)} - \frac{1}{2(2k)}\right) =$$

$$= \frac{1}{2} \sum_{k=1}^{\infty} \left(\frac{1}{2k-1} - \frac{1}{2k}\right) = \frac{1}{2}\left(1 - \frac{1}{2} + \frac{1}{3} - \frac{1}{4} + \ldots\right) = \frac{1}{2}\ln(2)$$

Ou seja, um rearranjo da soma dos termos modificou o limite da série de somas.

PROVA DE 2014
Questão 9

Analisar a veracidade das seguintes afirmações:

⓪ O valor de $S = 1 - 1 + 1 - 1 + 1 - \cdots$ é $1/2$.

① A série $\sum_{n=0}^{+\infty} \frac{1}{n^2 + 3n + 2}$ é divergente.

② Defina a sequência $\{a_n\}_{n\geq 0}$ da seguinte forma: $a_0 = 0$, $a_1 = 1$ e a_n é o ponto médio dos dois antecessores, para $n \geq 2$. Então $\lim_{n\to+\infty} a_n = 2/3$.

③ Seja $b_n = \dfrac{2}{3} - a_n$, $n \geq 0$, em que $\{a_n\}_{n\geq 0}$ é a sequência definida na parte 2 desta questão. Então $\sum_{n=0}^{+\infty} b_n = 1/3$.

④ A série $\sum_{n=1}^{+\infty} 2^{2n} 3^{1-n}$ converge.

Resolução:

(0) Falso. Essa soma, que pode ser vista como a série $\sum_{n=1}^{\infty}(-1)^{n+1}$, cujo termo geral não tende a zero – oscila entre 1 e -1. Portanto, a série não é convergente.

(1) Falso. Vale $\dfrac{1}{n^2+3n+2} < \dfrac{1}{n^2}\ \forall\ n \in \mathbb{N}$, portanto $\sum_{n=1}^{\infty} \dfrac{1}{n^2+3n+2} \leq \sum_{n=1}^{\infty} \dfrac{1}{n^2} < \infty$ e essa última série é harmônica de ordem $\alpha > 1$, que pela revisão de conceitos é convergente.

(2) Verdadeiro. Os termos gerais dessa sequência são dados por

$$a_{2n-1} = \frac{1}{2}\left(1 + \frac{1}{4} + \frac{1}{4^2} + \ldots + \frac{1}{4^{n-1}}\right) = \frac{1}{2}\left[\frac{1-\left(\frac{1}{4}\right)^n}{1-\frac{1}{4}}\right] = \frac{2}{3}\left[1-\left(\frac{1}{4}\right)^n\right]$$

e $a_{2n} = 1 - \left[\frac{1}{4} + \left(\frac{1}{4}\right)^2 + \ldots + \left(\frac{1}{4}\right)^{n-1}\right] = 2 - \left[1 + \frac{1}{4} + \left(\frac{1}{4}\right)^2 + \ldots + \left(\frac{1}{4}\right)^{n-1}\right] = 2 - \frac{4}{3}\left[1-\left(\frac{1}{4}\right)^n\right]$

Para termos ímpares e pares, respectivamente. Note que $\left|x_{2n+1} - \dfrac{2}{3}\right| = \dfrac{2}{3}\left(\dfrac{1}{4}\right)^n \to 0$

e $\left|x_{2n} - \dfrac{2}{3}\right| = \dfrac{4}{3}\left(\dfrac{1}{4}\right)^n \to 0$, portanto as duas subsequências têm o mesmo limite

$\frac{2}{3}$. Assim, dado $\varepsilon > 0$, é trivial obter $n_0 \in \mathbb{N}$ tal que $\left|x_n - \frac{2}{3}\right| < \varepsilon \; \forall \; n > n_0$. Portanto, o limite dessa sequência é $\frac{2}{3}$. (Solução retirada de Lima, E.L. – Curso de Análise. Vol.1. 13ª ed. Rio de Janeiro, IMPA, Projeto Euclides, 2011.)

(3) Falso. Pela resposta do item anterior, é fácil ver que os termos dessa série serão dados por $b_{2n-1} = \frac{2}{3}\left(\frac{1}{4}\right)^n$ e $b_{2n} = -\frac{4}{3}\left(\frac{1}{4}\right)^n$. Portanto, podemos expressar a série como

$$\sum_{n=0}^{+\infty} b_n = b_0 + \sum_{n=1}^{+\infty} \left(\frac{2}{3}\left(\frac{1}{4}\right)^n\right) + \sum_{n=1}^{+\infty} \left(-\frac{4}{3}\left(\frac{1}{4}\right)^n\right)$$

$$\sum_{n=0}^{+\infty} b_n = \frac{2}{3} + \sum_{n=1}^{+\infty} \left(-\frac{2}{3}\left(\frac{1}{4}\right)^n\right) = \frac{2}{3} - \frac{2}{3}\frac{1}{3} = \frac{4}{9}$$

(4) Falso. Podemos escrever o n-ésimo termo da série como $2^{2n}3^{1-n} = \left(\frac{4}{3}\right)^n 3$. Como os termos não tendem a <u>zero</u>, a série não convergirá.

PROVA DE 2015
Questão 12

Classifique as seguintes afirmações como verdadeiras ou falsas:

◎ A série $\sum_{n=0}^{+\infty} \frac{2n^2 + n - 1}{n^2 - n + 1}$ é convergente.

① $\sum_{n=0}^{+\infty} \frac{1}{4n^2 + 8n + 3} = \frac{1}{2}$.

② $\sum_{n=0}^{+\infty} \frac{1}{n^2 + 6n + 8} = \frac{5}{6}$.

③ A série $\sum_{n=0}^{+\infty} \dfrac{n^2}{2^n}$ é convergente.

④ A série $\sum_{n=1}^{+\infty} \dfrac{5^n}{n!}$ é convergente.

Resolução:

(0) Falso. Pelo primeiro teorema enunciado na parte Teoremas Úteis da revisão de conceitos, é condição necessária para a convergência de uma série que seu termo geral vá para zero.

Aplicando a regra de L'Hôpital, podemos ver que:
$$\lim_{n\to+\infty} \frac{2n^2+n-1}{n^2-n+1} = \lim_{n\to+\infty} \frac{4n+1}{2n-1} = 2.$$

Logo, a série diverge.

(1) Verdadeiro.

Fatorando o polinômio é possível obter:
$$4n^2+8n+3 = 4\left(n^2+2n+\frac{3}{4}\right) \stackrel{\text{raízes iguais a } -\frac{3}{2} \text{ e } -\frac{1}{2}}{=} 4\left(n-\left(-\frac{3}{2}\right)\right)\left(n-\left(-\frac{1}{2}\right)\right)$$

$$4n^2+8n+3 = \left(n+\frac{3}{2}\right)\left(n+\frac{1}{2}\right) = 4\left((n+1)+\frac{1}{2}\right)\left(n+\frac{1}{2}\right).$$

Logo, podemos tentar reescrever a parte de dentro do somatório da série como:

$$\frac{1}{4n^2+8n+3} = \frac{1}{4}\left(\frac{A}{(n+1)+\frac{1}{2}} + \frac{B}{n+\frac{1}{2}}\right) = \frac{1}{4}\left(\frac{A\left(n+\frac{1}{2}\right)+B\left((n+1)+\frac{1}{2}\right)}{\left((n+1)+\frac{1}{2}\right)\left(n+\frac{1}{2}\right)}\right)$$

Encontramos A e B resolvendo:

$$A\left(n+\frac{1}{2}\right)+B\left((n+1)+\frac{1}{2}\right) = A\left(n+\frac{1}{2}\right)+B\left(n+\frac{3}{2}\right) = 1 \Rightarrow A=-1 \text{ e } B=1$$

Vemos, portanto, que esta série é telescópica. Substituindo de volta, obtemos o termo da série:

$$\frac{1}{4}\left(\frac{A}{(n+1)+\frac{1}{2}}+\frac{B}{n+\frac{1}{2}}\right)=\frac{1}{4}\left(\frac{-1}{(n+1)+\frac{1}{2}}+\frac{1}{n+\frac{1}{2}}\right)=\frac{1}{4}\left(\frac{1}{n+\frac{1}{2}}-\frac{1}{(n+1)+\frac{1}{2}}\right)$$

Ao somar os elementos da série, obtemos (repare que os termos da soma, com exceção do primeiro e do último, se cancelam):

$$\underbrace{\frac{1}{4}\left[\left(\frac{1}{0+\frac{1}{2}}\right)-\left(\frac{1}{1+\frac{1}{2}}\right)\right]}_{n=0}+\underbrace{\frac{1}{4}\left[\left(\frac{1}{1+\frac{1}{2}}\right)-\left(\frac{1}{2+\frac{1}{2}}\right)\right]}_{n=1}+\underbrace{\frac{1}{4}\left[\left(\frac{1}{2+\frac{1}{2}}\right)-\left(\frac{1}{3+\frac{1}{2}}\right)\right]}_{n=2}+\cdots=$$

$$\frac{1}{4}\left[\left(\frac{1}{0+\frac{1}{2}}\right)-\lim_{n\to\infty}\left(\frac{1}{n+\frac{3}{2}}\right)\right]=\frac{1}{4}\left[\left(\frac{1}{0+\frac{1}{2}}\right)-0\right]=\frac{1}{4}2=\frac{1}{2}.$$

(2) Falso. O limite não é $\frac{5}{6}$.

Seguindo um raciocínio semelhante ao do item anterior, podemos escrever o n-ésimo termo da série como:

$$\frac{1}{n^2+6n+8}\overset{\text{raízes iguais a}}{\underset{-2\text{ e }-4}{=}}\frac{1}{(n-(-2))(n-(-4))}=\frac{1}{(n+2)(n+4)}$$

$$\frac{1}{n^2+6n+8}=\frac{A}{n+2}+\frac{B}{n+4}=\frac{A(n+4)+B(n+2)}{(n+2)(n+4)},$$

em que, $A(n+4)+B(n+2)=1 \Rightarrow (A+B)n+4A+2B=1$

Então:
$A+B=0 \Rightarrow A=-B$

$4A+2B=1 \Rightarrow 4(-B)+2B=1 \Rightarrow B=-\frac{1}{2}$

$\Rightarrow A=-B=\frac{1}{2}.$

E a série pode ser escrita como:

$$\sum_{n=0}^{+\infty}\frac{1}{n^2+6n+8} = \sum_{n=0}^{+\infty}\frac{A}{n+2}+\frac{B}{n+4} \underset{B=-\frac{1}{2}}{\overset{A=\frac{1}{2}}{=}} \sum_{n=0}^{+\infty}\frac{1}{2}\frac{1}{n+2}-\frac{1}{2}\frac{1}{n+4} = \sum_{n=0}^{+\infty}\frac{1}{2}\left[\frac{1}{n+2}-\frac{1}{n+4}\right]$$

$$\sum_{n=0}^{+\infty}\frac{1}{n^2+6n+8} = \frac{1}{2}\left(\sum_{n=2}^{+\infty}\frac{1}{n}-\sum_{n=4}^{+\infty}\frac{1}{n}\right) = \frac{1}{2}\left[\frac{1}{2}+\frac{1}{3}+\sum_{n=4}^{+\infty}\frac{1}{n}-\sum_{n=4}^{+\infty}\frac{1}{n}\right]$$

$$\sum_{n=0}^{+\infty}\frac{1}{n^2+6n+8} = \frac{1}{2}\left(\frac{1}{2}+\frac{1}{3}\right) = \frac{1}{2}\left(\frac{5}{6}\right) = \frac{5}{12}.$$

em que, na última igualdade da penúltima linha, decompomos a série $\sum_{n=2}^{+\infty}\frac{1}{n}$:

$$\sum_{n=2}^{+\infty}\frac{1}{n} = \left(\frac{1}{2}+\frac{1}{3}+\underbrace{\frac{1}{4}+\frac{1}{5}+...}_{\sum_{n=4}^{+\infty}\frac{1}{n}}\right) = \frac{1}{2}+\frac{1}{3}+\sum_{n=4}^{+\infty}\frac{1}{n}.$$

(3) Verdadeiro.

Usando o critério da razão, enunciado na revisão de conceitos, podemos verificar que é convergente:

$$\lim_{n\to+\infty}\left|\frac{\frac{(n+1)^2}{2^{n+1}}}{\frac{n^2}{2^n}}\right| = \lim_{n\to+\infty}\left|\frac{(n+1)^2}{2n^2}\right| = \lim_{n\to+\infty}\frac{(n+1)^2}{2n^2} = \lim_{n\to+\infty}\frac{\left|(n+1)^2\right|}{\left|2n^2\right|}$$

$$\lim_{n\to+\infty}\left|\frac{\frac{(n+1)^2}{2^{n+1}}}{\frac{n^2}{2^n}}\right| \overset{L'Hopital}{=} \lim_{n\to+\infty}\left|\frac{2(n+1)}{4n}\right| \overset{L'Hopital}{=} \lim_{n\to+\infty}\left|\frac{2}{4}\right| = \frac{1}{2} < 1$$

(4) Verdadeiro.

Novamente usando o critério da razão, enunciado na revisão de conceitos, podemos verificar que a série converge:

$$\lim_{n\to+\infty}\left|\frac{\frac{5^{n+1}}{(n+1)!}}{\frac{5^n}{n!}}\right| = \lim_{n\to+\infty}\left|\frac{5}{(n+1)}\right| = 0 < 1.$$

Questão 13

Um fabricante de um produto lança anualmente 60.000 unidades dele. Todo ano, cada unidade em uso tem uma probabilidade de 15% de parar de funcionar, ou seja, no final de cada ano espera-se que de cada 100 unidades funcionando no início, apenas 85 continuem funcionando. Calcular o número de unidades que se espera que estejam em funcionamento no longo prazo, isto é, quando o número de anos tende a infinito. Dar como Resolução a soma dos algarismos desse número.

Resolução:

A questão foi anulada.

O motivo foi, provavelmente, porque não estava claro se a contagem seria feita no início ou no final de cada ano.

Se fossem contadas as unidades no momento do ano logo após as novas unidades serem colocadas no mercado, a resposta seria dada pela soma de PG infinita:

$$\underbrace{60.000}_{\text{Lançado no ano 0}} + \underbrace{60.000(1-0{,}15)}_{\text{1 ano de depreciação}} + \underbrace{60.000(1-0{,}15)^2}_{\text{2 anos de depreciação}} + \ldots = n^\circ \text{ de unidades}$$

Então, o número de unidades disponíveis seria simplesmente $\frac{60.000}{1-(1-0{,}15)} = \frac{60.000}{0{,}15} = 400.000$ e a resposta seria dada por 4 + 0 + 0 + 0 + 0 + 0 = 4.

No entanto, se contássemos as unidades no final do ano (imediatamente antes de as novas unidades serem lançadas), teríamos:

$$\underbrace{60.000(1-0{,}15)}_{\text{1 ano de depreciação}} + \underbrace{60.000(1-0{,}15)^2}_{\text{2 anos de depreciação}} + \ldots = n^\circ \text{ de unidades}$$

Então, o número de unidades seria dado por $\frac{60.000 \cdot 0{,}85}{1-(1-0{,}15)} = (0{,}85)400.000 = 340.000$. Nesse caso, a resposta da questão seria 3 + 4 + 0 + 0 + 0 + 0 = 7.

7 Equações em Diferenças e Diferenciais

REVISÃO DE CONCEITOS

Apresentamos a seguir uma breve Revisão de Conceitos deste tópico. É importante ressaltar que o resumo aqui apresentado não é exaustivo, mas tem a função apenas de servir de suporte para a demonstração de algumas soluções. Por isso, recomendamos, antes da resolução, o estudo das referências citadas no fim do livro.

Equações Separáveis

Algumas equações diferenciais são separáveis. Se tivermos uma equação diferencial separável, ela poderá ser escrita como abaixo:

$$\frac{dy}{dx} = f(x)g(y)$$

Assim, podemos rearranjá-la de modo a separar as partes que contêm x das que contêm y e integrar os dois lados da equação separadamente. A solução será da forma:

$$\int \frac{dy}{g(y)} = \int f(x)dx$$

Equações Diferenciais de 1ª Ordem Não Separáveis (Stewart, James – Cálculo, vol. II, 6ª edição)

Para resolver a equação diferencial linear $y' + P(x)y = Q(x)$, multiplique ambos os lados pelo **fator integrante** $I(x) = e^{\int P(x)dx}$ e integre ambos os lados.

Equações Lineares de 2ª Ordem Homogêneas

Sendo: $A(x)y''(x) + B(x)y'(x) + C(x)y = 0$ uma equação diferencial linear de 2ª ordem, sua solução será da forma:

$$y(x) = c_1 y_1(x) + c_2 y_2(x)$$

Onde $y_1(x)$ e $y_2(x)$ são soluções particulares e c_1 c_2 são constantes.

A equação diferencial da forma $ay'' + by' + cy = 0$ possui uma equação característica da forma $ar^2 + br + c = 0$, que é essencial para a resolução do problema.

Sendo r_1 e r_2 as raízes da equação característica, temos os seguintes casos:

Casos:
1º: se $b^2 - 4ac > 0$
$$y = c_1 e^{xr1} + c_2 e^{xr2}$$
2º: se $b^2 - 4ac = 0$; $r_1 = r_2 = r$
$$y = c_1 e^{rx} + c_2 x e^{rx}$$
3º: se $b^2 - 4ac < 0$
$$r_1 = a + ib \text{ e } r_2 = a + ib$$
$$y = e^{ax}(c_1 \cos bx + c_2 \operatorname{sen} bx)$$

Sistemas de Equações Diferenciais
Exponencial de Matriz:

A matriz A tem sua exponencial igual a PBP^{-1}, onde B pode ser de 3 formas diferentes. Temos os seguintes casos:

1º caso: autovalores μ e λ diferentes.

$$B = \begin{bmatrix} \lambda & 0 \\ 0 & \mu \end{bmatrix} \rightarrow e^{tB} = \begin{bmatrix} e^{t\lambda} & 0 \\ 0 & e^{t\mu} \end{bmatrix}$$

2º caso: autovalores λ repetidos.

$$B = \begin{bmatrix} \lambda & 1 \\ 0 & \lambda \end{bmatrix} \rightarrow e^{tB} = e^{t\lambda} \begin{bmatrix} 1 & t \\ 0 & 1 \end{bmatrix}$$

3º caso: autovalores complexos $r = a \pm bi$.

$$B = \begin{bmatrix} a & -b \\ b & a \end{bmatrix} \rightarrow e^{tB} = e^{at} \begin{bmatrix} \cos bt & -\operatorname{sen} bt \\ \operatorname{sen} bt & \cos bt \end{bmatrix}$$

A matriz A será:

$A = PBP^{-1}$, sendo P a matriz dos autovetores e P^{-1} sua inversa.

E sua exponencial:

$e^{At} = Pe^{Bt}P^{-1}$

Teorema: seja A um operador linear do R^n, a única solução do problema $X' = AX, X(0) = X_0$ é $X(t) = e^{At} X_0$.

PROVA DE 2006

Questão 3

Avalie as opções:

- (0) Seja $x_t = 0,5x_{t-1} + 3$, $x_0 = 0$. Então, $\lim_{t \to \infty} x_t = 6$.
- (1) Seja $x_t = 0,5x_{t-1} + 3$, $x_0 = 2$. Então, $\lim_{t \to \infty} x_t = 8$.
- (2) Se $x_t = \alpha_0 + \alpha_1 x_{t-1} + \alpha_2 x_{t-2}$, então, $\lim_{t \to \infty} x_t = K$, em que K é finito, se, e somente se, α_0 e α_1 forem menores do que 1 em módulo.
- (3) Uma matriz A $n \times n$ é diagonalizável somente se seus autovalores forem todos distintos.
- (4) Considere duas séries de números positivos $S_n = \sum_n a_n$ e $S_n^* = \sum_n b_n$ com $a_n \geq b_n$ para todo $n > 100$. Então se S_n converge, S_n^* também converge.

Resolução:

O item (3) está resolvido no capítulo Álgebra Linear.

O item (4) está resolvido no capítulo Sequências e Séries.

(0) Verdadeiro. A equação característica será:

$\lambda - 0.5 = 0$

$\lambda = 0.5$

$x_t^h = c\lambda^t = c(0.5)^t$

Chutando a solução particular:

$x^p = k$

Substituindo na equação em diferenças:

$k - 0.5k = 3$

$\quad k = 6$

$\quad x_t = c(0.5)^t + 6$

$\lim\limits_{t \to \infty} x_t = 6$

(1) Falso. Independentemente da condição inicial, o limite converge para a solução particular (6), como visto no item (0).

(2) Falso. Para que as raízes da equação homogênea sejam menores que 1 em valor absoluto, a condição necessária e suficiente será:

$\alpha_2 + \alpha_1 < 1,\ \alpha_2 - \alpha_1 < 1,\ \alpha_2 > -1$

Questão 15

Seja $y(x)$ uma solução da equação diferencial $\dfrac{dy}{dx} + 2y = 4$. Calcule $\lim\limits_{x \to \infty} y(x)$.

Resolução:

$\mathring{y} + 2y = 4$

O fator integrante será:

$e^{\int 2dx} = e^{2x}$

Multiplicando a equação inicial por este fator, obtemos:

$\mathring{y}e^{2x} + 2ye^{2x} = 4e^{2x}$

$\quad \dfrac{d\left[ye^{2x}\right]}{dx} = 4e^{2x}$

$\quad \int d\left[ye^{2x}\right] = \int 4e^{2x} dx$

$\quad\quad ye^{2x} = 2e^{2x} + k$

$\quad\quad\quad y = 2 + \dfrac{k}{e^{2x}}$

$\lim\limits_{x \to \infty} y(x) = 2$

PROVA DE 2008

Questão 12

Considere a equação diferencial $y''(x) + y'(x) + 2y(x) = 0$ com condições iniciais $y(0) = 1$ e $y'(0) = 0$. Calcule $y'''(0)$.

Resolução:

Note que não é necessário achar a solução geral desta equação diferencial homogênea.

$$y''(x) + y'(x) + 2y(x) = 0$$

Avaliando em $x = 0$:
$$y''(0) + y'(0) + 2y(0) = 0$$

E substituindo os valores dados no enunciado:

$$y''(0) + 0 + 2 = 0$$
$$y'''(0) = -2$$

Diferenciando a primeira equação em relação a x, obtemos:
$$y'''(x) + y''(x) + 2y'(x) = 0$$

Avaliando em $x = 0$:
$$y'''(0) + y''(0) + 2y'(0) = 0$$
$$y'''(0) - 2 + 0 = 0$$
$$y'''(0) = 2$$

que é o resultado dado no gabarito.

PROVA DE 2009

Questão 14

Seja $f : \mathbb{R} \to \mathbb{R}$ uma função duas vezes diferenciável, tal que $f(0) = f'(0) = 1$ e $f'' + 2f' + f = 0$. Se $A = \ln\left(\dfrac{f(4)}{9}\right)$, calcule o valor de $\alpha = \left[A\int_0^1 e^t f(t) dt\right]^2$.

Resolução:

A equação característica desta equação diferencial será:
$$\lambda^2 + 2\lambda + 1 = 0$$
$$soma = -2$$
$$produto = 1$$

Portanto, as raízes serão:
$$\lambda_1 = \lambda_2 = -1$$

Como as raízes são reais e iguais, a solução geral assumirá o seguinte formato:
$$f(t) = k_1 e^{\lambda_1 t} + k_2 t e^{\lambda_2 t}$$
$$f(t) = k_1 e^{-t} + k_2 t e^{-t}$$

Avaliando em $x = 0$ e substituindo uma das condições iniciais:
$$f(0) = k_1 e^{0t} + k_2 \cdot 0 \cdot e^{0t} = 1$$
$$k_1 = 1$$

Diferenciando a solução geral:
$$f'(t) = -k_1 e^{-t} + -k_2 e^{-t} - k_2 t e^{-t}$$

Avaliando em $t = 0$ e substituindo a outra condição inicial:
$$f'(0) = -k_1 e^{-0} + k_2 e^{-0} - k_2 \cdot 0 \cdot e^0 = 1$$
$$f'(0) = -k_1 + k_2 = 1$$
$$= -1 + k_2 = 1 \Rightarrow k_2 = 2$$

Substituindo de volta em $f(t)$:
$$f(t) = e^{-t} + 2t e^{-t}$$

Agora, para calcularmos o valor de A, necessitamos, primeiro, calcular:
$$f(4) = e^{-4} + 2 \cdot 4 \cdot e^{-4} = 9e^{-4}$$

Calculando A:

$$A = \ln\left(\frac{f(4)}{9}\right) = \ln\left(\frac{9e^{-4}}{9}\right) = -4$$

Calculando α:

$$\alpha = \left[A\int_0^1 e^t f(t)dt\right]^2 = \left[-4\int_0^1 e^t\left[e^{-t} + 2te^{-t}\right]dt\right]^2$$

$$= \left[-4\int_0^1 [1+2t]dt\right]^2 = \left[-4\left[t+t^2\right]_{t=0}^{t=1}\right]^2 = \left[-4[1+1]\right]^2$$

$$= [-8]^2 = 64$$

que é o resultado do gabarito.

PROVA DE 2010

Questão 12

Considere as equações diferenciais abaixo e julgue as afirmativas:

(I) $y'' - 4y = 0$

(II) $y'' - 3y' - 4y = 4x^2$

(III) $y'' - 2y' + y = 0$

⓪ (I), (II) e (III) são equações diferenciais lineares de segunda ordem.

① $y = e^{-2x} + 2e^{2x}$ é solução de (I), para os valores de contorno $y(0) = 3$ e $y(\ln 3) = \frac{163}{9}$.

② A solução da homogênea associada a (II) é $y_h = Ae^{-3x} + Be^{-4x}$, em que A e B são constantes arbitrárias.

③ $y_p = -x^2 + \frac{3}{2}x - \frac{13}{8}$ é solução particular de (II).

④ A equação característica de (III) possui 2 raízes distintas.

Resolução:

(0) Verdadeiro. Tais equações são diferenciais (tempo contínuo) lineares de segunda ordem (têm segunda derivada), sendo que a (I) e (III) são homogêneas.

(1) Verdadeiro. Para obtermos a solução de (I), precisamos do seu polinômio característico:

$$\lambda^2 - 4 = 0$$
$$\lambda_1 = 2, \lambda_2 = -2$$

A solução geral desta equação será da forma:
$$y(x) = k_1 e^{\lambda_1 x} + k_2 e^{\lambda_2 x}$$
$$y(x) = k_1 e^{-2x} + k_2 e^{2x}$$

Avaliando nas condições iniciais:
$$y(0) = k_1 + k_2 = 3 \Rightarrow k_1 = 3 - k_2$$
$$y(\ln 3) = k_1 e^{-2\ln 3} + k_2 e^{2\ln 3} = \frac{163}{9}$$
$$= k_1 e^{\ln 3^{-2}} + k_2 e^{\ln 3^2} = \frac{163}{9}$$
$$= \frac{k_1}{9} + 9k_2 = \frac{163}{9}$$
$$\overset{\times 9}{\Rightarrow} k_1 + 81k_2 = 163$$

Substituindo k_1:
$$\Rightarrow 3 - k_2 + 81k_2 = 163$$
$$\Rightarrow 80k_2 = 160$$
$$\Rightarrow k_2 = 160/80 = 2$$
$$k_1 = 3 - k_2 = 3 - 2 = 1$$

Substituindo de volta em $y(x)$, teremos:
$$y(x) = e^{-2x} + 2e^{2x}$$

(2) Falso. A solução da homogênea associada a (II) é obtida a partir do polinômio característico:

$$\lambda^2 - 3\lambda - 4 = 0$$
$$soma = 3$$
$$produto = -4$$
$$\lambda_1 = 4, \lambda_2 = -1$$

A solução homogênea será:
$$y_h = Ae^{-x} + Be^{4x}$$

(3) Verdadeiro. Para avaliarmos se tal equação é válida como uma solução particular de (II), podemos substituí-la em (II). Para isso, precisamos obter suas primeira e segunda derivadas também:

$$y'_p = -2x + \frac{3}{2}$$
$$y''_p = -2$$

substituindo y_p e suas derivadas acima na expressão do lado esquerdo da equação (II), obtemos:

$$y'' - 3y' - 4y = -2 - 3\left(-2x + \frac{3}{2}\right) - 4\left(-x^2 + \frac{3}{2}x - \frac{13}{8}\right) =$$
$$-2 + 6x - \frac{9}{2} + 4x^2 - 6x + \frac{13}{2} = 4x^2 - 2 - \frac{4}{2} = 4x^2$$

ou seja, a solução particular satisfaz a equação (II).

(4) Falso. Obtendo a equação (polinômio) característica(o) de (III), teremos:
$$\lambda^2 - 2\lambda + 1 = 0$$
$$\Delta = (-2)^2 - 4 \cdot 1 \cdot 1 = 4 - 4 = 0$$

logo, tal equação tem duas raízes reais iguais e não distintas.

Questão 15

Considere o sistema de equações diferenciais abaixo:
$$\begin{cases} x' = 2x - 2y \\ y' = -3x + y \end{cases}$$

Se $x(0) = 5$ e $y(0) = 0$, encontre $\dfrac{x'''(0)}{2}$

Resolução:

Avaliando tal sistema no ponto $t = 0$, e substituindo as condições iniciais dadas no enunciado:

$$x'(0) = 2x(0) - 2y(0)$$
$$= 2 \cdot 5 - 2 \cdot 0 = 10$$
$$y'(0) = -3x(0) + y(0)$$
$$= -3 \cdot 5 + 0 = -15$$

Diferenciando cada equação do sistema:
$$x'' = 2x' - 2y'$$
$$y'' = -3x' + y'$$

Avaliando em $t = 0$, e substituindo as derivadas obtidas acima:

$$x''(0) = 2x'(0) - 2y'(0)$$
$$= 2 \cdot 10 - 2 \cdot (-15)$$
$$= 20 + 30 = 50$$
$$y''(0) = -3x'(0) + y'(0)$$
$$= -3 \cdot 10 - 15 = -45$$

Diferenciando a primeira derivada da primeira equação obtida acima:
$$x''' = 2x'' - 2y''$$

Avaliando em $t = 0$ e substituindo as derivadas segundas obtidas acima:
$$x'''(0) = 2x''(0) - 2y''(0) = 2(x''(0) - y''(0))$$
$$= 2(50 + 45) = 2 \cdot 95.$$

Logo, o resultado pedido será:
$$\frac{x'''(0)}{2} = \frac{2 \cdot 95}{2} = 95$$

PROVA DE 2011

Questão 11

Seja g : R → R uma função contínua e ℑ o conjunto de todas as soluções x : R → R da equação diferencial

$$x''(t) - 2x'(t) - 3x(t) = g(t) \qquad (*)$$

Seja φ ∈ ℑ uma solução de (∗) com condições iniciais $\varphi(0) = 3$ e $\varphi'(0) = 4$. Julgue os itens abaixo:

- Ⓞ Se $g(t) = e^{-t}$, a função $x_p(t) = -\dfrac{1}{2}te^{-t}$ é uma solução particular de (∗).
- ① Se $g(t) = e^{-t}$, a solução φ é dada por $16\varphi(t) = 19e^{-t} + 29e^{3t} - 4te^{-t}$.
- ② Se $g(t) = 3t$, a função $x_p(t) = \dfrac{2}{3} - t$ é uma solução particular de (∗).
- ③ Se $g(t) = 3$, a função $x_p = -2$ é uma solução particular de (∗).
- ④ Se $g(t) = 3$, a solução φ é dada por $\varphi(t) = 2e^{-t} + 2e^{3t} - 1$.

Resolução:

(0) Falso. Vamos verificar diretamente se esta função é solução particular da equação diferencial dada no enunciado:

$$x_p(t) = -\frac{1}{2}te^{-t}$$

$$x_p'(t) = -\frac{1}{2}e^{-t} + \frac{1}{2}te^{-t}$$

$$x_p''(t) = \frac{1}{2}e^{-t} + \frac{1}{2}e^{-t} - \frac{1}{2}te^{-t} = e^{-t} - \frac{1}{2}te^{-t}$$

Substituindo na equação diferencial:

$$e^{-t} - \frac{1}{2}te^{-t} + e^{-t} - te^{-t} + \frac{3}{2}te^{-t} = 2e^{-t} \neq e^{-t}$$

(1) Verdadeiro. A solução homogênea é obtida a partir da equação característica:

$$\lambda^2 - 2\lambda - 3 = 0$$

$soma = 2$

$produto = -3$

$\lambda_1 = 3, \lambda_2 = -1$

A solução homogênea será:

$$\varphi_h(t) = k_1 e^{-t} + k_2 e^{3t}$$

Tentando a solução particular:

$$\varphi_p(t) = k_3 e^{-t}$$

Diferenciando duas vezes:

$$\varphi_p'(t) = -k_3 e^{-t}$$
$$\varphi_p''(t) = k_3 e^{-t}$$

Substituindo na equação diferencial:
$$k_3 e^{-t} + 2k_3 e^{-t} - 3k_3 e^{-t} = 0$$

Assim, tentemos a solução particular:
$$\varphi_p(t) = k_3 t e^{-t}$$

Diferenciando duas vezes:

$$\varphi_p'(t) = k_3 e^{-t} - k_3 t e^{-t}$$
$$\varphi_p''(t) = -k_3 e^{-t} - k_3 e^{-t} + k_3 t e^{-t} = -2k_3 e^{-t} + k_3 t e^{-t}$$

Substituindo na equação diferencial:
$$-2k_3 e^{-t} + k_3 t e^{-t} - 2k_3 e^{-t} + 2k_3 t e^{-t} - 3k_3 t e^{-t} = e^{-t}$$
$$-4k_3 e^{-t} = e^{-t}$$
$$k_3 = -\frac{1}{4}$$

Assim, a solução geral será:

$$\varphi(t) = \varphi_h(t) + \varphi_p(t)$$
$$\varphi(t) = k_1 e^{-t} + k_2 e^{3t} - \frac{1}{4} t e^{-t}$$
$$\varphi'(t) = -k_1 e^{-t} + 3k_2 e^{-3t} - \frac{1}{4} e^{-t} + \frac{1}{4} t e^{-t}$$

Avaliando nas condições iniciais:

$\varphi(0) = k_1 + k_2 = 3 \rightarrow k_1 = 3 - k_2$

$\varphi'(0) = -k_1 + 3k_2 - \dfrac{1}{4} = 4$

$ = -3 + k_2 + 3k_2 = \dfrac{17}{4}$

$ = 4k_2 = \dfrac{29}{4} \rightarrow k_2 = \dfrac{29}{16}$

$k_1 = 3 - \dfrac{29}{16} = \dfrac{19}{16}$

Substituindo na solução geral:

$\varphi(t) = k_1 e^{-t} + k_2 e^{3t} - \dfrac{1}{4} t e^{-t} = \dfrac{19}{16} e^{-t} + \dfrac{29}{16} e^{3t} - \dfrac{1}{4} t e^{-t}$

Multiplicando por 16 obtemos:

$16\varphi(t) = 19e^{-t} + 29e^{3t} - 4te^{-t}$.

(2) Verdadeiro. Diferenciando duas vezes a solução particular:

$x_p(t) = \dfrac{2}{3} - t$

$x'_p(t) = -1$

$x''_p(t) = 0$

Substituindo na equação diferencial:

$0 - 2(-1) - 3\left(\dfrac{2}{3} - t\right) = 2 - 2 + 3t = 3t$

(3) Falso. Diferenciando duas vezes a solução particular:

$x_p(t) = -2$

$x'_p(t) = 0$

$x''_p(t) = 0$

Substituindo na equação diferencial:

$0 - 2(0) - 3(-2) = 6 \neq 3$

(4) Verdadeiro. A solução particular será:
$$x_p(t) = k$$
$$x'_p(t) = 0$$
$$x''_p(t) = 0$$

Substituindo na equação diferencial:
$$0 - 2(0) - 3k = 3 \to k = -1$$

A solução homogênea foi obtida no item 1. Assim, a solução geral será:
$$\varphi(t) = k_1 e^{-t} + k_2 e^{3t} - 1$$
$$\varphi'(t) = -k_1 e^{-t} + 3k_2 e^{3t}$$

Avaliando nas condições iniciais:
$$\varphi(0) = k_1 + k_2 - 1 = 3 \to k_1 + k_2 = 4$$
$$\varphi'(0) = -k_1 + 3k_2 = 4$$
$$-(4 - k_2) + 3k_2 = 4$$
$$4k_2 = 8 \to k_2 = 2$$
$$k_1 = 4 - k_2 = 4 - 2 = 2$$

Logo, a solução geral será:
$$\varphi(t) = 2e^{-t} + 2e^{3t} - 1$$

Questão 12

Seja A a matriz 2 x 2 à qual está associado o sistema de equações diferenciais com coeficientes constantes reais
$$\begin{cases} x' = ax + by \\ y' = cx + dy \end{cases}$$

Avalie os seguintes itens:

◎ Para $a = b = d = 1$ e $c = 4$, os autovalores de A são $\lambda = 1$ e $\mu = 3$.
① A origem (0,0) é um ponto de sela se $a = b = d = 1$ e $c > 1$.
② Para $a = d = -b = -1$ e $0 < c < 1$, os autovalores de A são números reais negativos distintos.
③ A origem (0,0) é um ponto de equilíbrio assintoticamente estável para $a = d = -b = -1$ e $c = 1/4$.
④ A origem (0,0) é um ponto de equilíbrio assintoticamente estável para $a = c = -d = -1$ e $b = 2$.

Resolução:

(0) Falso. Monte o sistema em termos matriciais:

$$\begin{bmatrix} a & b \\ c & d \end{bmatrix} \begin{bmatrix} x \\ y \end{bmatrix} = \begin{bmatrix} x' \\ y' \end{bmatrix}$$

Assumindo os valores dados no item:

$$A = \begin{bmatrix} a & b \\ c & d \end{bmatrix} = \begin{bmatrix} 1 & 1 \\ 4 & 1 \end{bmatrix}$$

A equação característica será:

$$|A - \lambda I| = \begin{vmatrix} 1-\lambda & 1 \\ 4 & 1-\lambda \end{vmatrix} = 0$$

$$= (1-\lambda)^2 - 4 = 0$$

$$= 1 - 2\lambda + \lambda^2 - 4 = 0$$

$$= \lambda^2 - 2\lambda - 3 = 0$$

$Soma = 2$

$Produto = -3$

$$\lambda_1 = 3, \lambda_2 = -1$$

Assim, os autovalores são 3 e – 1.

(1) Verdadeiro. Observe que (0,0) é a solução particular do sistema. De fato, seja $(\overline{x},\overline{y})$ a solução particular. Então, $x' = 0$ e $y' = 0$. Matricialmente,

$$\underbrace{\begin{bmatrix} a & b \\ c & d \end{bmatrix}}_{A} \begin{bmatrix} \overline{x} \\ \overline{y} \end{bmatrix} = \begin{bmatrix} 0 \\ 0 \end{bmatrix}$$

Note que $\det(A) = ad - cb = 1 - c < 0$. Portanto, A é invertível e $(\overline{x}, \overline{y}) = (0,0)$.

Considere as soluções tentativas:

$$\begin{bmatrix} x(t) \\ y(t) \end{bmatrix} = \begin{bmatrix} m \\ n \end{bmatrix} \exp^{\lambda t} \Rightarrow \begin{bmatrix} x'(t) \\ y'(t) \end{bmatrix} = \lambda \begin{bmatrix} m \\ n \end{bmatrix} \exp^{\lambda t}$$

substituindo no sistema:

$$A \cdot \begin{bmatrix} x(t) \\ y(t) \end{bmatrix} = \begin{bmatrix} x'(t) \\ y'(t) \end{bmatrix}$$

$$A \begin{bmatrix} m \\ n \end{bmatrix} e_x p^{\lambda t} = \lambda \begin{bmatrix} m \\ n \end{bmatrix} e_x p^{\lambda t}$$

$$(A - \lambda I) \begin{bmatrix} m \\ n \end{bmatrix} = \begin{bmatrix} 0 \\ 0 \end{bmatrix}$$

Para evitar a solução trivial $(m,n) = (0,0)$ é necessário que $|A - \lambda I| = 0$, de onde obtemos o polinômio característico:

$$|A - \lambda I| = \left| \begin{bmatrix} a & b \\ c & d \end{bmatrix} - \begin{bmatrix} \lambda & 0 \\ 0 & \lambda \end{bmatrix} \right|$$

$$t \left| \begin{bmatrix} a - \lambda & b \\ c & d - \lambda \end{bmatrix} \right|$$

$$= (a - \lambda)(d - \lambda) = 0$$

Dadas as hipóteses do item, o polinômio é $(1 - \lambda)^2 - c = 0$, cujas raízes são $\lambda_1 = 1 + \sqrt{c} > 0$ e $\lambda_2 = 1 - \sqrt{c} < 0$. A solução será, então:

$$\begin{bmatrix} x(t) \\ y(t) \end{bmatrix} = \begin{bmatrix} m_1 \\ n_1 \end{bmatrix} \exp^{\lambda_1 t} + \begin{bmatrix} m_2 \\ n_2 \end{bmatrix} \exp^{\lambda_2 t} + \begin{bmatrix} \overline{x} \\ \overline{y} \end{bmatrix}$$

onde, $\begin{bmatrix} \overline{x} \\ \overline{y} \end{bmatrix} = \begin{bmatrix} 0 \\ 0 \end{bmatrix}$. Como $\lambda_1 < 0$, o primeiro termo converge para zero, enquanto o segundo termo diverge, já que $\lambda_2 > 0$. Se $(m_2, n_2) = (0,0)$, haverá convergência para a solução particular. Para qualquer outro (m_2, n_2) não haverá convergência. Ou seja, trata-se de um ponto de sela.

Observação: Tal resultado poderia ser aferido diretamente da observação de que um dos autovalores da matriz A é negativo (induz convergência) e o outro é positivo (induz divergência).

(2) Verdadeiro. A matriz A será:

$$A = \begin{bmatrix} -1 & 1 \\ c & -1 \end{bmatrix}$$

Os autovalores serão:

$$|A - \lambda I| = \begin{vmatrix} -1-\lambda & 1 \\ c & -1-\lambda \end{vmatrix} = 0$$

$$(-1)^2 (1+\lambda)^2 - c = 0$$
$$\lambda^2 + 2\lambda + (1-c) = 0$$
$$\Delta = 4 - 4(1-c)$$
$$\Delta = 4c$$
$$\lambda = \frac{-2 \pm 2\sqrt{c}}{2} = -1 \pm \sqrt{c}$$

Como $0 < c < 1$, então:
$$\lambda = -1 \pm \sqrt{c} < 0$$

sendo distintos entre si.

(3) Verdadeiro. A forma de solucionar aqui é semelhante à do item (1). Novamente, (0,0) é solução particular, pois $\det(A) = 1 - \frac{1}{4} = \frac{3}{4} > 0$. O polinômio característico é $\lambda^2 + 2\lambda + \frac{3}{4} = 0$, cujas raízes são $\lambda_1 = -\frac{3}{2}$ e $\lambda_2 = -\frac{1}{2}$. Como os dois autovalores de A são negativos, ambos os termos da solução tentativa são convergentes. Portanto, (0,0) é solução estável.

(4) Falso. A forma de solucionar aqui é semelhante à do item (1). Novamente, (0,0) é solução particular, pois $\det(A) = -1 + 2 = 1 > 0$. O polinômio característico é $\lambda^2 + 1 = 0$, cujas raízes são complexas, $\lambda_1 = i$ e $\lambda_2 = -i$. A solução geral será:

$$\begin{bmatrix} x(t) \\ y(t) \end{bmatrix} = \begin{bmatrix} m_1 \\ n_1 \end{bmatrix} \exp^{it} + \begin{bmatrix} m_2 \\ n_2 \end{bmatrix} \exp^{-it} + \begin{bmatrix} \overline{x} \\ \overline{y} \end{bmatrix}$$

onde, $\begin{bmatrix} \overline{x} \\ \overline{y} \end{bmatrix} = \begin{bmatrix} 0 \\ 0 \end{bmatrix}$. Lembrando das relações de Euler:

$$\exp(it) = \cos(t) + i\,sen(t)$$
$$\exp(-it) = \cos(t) - i\,sen(t)$$

Reescrevendo a solução:
$$\begin{bmatrix} x(t) \\ y(t) \end{bmatrix} = \begin{bmatrix} m_1 + m_2 \\ n_1 + n_2 \end{bmatrix} \cos(t) + \begin{bmatrix} m_1 - m_2 \\ n_1 - n_2 \end{bmatrix} i\,sen(t) + \begin{bmatrix} \overline{x} \\ \overline{y} \end{bmatrix}$$

Observe que a solução é uma soma de funções periódicas e, portanto, é também periódica. Conclui-se que não há convergência para a solução particular (0,0).

Tal resultado poderia ser aferido diretamente da observação de que a parte real dos autovalores da matriz A é nula. A este respeito ver Chiang (1982, cap. 17, seção 17.4).

PROVA DE 2012
Questão 12

Considere as equações diferenciais abaixo e julgue as afirmativas:
(I) $t^2 y' + ty = 1$ (para $t > 0$)
(II) $y'' - 2y' - 3y = 9t^2$

Ⓞ (I) e (II) são equações diferenciais lineares.
① O fator integrante da equação (I) é $I(t) = e^t$.
② $y = \dfrac{\ln t}{t}$ é uma solução da equação (I) para o problema de valor inicial $y(1) = 0$
③ A solução da equação homogênea associada à equação (II) é $y(t) = k_1 e^{3t} + k_2 e^{-t}$, em que k_1 e k_2 são constantes.
④ $y_p(t) = At^2$ é uma solução particular de (II) para algum A real.

Resolução:

(0) Verdadeiro. Uma equação diferencial linear de primeira ordem é aquela que pode ser escrita na forma $\frac{dy}{dx} + P(x)y = Q(x)$, onde P e Q são funções contínuas. Logo, a equação (I) é linear de primeira ordem. E uma equação diferencial linear de segunda ordem tem a forma $P(x)\frac{d^2y}{dx^2} + Q(x)\frac{dy}{dx} + R(x)y = G(x)$, onde P, Q, R e G são funções contínuas. Portanto, a equação (II) é linear de segunda ordem.

(1) Falso. Usando a notação do item (0) o fator integrante seria:
$$I(x) = e^{\int P(x)dx}$$

Para isso, temos que colocar a equação no formato $y' + P(x)y = Q(x)$:
$$y' + \frac{1}{t}y = \frac{1}{t^2}$$

Logo, o fator integrante será:
$$I(t) = e^{\int \frac{1}{t}dt} = e^{\ln t} = t$$

(2) Verdadeiro. Multiplicando a equação diferencial, expressa no formato do item 1, pelo fator integrante, obtemos:
$$ty' + y = \frac{1}{t} \Rightarrow \int d(ty) = \int \frac{1}{t}dt \Rightarrow ty = \ln t + c \Rightarrow y = \frac{\ln t}{t} + \frac{c}{t}.$$ Usando a condição inicial $y(1) = 0$, temos que $c = 0 \Rightarrow y = \frac{\ln t}{t}$

(3) Verdadeiro. Temos que resolver a equação homogênea $y'' - 2y' - 3y = 0$. Para isso, vamos calcular as raízes do polinômio característico $\lambda^2 - 2\lambda - 3 = 0$.

Usando a fórmula de Bhaskara: $\lambda = \frac{2 \pm \sqrt{4+12}}{2} \Rightarrow \lambda_1 = 3 \text{ e } \lambda_2 = -1$

A solução da equação homogênea é, então, $y_h = k_1 e^{3t} + k_2 e^{-t}$.

(4) Falso. $y = At^2 \Rightarrow y' = 2At \Rightarrow y = 2A$. Substituímos na equação (II): $2A - 4At - 3At^2 = 9t^2$ e obtemos o valor de A. Encontramos, no entanto, duas respostas quando deveríamos ter encontrado somente um valor para A. Logo, $y = At^2$ não é uma solução particular.

PROVA DE 2013
Questão 11

Suponha que as medidas adotadas pelo governo geraram uma dinâmica para a inflação π_t e taxa de juros r_t mensal que obedece à seguinte equação.

$$\begin{bmatrix} \pi_{t+1} \\ r_{t+1} \end{bmatrix} = A \begin{bmatrix} \pi_t \\ r_t \end{bmatrix} + b \text{ em que } A = \begin{bmatrix} 0,9 & -0,1 \\ 0,8 & 0,2 \end{bmatrix} e\, b = \begin{bmatrix} 0,005 \\ -0,008 \end{bmatrix}$$

Julgue as seguintes afirmações:

Ⓞ O estado estacionário para a inflação é 3% ao mês, mas ele é instável.

① O estado estacionário para a taxa de juros é 2% ao mês e ele é estável.

② Dependendo das condições iniciais, este processo pode gerar hiperinflação (inflação acima de 50% ao mês) e taxas de juros acima de 30% ao mês, no longo prazo.

③ Existe um estado estacionário estável com inflação e taxa de juros zero.

④ A equação em diferenças de segunda ordem que resulta do sistema acima para a inflação é $\pi_{t+2} - 1,1\pi_{t+1} + 0,26\pi_t - 0,0048 = 0$.

Resolução:

Podemos escrever o sistema do seguinte modo:

(1) $\pi_{t+1} = 0,9\pi_t - 0,1r_t + 0,005$

(2) $r_{t+1} = 0,8\pi_t + 0,2r_t - 0,008$

(0) Falso. Primeiro veja a solução do item 4. No estado estacionário, devemos ter $\pi_t = \pi$, $\forall t$ (ou seja, devemos obter a solução particular). Da equação em diferenças de segunda ordem para a inflação (obtida no item 4):

$\pi - 1,1\pi + 0,26\pi - 0,0048 = 0$

$\Rightarrow \bar{\pi} = 0,03$

Para avaliar estabilidade, tome a equação homogênea $a\alpha^2 + b\alpha + c = 0$, $a = 1, b = -1,1, c = 0,26$

As raízes serão $z_1 = \dfrac{1{,}1+\sqrt{1{,}21-4*0{,}26}}{2} = \dfrac{1{,}1+\sqrt{0{,}17}}{2}$ e $z_2 = \dfrac{1{,}1-\sqrt{0{,}17}}{2}$.

Assim, a solução geral será:

$$\pi_t = Cz_1^t + Dz_2^t + \bar{\pi}$$

Como $|z_1| < 1$ e $|z_2| < 1$, quando t tende para infinito, π_t converge para $\bar{\pi}$. Assim, a solução (estado estacionário) é estável.

Observação: Outra forma de verificar: como as raízes são reais e $b = -1{,}1 \in (-2{,}1), c < \left(\dfrac{b}{2}\right)^2, a+b+c > 0$ e $a+c-b > 0$, temos que essa solução é estável.

(1) Verdadeiro. Faremos o procedimento análogo ao do item 4 para a taxa de juros:

A partir de (2): $r_{t+2} - r_{t+1} = 0{,}8\pi_{t+1} - 0{,}8\pi_t + 0{,}2r_{t+1} - 0{,}2r_t$

(1) $-\pi_t$: $\pi_{t+1} - \pi_t = -0{,}1\pi_t - 0{,}1r_t + 0{,}005$

(2) $\div 0{,}8$: $\pi_t = -0{,}25r_t + 1{,}25r_{t+1} + 0{,}01$

$\Rightarrow r_{t+2} - r_{t+1} = 0{,}8(-0{,}1(-0{,}25r_t + 1{,}25r_{t+1} + 0{,}01) - 0{,}1\ r_t + 0{,}005) + 0{,}2r_{t+1}$
$- 0{,}2\ r_t = -0{,}06\ r_t - 0{,}1\ r_{t+1} + 0{,}0032 + 0{,}2\ r_{t+1} - 0{,}2\ r_t =$
$= -0{,}26\ r_t + 0{,}1r_{t+1} - 0{,}0048$

$r_{t+2} - 1{,}1\ r_{t+1} + 0{,}26\ r_t - 0{,}0032 = 0$

Para obter a taxa de juros de equilíbrio:
$r - 1{,}1r + 0{,}26r - 0{,}0032 = 0$
$\Rightarrow r = 0{,}02$

A equação homogênea é idêntica à da trajetória da inflação. Por consequência, esta solução também é estável.

(2) Falso. Como vimos anteriormente, as soluções com $r = 0{,}02$ e $\pi = 0{,}03$ são estáveis, logo não há a possibilidade de ocorrer inflação acima de 50% ao mês e taxas de juros acima de 30% ao mês, para quaisquer condições iniciais.

(3) Falso. Para $\pi_t = r_t = 0$, teremos $\pi_{t+1} = 0{,}005$ e $r_{t+1} = -0{,}008$. Ou seja, não há estado estacionário com inflação e taxa de juros nulas.

(4) Verdadeiro. A partir das equações (1) e (2):

(1') $\pi_{t+2} - \pi_{t+1} = 0{,}9\pi_{t+1} - 0{,}9\pi_t - 0{,}1r_{t+1} + 0{,}1r_t$

(2') = (2) − r_t: $r_{t+1} - r_t = 0{,}8\pi_t - 0{,}8r_t - 0{,}008$

(3') = (1) × 10: $r_t = 9\pi_t - 10\pi_{t+1} + 0{,}05$

Substituindo (2') em (1') e (3') em (2'), temos:

$\pi_{t+2} - \pi_{t+1} = 0{,}9\pi_{t+1} - 0{,}9\pi_t - 0{,}1(0{,}8\pi_t - 0{,}8(9\pi_t - 10\pi_{t+1} + 0{,}05) - 0{,}008)$

$\pi_{t+2} - \pi_{t+1} = 0{,}9\pi_{t+1} - 0{,}9\pi_t - 0{,}08\pi_t + 0{,}072\pi_t - 0{,}8\pi_{t+1} + 0{,}004 + 0{,}0008$

$\pi_{t+2} - 1{,}1\pi_{t+1} + 0{,}26\pi_t - 0{,}0048 = 0$

PROVA DE 2014

Questão 10

Considere a seguinte equação diferencial: $y'' + ay' + y = 5$, $y(0) = 7$, $y'(0) = -3$, em que $a \in R$. Avalie as seguintes afirmações:

⓪ Se $a > 2$, então a solução converge monotonicamente decrescente a $\bar{y} = 5$.
① Se $-2 < a < 2$, então a solução converge oscilando a $\bar{y} = 5$.
② Se $a = 2$, então a solução converge a $\bar{y} = 5$.
③ Se $a < -2$, então a solução diverge de $\bar{y} = 5$.
④ Se $a = -2$, então a solução particular é uma função linear de x com inclinação negativa.

Resolução:

(0) Verdadeiro. Note que o polinômio característico é $y^2 + ay + 1$, que terá raízes $\lambda_1 = \dfrac{-a - \sqrt{a^2 - 4}}{2} < 0$ e $\lambda_2 = \dfrac{-a + \sqrt{a^2 - 4}}{2} < \dfrac{-a + \sqrt{a^2}}{2} = \dfrac{-a + a}{2} = 0$, com $\lambda_2 > \lambda_1$.

Como a solução particular será constante (ver resposta do item 4), a solução será tal que $y(x) = c_1 e^{x\lambda_1} + c_2 e^{x\lambda_2} + y_p$ e $y'(x) = y'_h(x) = c_1 \lambda_1 e^{x\lambda_1} + c_2 \lambda_2 e^{x\lambda_2}$.

Pelas condições dadas no enunciado, temos o sistema de equações

$$y(0) = c_1 + c_2 = 7 \text{ e } y'(0) = c_1\lambda_1 + c_2\lambda_2 = -3,$$

que resolvemos para obter $c_2 = \dfrac{3+7\lambda_1}{\lambda_1 - \lambda_2}$ e $c_1 = \dfrac{7\lambda_2 + 3}{\lambda_2 - \lambda_1}$.

Substituindo na derivada de y, temos

$$y'(x) = \frac{7\lambda_2 + 3}{\lambda_2 - \lambda_1}\lambda_1 e^{x\lambda_1} + \frac{3+7\lambda_1}{\lambda_1 - \lambda_2}\lambda_2 e^{x\lambda_2} < \left(\frac{7\lambda_2 + 3}{\lambda_2 - \lambda_1}\lambda_1 + \frac{3+7\lambda_1}{\lambda_1 - \lambda_2}\lambda_2\right)\max(e^{x\lambda_1}, e^{x\lambda_2}) =$$

$$= \left(\frac{3(\lambda_2 - \lambda_1)}{\lambda_1 - \lambda_2}\right)\max(e^{x\lambda_1}, e^{x\lambda_2}) = -3\max(e^{x\lambda_1}, e^{x\lambda_2}) < 0.$$

Ou seja, a solução convergirá, de fato, monotonicamente decrescente à solução particular (igual a 5, como veremos no item 4).

(1) Falso. Pelo item 0, observa-se que para os valores de a especificados no item fazem com que o polinômio característico não possua raízes reais, então nossa solução será da forma $y(x) = e^x(c_1\cos(ax) + c_2\sen(ax)) + y_p = e^x(c_1\cos(ax) + c_2\sen(ax)) + 5$.

Onde y_p é a solução particular (constante igual a 5; ver item 4). Note que a solução não converge, já que o termo em parênteses oscila periodicamente e e^x se torna arbitrariamente grande quando x tende a infinito.

(2) Verdadeiro. Neste caso, pelo item 0, observamos que a raiz será $\lambda = \dfrac{-a}{2} = -1 < 0$ do polinômio característico e a solução homogênea $y_h(x) = c_1 e^{x\lambda} + c_2 x e^{x\lambda}$.

Como a solução particular é constante (veja a resposta do item 4), teremos $\lim\limits_{x\to\infty} y(x) = \lim\limits_{x\to\infty}(y_h(x) + y_p) = 0 + y_p = 5$, pois $\lim\limits_{x\to\infty} x e^{x\lambda} = \lim\limits_{x\to\infty}\dfrac{x}{e^{-x\lambda}} = \lim\limits_{x\to\infty}\dfrac{1}{-\lambda e^{-x\lambda}} = 0$ $\lambda < 0$ por L'Hôpital (lembrando que $\lambda < 0$).

(3) Verdadeiro. Se $a < -2$, acharemos as raízes $\lambda_1 = \dfrac{-a + \sqrt{a^2 - 4}}{2} > 0$ e $\lambda_2 = \dfrac{-a - \sqrt{a^2 - 4}}{2} > \dfrac{-a - \sqrt{a^2}}{2} = \dfrac{-a - (-a)}{2} = 0$ do polinômio característico.

Como a solução homogênea será dada por $y_h(x) = c_1 e^{x\lambda_1} + c_2 e^{x\lambda_2}$ e a solução particular é constante (veja a resposta do item 4), temos que $\lim\limits_{x \to \infty} y(x)$ é mais ou menos infinito (caso c_1 e c_2 tenham o mesmo sinal – positivo e negativo, respectivamente) ou indeterminado (caso c_1 e c_2 tenham sinais distintos). Assim, a solução não convergirá para 5.

(4) Falso. Suponha, por absurdo, que a solução particular seja linear em x. Então a solução particular será dada por $y_p(x) = cx + b$. Então devemos ter $y_p''(x) + a y_p'(x) + y_p(x) = ac + cx + b = 5$.

Para que isso valha para todo x, devemos ter c=0, ou seja: A solução particular é uma constante (e não função linear de x).

Assim, para qualquer valor de *a*, a solução será uma constante:

$y_p = \overline{y}$

Como é uma constante, as suas derivadas serão nulas. Substituindo na equação diferencial:

$\overline{y} = 5$.

PROVA DE 2015

Questão 10

A demanda de mercado de um produto depende do preço corrente expresso na função $D_t = a - bp_t$, em que *a* e *b* são constantes positivas. Por motivos de estoque, a oferta de mercado do mesmo produto depende dos preços dos dois últimos períodos expressos em $S_t = c - dp_{t-1} + ep_{t-2}$, em que c, d e e são constantes positivas. Desta forma, ao igualarmos demanda e oferta teremos a dinâmica dos preços seguindo uma equação em diferenças finitas de ordem 2. Analisar o valor de verdade das seguintes afirmações:

◎ Se $a > c$, existe um preço estacionário de equilíbrio.
① Se $d < 2\sqrt{be}$, então a trajetória de preços de equilíbrio irá oscilar entorno do equilíbrio estacionário, quando este existir.

② Se $d < 2\sqrt{be}$, e $e > b$, então a trajetória de equilíbrio oscila entorno do equilíbrio estacionário se aproximando dele, quando este existir.

③ Se $d > 2\sqrt{be}$, as raízes da equação característica são números reais de sinais opostos.

④ Se $d = 2\sqrt{be}$ e $d < 2b$, então a trajetória de equilíbrio se aproxima monotonicamente (crescente ou decrescente) ao equilíbrio estacionário, quando ele existir.

Resolução:

(0) Verdadeiro.

Determinando o equilíbrio de mercado obtemos a equação em diferenças do problema:

$$S_t = D_t \Rightarrow a - bp_t = c + dp_{t-1} + ep_{t-2} \Rightarrow$$
$$bp_t + dp_{t-1} + ep_{t-2} - (a-c) = 0$$

Para encontrar o estado estacionário, supomos $p_{t-2} = p_{t-1} = p_t$ e resolvemos a equação. Se, e somente se, o preço encontrado for positivo, podemos assumir que o estado estacionário existe.

$$bp + dp + ep - (a-c) = 0 \Rightarrow [b+d+e]p = a-c \Rightarrow$$
$$p = \frac{a-c}{b+d+e}$$

Logo, $p > 0 \Leftrightarrow a - c > 0 \Leftrightarrow \exists$ estado estacionário.

(1) Verdadeiro.

A trajetória do preço é dada por:

$p_t = $ sol. homogênea + sol. particular

sol. homogênea $= C_1(\lambda_1)^t + C_2(\lambda_2)^t$

Para encontrar λ_1 e λ_2 da solução homogênea, devemos encontrar as raízes da equação característica $f(\lambda) = b\lambda^2 + d\lambda + e$. Resolvendo a equação temos as soluções:

$$\lambda^* = \frac{-d \pm \sqrt{\Delta}}{2b}, \text{ onde } \Delta = d^2 - 4be.$$

Então, $d < 2\sqrt{be} \Rightarrow d^2 < 2^2\left(\sqrt{be}\right)^2 \Rightarrow d^2 < 4be \Rightarrow \Delta < 0$ e λ_1 e λ_2 são números complexos e a trajetória do preço oscila em torno do equilíbrio.

(2) Falso.

A solução homogênea neste caso é da forma

sol. homogênea $= C_1(\alpha - \beta i)^t + C_2(\alpha - \beta i)^t$

em que, $\alpha + \beta i$ e $\alpha - \beta i$ são as soluções da equação característica do problema. Como números complexos, eles podem ser escritos na forma $\alpha + \beta i = r.(\cos\theta + i\sen\theta)$ e $\alpha - \beta i = r.(\cos\theta - i\sen\theta)$, onde r é a norma dos vetores (α, β) e $(\alpha, -\beta)$ no plano complexo $\left(r = \sqrt{\alpha^2 + \beta^2}\right)$.

Reescrevendo a solução homogênea teríamos, portanto:

sol. homogênea $= C_1 r^t (\cos\theta - i\sen\theta)^t + C_2 r^t (\cos\theta + i\sen\theta)^t$

Como $(\cos\theta + i\sen\theta)^t$ e $(\cos\theta - i\sen\theta)^t$ pertencem a $[-1,1]$ para todo t, a convergência para o preço de equilíbrio ocorrerá se, e somente se, $|r| = \sqrt{\alpha^2 + \beta^2} < 1$.

Pelo item anterior, vemos que a solução homogênea é dada por:

$C_1\left(\dfrac{-d}{2b} + \dfrac{\sqrt{d^2 - 4be}}{2b}\right) + C_2\left(\dfrac{-d}{2b} - \dfrac{\sqrt{d^2 - 4be}}{2b}\right)$. Como $d^2 - 4be < 0$, podemos

escrevê-la como: $C_1\left(\dfrac{-d}{2b} + \dfrac{\sqrt{|d^2 - 4be|}}{2b}i\right) + C_2\left(\dfrac{-d}{2b} - \dfrac{\sqrt{|d^2 - 4be|}}{2b}i\right)$, de forma

que, neste caso, $\alpha = \dfrac{-d}{2b}$ e $\beta = \dfrac{\sqrt{|d^2 - 4be|}}{2b}$.

Então, $r = \sqrt{\left(-\dfrac{d}{2b}\right)^2 + \left(\dfrac{\sqrt{4be - d^2}}{2b}\right)^2} = \sqrt{\dfrac{4be}{4b^2}} = \sqrt{\dfrac{e}{b}}$, de forma que $e > b$

$\Rightarrow r > 1$, caso em o preço não converge para o equilíbrio.

(3) Falso.

No item 1 vimos que as raízes do polinômio característico são:

$$\lambda_1 = \frac{-d}{2b} + \frac{\sqrt{d^2 - 4be}}{2b} \text{ e } \lambda_2 = \frac{-d}{2b} - \frac{\sqrt{d^2 - 4be}}{2b}$$

Se $d > 2\sqrt{be}$, $\Delta = d^2 - 4be > 0$, as soluções são de fato números reais e $\lambda_2 = \frac{-d}{2b} - \frac{\sqrt{d^2 - 4be}}{2b}$ é claramente negativo, pois o enunciado coloca que d, b e e são constantes positivas.

No entanto, o fato de as constantes serem positivas e $\Delta > 0$ implica que $|\Delta| = \left|\sqrt{d^2 - 4be}\right| \overset{(d^2-4be)>0}{=} d^2 - 4be < |-d| \overset{\substack{d>0 \\ (\text{enunciado})}}{=} d$ e, portanto $\lambda_1 = \frac{-d}{2b} + \frac{\sqrt{d^2 - 4be}}{2b} < 0$. Logo, as duas soluções serão dois números reais negativos, ou seja, ambas têm o mesmo sinal.

(4) Falso.

Se $d = 2\sqrt{be}$, temos que $\Delta = 0$, logo temos duas raízes reais iguais para a equação característica $\left(\frac{-d}{2b}\right) < 0$, pois $d > 0$, $b > 0$, como afirmado no enunciado. Se $d < 2b$, sabemos que essa raiz é menor que 1 em módulo e o preço converge para o equilíbrio decrescendo. No entanto, a solução homogênea será da forma $(C_1 + C_2 t)\left(\frac{-d}{2b}\right)$, de forma que dependemos das condições iniciais para saber se a convergência será monotônica.

8 Matemática Financeira

PROVA DE 2013

Questão 6

Na fórmula $M_t = M_0(1+\frac{r}{100})^t$ temos que M_0 é o montante de dinheiro inicial, r é a taxa de juros (em %) em cada período de tempo, t é o número de períodos de tempo da aplicação e M_t é o montante de dinheiro final. Analise as seguintes afirmativas:

- (0) Se $r = 10\%$ ao mês, t é um trimestre e $M_0 = 1000$, então $M_t = 1331$.
- (1) Se após meio ano o montante duplicou com juros de capitalização trimestral, então a taxa de juros trimestral é 41,42%.
- (2) Após um ano de aplicação, com uma taxa de juros trimestral de 20%, o investidor retirou 10368. Então o montante inicial foi 4000.
- (3) Se no primeiro mês a taxa de juros foi r_1 e no segundo mês foi r_2, então a taxa de juros nos dois meses foi $r_1 + r_2$.
- (4) Se a taxa de juros mensal é r, ela é equivalente a uma taxa de juros anual de $(1+\frac{r}{100})^{12} - 1$.

Resolução:

(0) Verdadeiro. (Anulada)

$M_t = 1000(1 + 0,1)^3 = 1000\ (1,331) = 1331$

(1) Verdadeiro.

$M_t = 1(1 + 0,4142)^2 = 2$

(Note também que $1,4142 \cong \sqrt{2}$, que ao quadrado é 2).

(2) Falso.
$$M_t = 4000(1,2)^4 = 8294,4 \neq 10368$$

(3) Falso. A taxa de juros nos períodos será:
$$\left[\left(1+\frac{r_1}{100}\right)\left(1+\frac{r_2}{100}\right)-1\right]\times 100$$

(4) Verdadeiro (ANULADA). A taxa de juros seguirá a fórmula do enunciado; substituindo os parâmetros dados, teremos:
$$\left[\left(1+\frac{r}{100}\right)^{12}-1\right]\times 100$$

PROVA DE 2014
Questão 4
Avalie a veracidade das seguintes afirmações:

⓪ A taxa de juros simples equivalente a uma taxa de juros composta de 10% aplicada durante 3 períodos é 12%.

① A taxa de juros composta equivalente a uma taxa de juros simples de 22% aplicada durante 2 períodos é 20%.

② A taxa de juros real é definida como a taxa de juros em termos de um numerário (cesta de referência). Assim, se o preço do numerário é p_t em t, então uma unidade monetária equivale a $1/p_t$ unidades do numerário, e se a taxa de juros nominal para o período $[t, t+1]$ é r_{t+1}, então o rendimento real nesse período será $(1+r_{t+1})/p_{t+1}$ unidades do numerário. Portanto, a taxa de juros real é definida como a taxa de retorno de aplicar $1/p_t$ unidades do numerário e que resulta em $(1+r_{t+1})/p_{t+1}$ unidades do numerário no fim do período.
Afirmamos que a taxa de juros real no período $[t, t+1]$ é $\frac{1+r_{t+1}}{1+\pi_{t+1}}-1$, em que π_{t+1} é a inflação no período $[t, t+1]$.

③ Se a inflação é igual à metade da taxa de juros nominal, então a taxa de juros real é a metade da taxa de juros nominal.

④ Se a taxa de juros real é 10% e a inflação é 5%, então a taxa de juros nominal é 15,5%.

Resolução:

(0) Falso. A taxa de juros simples equivalente é de $r = \dfrac{1.1^3 - 1}{3} = \dfrac{0.331}{3} \simeq 11\%$.

(1) Verdadeiro. A taxa de juros composta equivalente é de $r = \sqrt{(1+22\bullet 2)} - 1 = 1.2 - 1 = 20\%$.

(2) Verdadeiro. Note que $\dfrac{1+r_{t+1}}{1+\pi_{t+1}} - 1 = \dfrac{1+r_{t+1}}{p_{t+1}} p_t - 1$, que é exatamente a taxa de retorno de aplicar 1 unidade do numerário em t, pela definição dada no enunciado.

(3) (Anulada) Falso. Assumimos que o enunciado se refere à taxa de inflação e não a própria inflação. Usando o item anterior, se $r = 2\pi$, temos que a taxa de juros real será de $\dfrac{1+r}{1+\pi} - 1 = \dfrac{1+r}{1+\dfrac{r}{2}} - 1 = \dfrac{r}{2+r} \neq \dfrac{r}{2}$ (desde que $r \neq 0$).

(4) (Anulada) Verdadeiro. Usando o item 2, temos $1 + r = (1.05)(1.1) = 1.155 \Rightarrow r = 15.5\%$.

Gabarito

Questões	2015														
	1	2	3	4	5	6	7	8	9	10	11	12	13	14	15
0	V	A	V	F	4	F	F	F	F	V	F	F	A	60	F
1	F	V	F	V		F	V	V	F	V	F	V			V
2	V	F	V	F		F	A	F	V	F	F	F			F
3	V	F	F	V		F	F	V	V	F	V	V			F
4	F	V	F	V		F	F	V	F	F	F	V			F

Questões	2014														
	1	2	3	4	5	6	7	8	9	10	11	12	13	14	15
0	V	F	F	F	V	F	F	V	F	V	F	F	5	10	2
1	F	V	F	V	V	V	F	F	F	F	V	A			
2	V	F	V	V	F	V	V	F	V	V	V	F			
3	F	V	V	A	F	F	F	V	F	V	V	V			
4	V	F	F	A	V	F	F	F	F	F	F	V			

Questões	2013														
	1	2	3	4	5	6	7	8	9	10	11	12	13	14	15
0	F	V	F	V	V	A	F	V	F	F	F	F	04	03	01
1	V	V	V	F	V	V	V	F	V	F	V	V			
2	F	F	V	F	F	F	V	V	V	V	F	V			
3	V	F	F	V	F	F	F	F	F	V	F	A			
4	V	V	F	V	V	A	V	F	F	V	V	V			

2012															
Questões	1	2	3	4	5	6	7	8	9	10	11	12	13	14	15
0	F	F	F	V	F	F	F	V	V	F	F	V	V	05	27
1	V	F	V	V	V	V	V	F	F	V	F	F	V		
2	F	F	F	F	F	F	V	F	F	V	V	V	V		
3	F	V	V	F	V	V	F	V	V	F	V	V	F		
4	V	V	V	F	V	V	F	V	V	V	F	F	F		

2011															
Questões	1	2	3	4	5	6	7	8	9	10	11	12	13	14	15
0	V	V	F	F	V	F	V	F	V	V	F	F	6	15	21
1	V	F	V	V	V	V	F	V	F	F	V	V			
2	F	V	F	V	F	V	V	V	V	V	V	V			
3	V	F	V	F	V	V	F	F	F	F	F	V			
4	F	V	F	V	F	F	A	F	V	V	V	F			

2010															
Questões	1	2	3	4	5	6	7	8	9	10	11	12	13	14	15
0	F	F	F	F	F	V	F	V	V	V	F	V	V	V	95
1	V	V	V	V	V	F	F	V	F	F	V	V	V	F	
2	F	F	F	V	V	F	V	F	F	V	F	F	F	V	
3	V	V	V	V	F	V	F	F	F	F	V	V	F	V	
4	V	V	F	V	V	F	V	V	V	F	F	F	F	F	

2009															
Questões	1	2	3	4	5	6	7	8	9	10	11	12	13	14	15
0	F	V	F	A	V	V	F	V	F	V	V	V	6	64	72
1	V	F	V	F	F	F	V	F	V	F	F	F			
2	F	F	A	V	V	V	F	V	V	V	F	V			
3	V	F	F	V	F	F	V	F	F	F	V	F			
4	V	V	V	F	V	V	V	V	V	A	F	V			

2008															
Questões	1	2	3	4	5	6	7	8	9	10	11	12	13	14	15
0	F	A	V	V	V	F	V	V	F	F	V	2	21	12	20
1	F	A	V	A	F	V	F	F	F	F	V	V				
2	V	A	F	F	F	F	V	F	V	F	F				
3	V	A	F	F	V	V	V	F	F	V	F				
4	F	A	V	F	F	F	F	F	V	V	F				

2007															
Questões	1	2	3	4	5	6	7	8	9	10	11	12	13	14	15
0	V	F	V	V	F	F	F	F	V	V	F	90	7	19	8
1	V	V	F	F	V	V	V	V	V	F	V				
2	F	F	V	F	F	V	V	F	F	F	F				
3	V	V	V	F	F	F	F	V	V	V	A				
4	V	V	V	F	V	F	F	A	V	F	V				

2006															
Questões	1	2	3	4	5	6	7	8	9	10	11	12	13	14	15
0	V	F	V	F	F	V	F	A	F	V	F	7	9	80	2
1	V	V	F	V	F	F	F	V	V	V	F				
2	F	V	F	V	V	F	F	F	V	F	V				
3	F	F	F	F	F	V	V	V	V	F	F				
4	V	V	V	V	V	V	V	F	F	V	V				

2005															
Questões	1	2	3	4	5	6	7	8	9	10	11	12	13	14	15
0	V	V	F	F	F	F	V	F	F	F	25	5	0	5	1
1	V	V	F	V	V	V	V	V	V	V					
2	V	V	F	F	F	V	F	F	F	V					
3	F	F	F	F	F	V	V	V	V	V					
4	F	V	V	V	F	F	F	F	F	V					

2004															
Questões	1	2	3	4	5	6	7	8	9	10	11	12	13	14	15
0	F	V	F	V	F	F	V	F	V	V	V	30	99	54	4
1	F	V	V	F	F	V	F	F	F	F	F				
2	F	V	F	V	F	V	V	F	V	V	F				
3	V	V	F	F	F	V	F	F	V	F	V				
4	F	F	V	V	V	V	F	V	V	V	V				

2003															
Questões	1	2	3	4	5	6	7	8	9	10	11	12	13	14	15
0	F	F	V	F	V	F	V	V	V	V	F	F	V	75	01
1	F	V	F	V	V	V	F	V	V	F	F	V	V		
2	V	V	V	F	F	F	F	F	F	F	V	V	V		
3	F	V	F	F	F	V	F	F	F	V	F	V	V		
4	V	F	F	V	V	F	V	F	V	V	F	V	F		

2002															
Questões	1	2	3	4	5	6	7	8	9	10	11	12	13	14	15
0	V	F	V	V	F	F	F	V	V	F	V	F	V	V	11
1	V	V	A	F	V	V	F	V	V	V	F	V	V	F	
2	F	V	F	F	V	F	F	F	V	V	F	F	F	F	
3	V	F	V	V	A	F	V	F	F	V	F	V	F	F	
4	F	V	F	V	V	V	F	V	F	F	V	F	V	F	

Referências Bibliográficas

Todas as respostas das questões das provas de 2004 a 2013 basearam-se na bibliografia sugerida pela ANPEC, abaixo descrita.

Em algumas questões, buscaram-se referências em bibliografias não listadas pela ANPEC. Nesses casos, fez-se esta escolha pelo fato de se considerar que a referência citada tratava com primor e exatidão do ponto que se queria elucidar. São elas:

GREENE, W. H. *Econometric Analysis*. 6th ed. New Jersey: Pearson Education, 2008.

MAS-COLELL, A.; WHINSTON, M. D.; GREEN, J. R. *Microeconomic Theory*, 1995.

STEINBRUCH, A.; WINTERLE P. *Geometria Analítica*. 2ª ed. São Paulo: Pearson Education, 2006.

STRANG, G. *Linear Algebra and Its Application*. 4th ed. Cengage, 2006.

BIBLIOGRAFIA SUGERIDA ANPEC:

a) Básica
   1. BOLDRINI, J. et al. *Álgebra Linear*. São Paulo: Harbra, 1986.
   2. CHIANG, A.C. *Matemática para Economistas*. São Paulo: McGraw-Hill, 1982.
   3. SIMON, Carl & Blume, L. *Mathematics for Economists*. New York: Norton, 1994.

b) Complementar
   4. ÁVILA, G. *Cálculo*. Vols. I, II e III. Rio de Janeiro: Livros Técnicos e Científicos S.A., 1987.
   5. LIMA, E. L.. *Álgebra Linear*. Coleção Matemática Universitária. 5ª ed. Rio de Janeiro: IMPA, 2001.
   6. GUIDORIZZI, H. L. *Um Curso de Cálculo*. Vols. 1 a 4. 5ª ed. Rio de Janeiro: Forense-Universitária, 2001.
   7. HADLEY, G. *Álgebra Linear*. Rio de Janeiro: Forense-Universitária.
   8. VIERA, S., J. O. *Matemática Financeira*. São Paulo: Atlas.